JN171305

玉川百科 こども博物誌　小原 芳明 監修

昆虫ワールド

小野 正人／井上 大成 編　見山 博 絵

玉川大学出版部

監修にあたって

玉川学園の創立者である小原國芳は、１９２３年にイデア書院から教育書、哲学書、芸術書、道徳書、宗教書などとともに児童書を出版し、１９３２年には日本初となるこどものための百科辞典「児童百科大辞典」（全30巻、〜37年）を刊行しました。その特徴は、五十音順ではなく、分野別による編纂でした。

イデア書院の流れを汲む玉川大学出版部は、その後「学習大辞典」（全32巻、１９４７〜51年）、「玉川児童百科大辞典」（全30巻、１９５０〜53年）、「玉川こども百科」（全１００巻、１９５１〜60年）、「玉川百科大辞典」（全31巻、１９５８〜63年）、「玉川児童百科大辞典」（全21巻、１９６７〜68年）、「玉川新百科」（全10巻、１９７０〜71年）、そして「玉川こども・きょういく百科」（全31巻、１９７９年）を世に送り出しました。

インターネットが一般家庭にも普及したこの時代、こどもたちも手軽に情報検索ができます。学校の調べ学習にインターネットは大きく貢献していますが、この「玉川百科　こども博物誌」はこどもたちが調べるだけでなく、自分で読んで考えるきっかけとなるものを目指しています。自分で得た知識や情報を主体的に探究する、これからのアクティブ・ラーニングに役立つでしょう。

教育は学校のみではなく、家庭でも行うものです。このシリーズを読んで「本物」にふれる一歩としてください。

玉川学園創立90周年記念出版となる「玉川百科　こども博物誌」が、親子一緒となって活用されることを願っています。

小原芳明

はじめに

今日《きょう》どんな昆虫《こんちゅう》にであいましたか？ 毎日《まいにち》のように、どこかでいろいろな昆虫《こんちゅう》を見《み》かけているはずです。それもそのはず、地球上《ちきゅうじょう》で知《し》られている生《い》きものの種類《しゅるい》の半数以上《はんすういじょう》が昆虫《こんちゅう》なのですから。みなさんは、昆虫《こんちゅう》の惑星《わくせい》にすんでいるのかもしれません。お花畑《はなばたけ》や草《くさ》むらで見《み》かけるチョウやバッタ、林《はやし》にはクワガタムシやセミ、水辺《みずべ》にはトンボやアメンボ、家《いえ》のなかにもハエやゴキブリなど、昆虫《こんちゅう》のすんでいない場《ば》所《しょ》を見《み》つけるのはたいへんです。では、「なぜ」昆虫《こんちゅう》は種類《しゅるい》が多《おお》く、いろいろな場所《ばしょ》で生《い》きていけるのでしょうか？

この本《ほん》には、昆虫《こんちゅう》たちがどのようにして食《た》べものをさがし、敵《てき》から身《み》を守《まも》り、そして結婚《けっこん》の相手《あいて》を見《み》つけるのか、かれらのびっくりするような作戦《さくせん》がぎっしりとつまっています。そして、人間《にんげん》よりもずっとまえに地球上《ちきゅうじょう》にあらわれた昆虫《こんちゅう》たちが、なぜほろびることなく生《い》きてこられたのかを感《かん》じることができるでしょう。この本《ほん》を手《て》にしたみなさんは、「昆虫《こんちゅう》ワールド」のいり口《ぐち》にたち、ふしぎな世界《せかい》に一歩《いっぽ》をふみいれようとしているのです。

さあ、太古《たいこ》のむかしから自然《しぜん》のなかで命《いのち》のバトンをつないで生《い》きてきた昆虫《こんちゅう》たちの世界《せかい》への旅《たび》に出《で》かけましょう。この楽《たの》しい旅《たび》をつうじて、ますます昆虫《こんちゅう》を身近《みぢか》に感《かん》じてすきになってほしいと思《おも》います。

小野正人《おのまさと》

おとなのみなさんへ

こどもたちにとって、昆虫はもっとも親しみのある命です。考え分析する能力はこれから、一方で感じる能力は十分に発達している小さなこどもは、昆虫の形、色、動き、鳴き声のひとつひとつに知的好奇心をかきたてられ、「なぜ?」という探究心に火をともします。こどもの成長にとって、なによりも大切なこの2つの心を育む効果を期待して制作されたのが本書です。こどもたちが、野山や家で感じた昆虫の不思議をたしかめられるだけではなく、それを基にして「新しいなぜ?」にであうヒントもたくさんあるはずです。

「昆虫ワールド」は、日本昆虫学会で一緒に仕事をしている井上大成先生と担当しましたが、ふたりで分担執筆するかたちをとりませんでした。わたしたちは、小さな昆虫が大自然のなかで生きるために獲得した多様な生存戦略は、それを実際に発見した研究者や専門家に直接執筆してもらってこそ「ホンモノ」の迫力があり、こどもの心にその感動が届くとの思いがありました。さいわい、日本の昆虫学は世界のトップレベルで、国際的な学術誌に世界をあっといわせる成果を発表してきた研究者が多数おられます。わたしたちは、それらの研究者に各項目の執筆をお願いすることにしました。昆虫は種数が多く多様なので、執筆した研究者の数も相当数にのぼりました。見たことはもちろん、聞いたこともないような昆虫の種名や不思議な生態が紹介されながらも、いままでの書物にはない精密な描写や臨場感があり、いきいきとしたイラストと語りかけるような文章によって、こどもだけではなく、一緒に読まれるおとなの方々も知らず知らずのうちに「昆虫の魅力」にひきこまれてしまうのではないかと思います。

内容は、大きく3つの章で構成されています。第1章では、昆虫の体の仕組みや変態様式などの基本を紹介しています。第2章では、多様な昆虫の生活様式が最新の知見を織りまぜながら綴られています。そして、第3章においては、農業や医学、文化など、昆虫と人間とのかかわりについてまとめられています。こどもたちと話しながら、興味にあわせてどこから読んでいただいてもよいようにレイアウトされています。

本書を通じて、こどもたちが宇宙船地球号でともに生きる昆虫を身近に感じ、その小さな命に対する慈しみの心、ひいては自然を大切にする感性も育んでくれることを期待してやみません。

小野正人

「昆虫《こんちゅう》ワールド」もくじ

第《だい》3章《しょう》　昆虫《こんちゅう》と人間《にんげん》

ようこそ、昆虫《こんちゅう》ワールドへ!

この本《ほん》は「昆虫《こんちゅう》ってなあに?」「昆虫《こんちゅう》の生活《せいかつ》」「昆虫《こんちゅう》と人間《にんげん》」の3つにわかれています。

「昆虫《こんちゅう》ってなあに?」

昆虫《こんちゅう》のなかまわけやからだのつくり、虫《むし》の一生《いっしょう》などを説明《せつめい》しています。
クモやダンゴムシなど昆虫以外《こんちゅういがい》の虫《むし》も登場《とうじょう》します。

「昆虫《こんちゅう》の生活《せいかつ》」

昆虫《こんちゅう》の食《た》べもの、すみか、コミュニケーションの方法《ほうほう》、動《うご》きかたなど、昆虫《こんちゅう》のありのままの生活《せいかつ》をみてみましょう。

長《なが》い長《なが》い旅《たび》をして、いまのすみかにたどりついた昆虫《こんちゅう》もいます。

「昆虫《こんちゅう》と人間《にんげん》」

わたしたち人間《にんげん》と昆虫《こんちゅう》のつながりを知《し》ることができます。人間《にんげん》は昆虫《こんちゅう》に危害《きがい》をくわえられることもありますが、昆虫《こんちゅう》から学《まな》ぶこともあります。

いってみよう!

昆虫《こんちゅう》ワールドを実際《じっさい》に体験《たいけん》できる施設《しせつ》です。もっと昆虫《こんちゅう》となかよくなりたい人《ひと》は、いってみてください。

読《よ》んでみよう!

昆虫《こんちゅう》のことをもっと知《し》りたくなったら、この読書《どくしょ》ガイドをみてください。

第《だい》1章《しょう》
昆虫《こんちゅう》ってなあに？

この章《しょう》に登場《とうじょう》するおもな昆虫《こんちゅう》

カブトムシ　トノサマバッタ　ミヤコケブカアカチャコガネ
エゾスズ　オオミノガ　ベニツチカメムシ　モンシロチョウ
アメリカアカヘリタマムシ　ヤンバルテナガコガネ

チョウやセミは昆虫《こんちゅう》だけど、クモやムカデは昆虫《こんちゅう》じゃない。

トンボとバッタには共通《きょうつう》するとくちょうがある。カブトムシとチョウにも共通《きょうつう》するとくちょうがある。

昆虫《こんちゅう》の体《からだ》にはどんな部分《ぶぶん》があって、体《からだ》のなかはどうなっているの？

昆虫《こんちゅう》は卵《たまご》から成虫《せいちゅう》になるまでに、どのようにしてそだっていくの？

昆虫《こんちゅう》はさむい冬《ふゆ》をどうやってすごしているの？

日本《にほん》にはなぜたくさんの昆虫《こんちゅう》がいるの？

昆虫《こんちゅう》はいつごろ地球《ちきゅう》にあらわれたの？

大《おお》むかしにはどんな昆虫《こんちゅう》がいたの？　いちばん大《おお》きな昆虫《こんちゅう》はなに？　いちばん重《おも》い昆虫《こんちゅう》はなに？　いちばん長生《ながい》きする昆虫《こんちゅう》はなに？

地球上《ちきゅうじょう》の生《い》きものの半分《はんぶん》が昆虫《こんちゅう》だ。

この章《しょう》では75万種《まんしゅ》も知《し》られている昆虫《こんちゅう》のふしぎを、体《からだ》のつくりや、一生《いっしょう》や1年《ねん》のおくりかたをとおして学《まな》ぼう。

玉川百科こども博物誌プロジェクト（50音順）

大森　恵子（学校司書）
川端　拡信（学校教員）
菅原　幸子（書店員）
菅原由美子（児童館員）
杉山きく子（公共図書館司書）
高桑　幸次（画家・幼稚園指導）
檀上　聖子（編集者）
土屋　和彦（学校教員）
服部比呂美（学芸員）
原田佐和子（科学あそび指導）
人見　礼子（学校教員）
増島　高敬（学校教員）
森　　貴志（編集者）
森田　勝之（大学教員）
渡瀬　恵一（学校教員）

＊　＊　＊

「いってみよう」「読んでみよう」作成

青木　淳子（学校司書）
大森　恵子
杉山きく子

＊　＊　＊

装　丁：辻村益朗
協　力：オーノリュウスケ（Factory701）

玉川百科こども博物誌事務局（編集・制作）：株式会社 本作り空 Sola

玉川百科《たまがわひゃっか》こども博物誌《はくぶつし》

昆虫《こんちゅう》ワールド

2017年5月20日　初版第1刷発行

監修者　小原芳明
編　者　小野正人・井上大成
画　家　見山　博
発行者　小原芳明
発行所　玉川大学出版部
〒194-8610　東京都町田市玉川学園6-1-1
TEL 042-739-8935　FAX 042-739-8940
http://www.tamagawa.jp/up/
振替：00180-7-26665
印刷・製本　図書印刷株式会社

乱丁・落丁本はお取り替えいたします。
© Tamagawa University Press 2017　Printed in Japan
ISBN978-4-472-05974-2 C8645 / NDC486

玉川学園創立90周年記念出版

90th Anniversary Tamagawa 1929～2019

玉川百科 こども博物誌 全12巻

小原芳明 監修　A4判・上製／各160ページ／オールカラー　定価 本体各4,800円

「こども博物誌」6つの特徴

❶小学校2年生から読める、興味の入口となる本
❷1巻につき1人の画家の絵による本
❸「調べるため」ではなく、自分で「読みとおす」本
❹網羅性よりも、事柄の本質を伝える本
❺読んだあと、世界に目をむける気持ちになる本
❻巻末に、司書らによる読書案内と施設案内を掲載

動物のくらし
高槻成紀 編／浅野文彦 絵
元麻布大学教授

ぐるっと地理めぐり
寺本潔 編／青木寛子 絵
玉川大学教授

数と図形のせかい
瀬山士郎 編／山田タクヒロ 絵
群馬大学名誉教授

昆虫ワールド
小野正人・井上大成 編／見山博 絵
玉川大学教授　森林総合研究所研究員

音楽のカギ／空想びじゅつかん
野本由紀夫 編／辻村章宏 絵
玉川大学教授
辻村益朗 編／中武ひでみつ 絵
ブックデザイナー

植物とくらす
湯浅浩史 編／江口あけみ 絵
進化生物学研究所所長

日本の知恵をつたえる
小川直之 編／髙桑幸次 絵
國學院大學教授

地球と生命のれきし
大島光春・山下浩之 編／いたやさとし 絵
神奈川県立生命の星・地球博物館学芸員

ロボット未来の部屋
大森隆司 編／園山隆輔 絵
玉川大学教授

頭と体のスポーツ
萩裕美子 編／黒須高嶺 絵
東海大学教授

空と海と大地
目代邦康 編／小林準治 絵
日本ジオパークネットワーク事務局研究員

ことばと心
岡ノ谷一夫 編
東京大学教授

え〜！　虫《むし》じゃないのに、こんなにも名《な》まえに虫《むし》の字《じ》がついているよ！　むかしの人《ひと》は、なんだかよくわかんない小《ちい》さくてふしぎな生《い》きものを「虫《むし》」とよんだのかもしれないね。

蜥蜴《とかげ》

蛙《かえる》

蛇《へび》

蟹《かに》

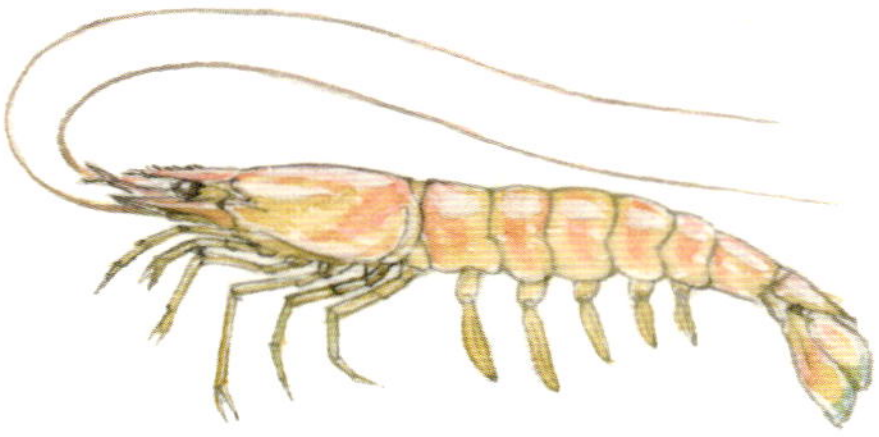

蝦《えび》

蛤《はまぐり》

蛸《たこ》

漢字《かんじ》のなかの虫《むし》

「蟻《あり》」「蝶《ちょう》」「蝉《せみ》」……近《ちか》くにいる昆虫《こんちゅう》たちは、漢字《かんじ》で書《か》くと虫《むし》という字《じ》がつく。昆虫《こんちゅう》ではない「蜘蛛《くも》」「蜈蚣《むかで》」「蠍《さそり》」「蚯蚓《みみず》」「蝸牛《かたつむり》」も、漢《かん》字《じ》には虫《むし》がつく。そして、虫《むし》とはよばないけれど虫《むし》という字《じ》がつく生《い》きものが、ほかにもいる。たとえば、草《くさ》むらにいる「蛇《へび》」、田《た》んぼにいる「蛙《かえる》」、にげるときにしっぽが切《き》れる「蜥蜴《とかげ》」など、は虫類《ちゅうるい》や両生類《りょうせいるい》のなかまも漢字《かんじ》には虫《むし》がつく。海《うみ》にすむ「蟹《かに》」「蝦《えび》」「蛸《たこ》」にはあしがあるけど、あしのない「蛤《はまぐり》」にも虫《むし》という字《じ》がついている。

むかしは小《ちい》さな生《い》きものたちの多《おお》くが「虫《むし》のようなもの」と考《かんが》えられていたことが、それぞれの生《い》きものにつけられた漢字《かんじ》の名《な》まえからわかる。

「昆虫《こんちゅう》」のなかまわけ

ものすごくたくさんの種類《しゅるい》がある昆虫《こんちゅう》たちも、体《からだ》のあるとくちょうがおなじものどうしでグループわけすることができる。

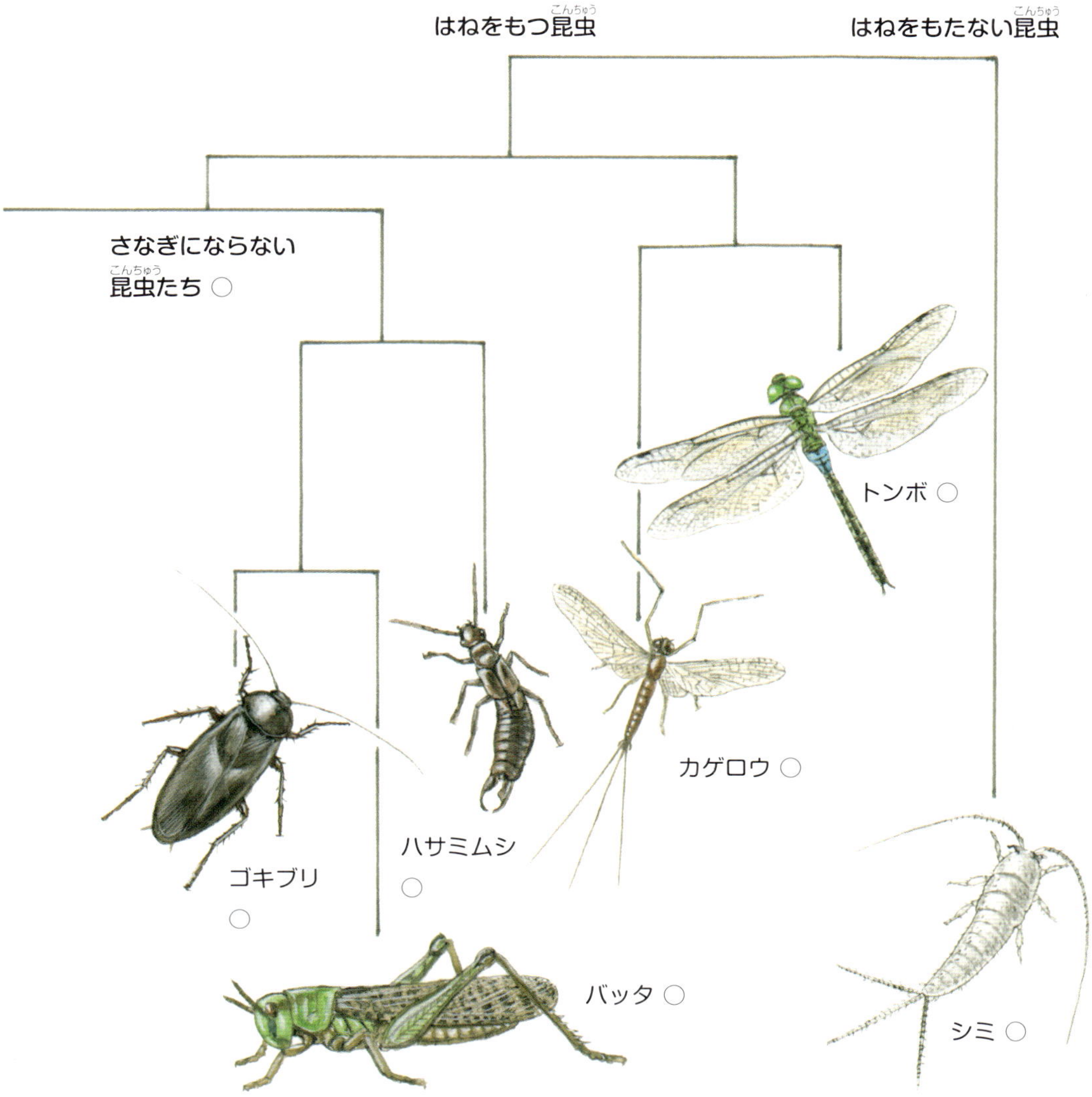

はねがあるかないか

地球上《ちきゅうじょう》で名《な》まえがついている約《やく》150万種《まんしゅ》の生《い》きもののなかで、いちばん種類《しゅるい》が多《おお》いのが昆虫《こんちゅう》だ。知《し》られているだけで約《やく》75万種《まんしゅ》もいるという。そんな昆虫《こんちゅう》たちは、大《おお》きく2つのグループにわけることができる。「はねがある昆虫《こんちゅう》」と「はねがない昆虫《こんちゅう》」だ。

はねがある昆虫《こんちゅう》たちは「有翅昆《ゆうしこん》虫《ちゅう》」とよばれる。大《おお》むかしに、はねをもつことによって空《そら》を自由《じゆう》にとべるようになった。遠《とお》くにとんでいき、そこでたくさんのこどもをうみ、数《かず》がどんどんふえていったのだ。だから、いまもほとんどの昆虫《こんちゅう》にははねがある。

それにたいして、イシノミやシミなど、はねをもっていない昆虫《こんちゅう》は「無翅昆虫《むしこんちゅう》」とよばれる。

昆虫《こんちゅう》のなかまわけをあらわした「系統樹《けいとうじゅ》」

体《からだ》のしくみや成長《せいちょう》のしかたによって、細《こま》かくグループわけすることができる。右《みぎ》のほうが古《ふる》くからいる昆虫《こんちゅう》で、左《ひだり》にいくほど新《あたら》しい。

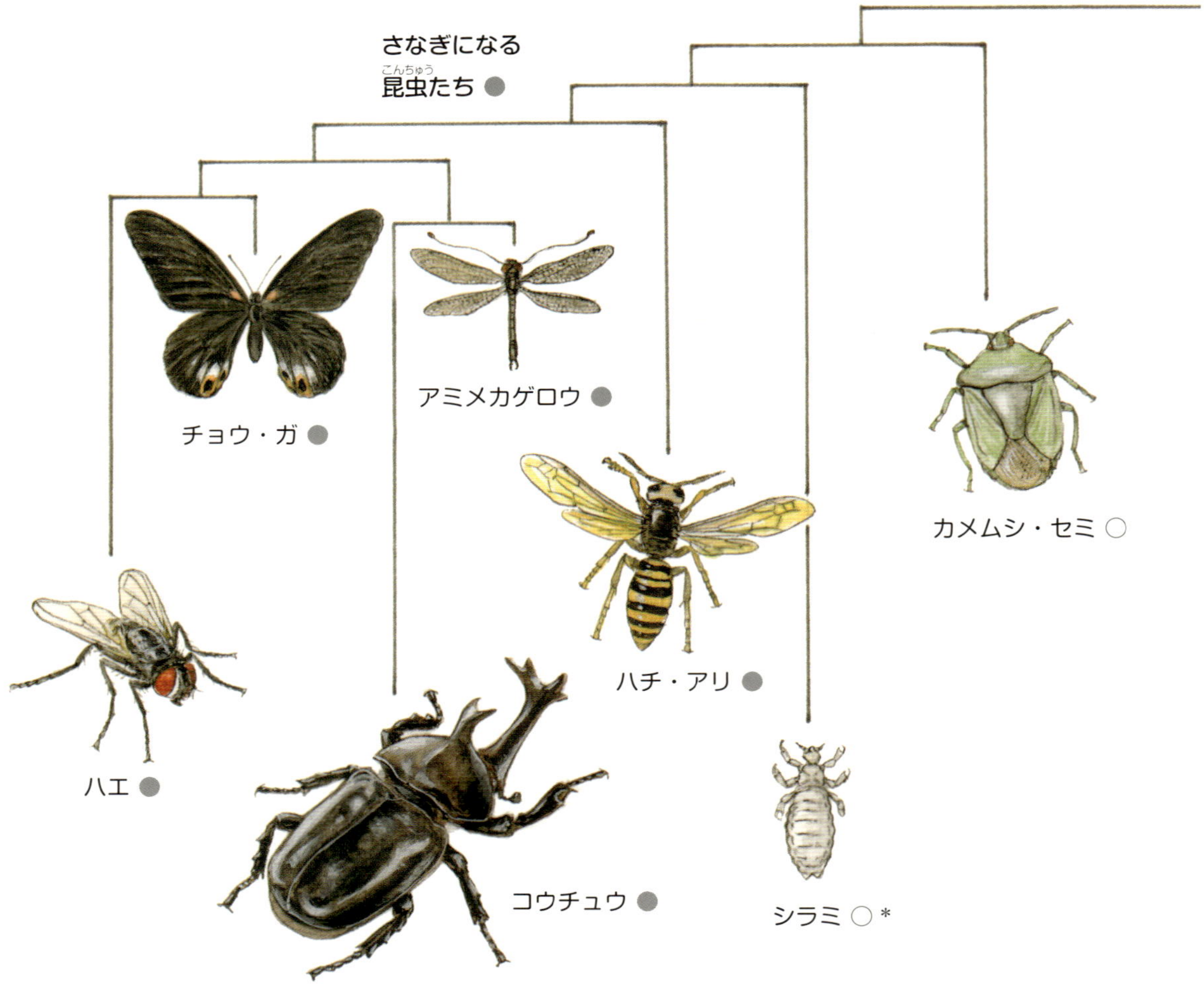

＊シラミの祖先《そせん》には、はねがあった。動物《どうぶつ》の毛《け》の奥《おく》にもぐりこんで血《ち》をすう生活《せいかつ》のなかで、はねが退化《たいか》していまのかたちになった。

さなぎになるかどうか

はねをもつ昆虫《こんちゅう》をもっとくわしくみると、幼虫《ようちゅう》から成虫《せいちゅう》になるときに、さなぎになる昆虫《こんちゅう》とならない昆虫《こんちゅう》にわけられる。

たとえば、チョウは幼虫《ようちゅう》（青虫《あおむし》）からさなぎになって成虫《せいちゅう》になる。こういった昆虫《こんちゅう》は、「完全変態昆《かんぜんへんたいこん》虫《ちゅう》」とよばれる。青虫《あおむし》は葉《は》っぱを食《た》べて大《おお》きくなるけれど、さなぎをへて成虫《せいちゅう》になったチョウは、花《はな》のみつをすう。

いっぽう、バッタのように、幼《よう》虫《ちゅう》がそのまま大《おお》きくなって成虫《せいちゅう》になる昆虫《こんちゅう》は「不完全変態昆虫《ふかんぜんへんたいこんちゅう》」とよばれる。バッタのエサは、幼虫《ようちゅう》も成虫《せいちゅう》もおなじような葉《は》っぱだ。

このように昆虫《こんちゅう》は、体《からだ》のしくみや成長《せいちょう》のしかたによって、いろいろグループわけすることができる。

「昆虫《こんちゅう》」の多様性《たようせい》

南《みなみ》の島《しま》やジャングルには、たくさんの花《はな》がさき、昆虫《こんちゅう》たちがたくさんすんでいる。でもじつは、さむい冬《ふゆ》がある日本《にほん》にも昆虫《こんちゅう》が多《おお》い。そのひみつは、あたたかい潮《しお》の流《なが》れにあった。

アリの種類《しゅるい》くらべ

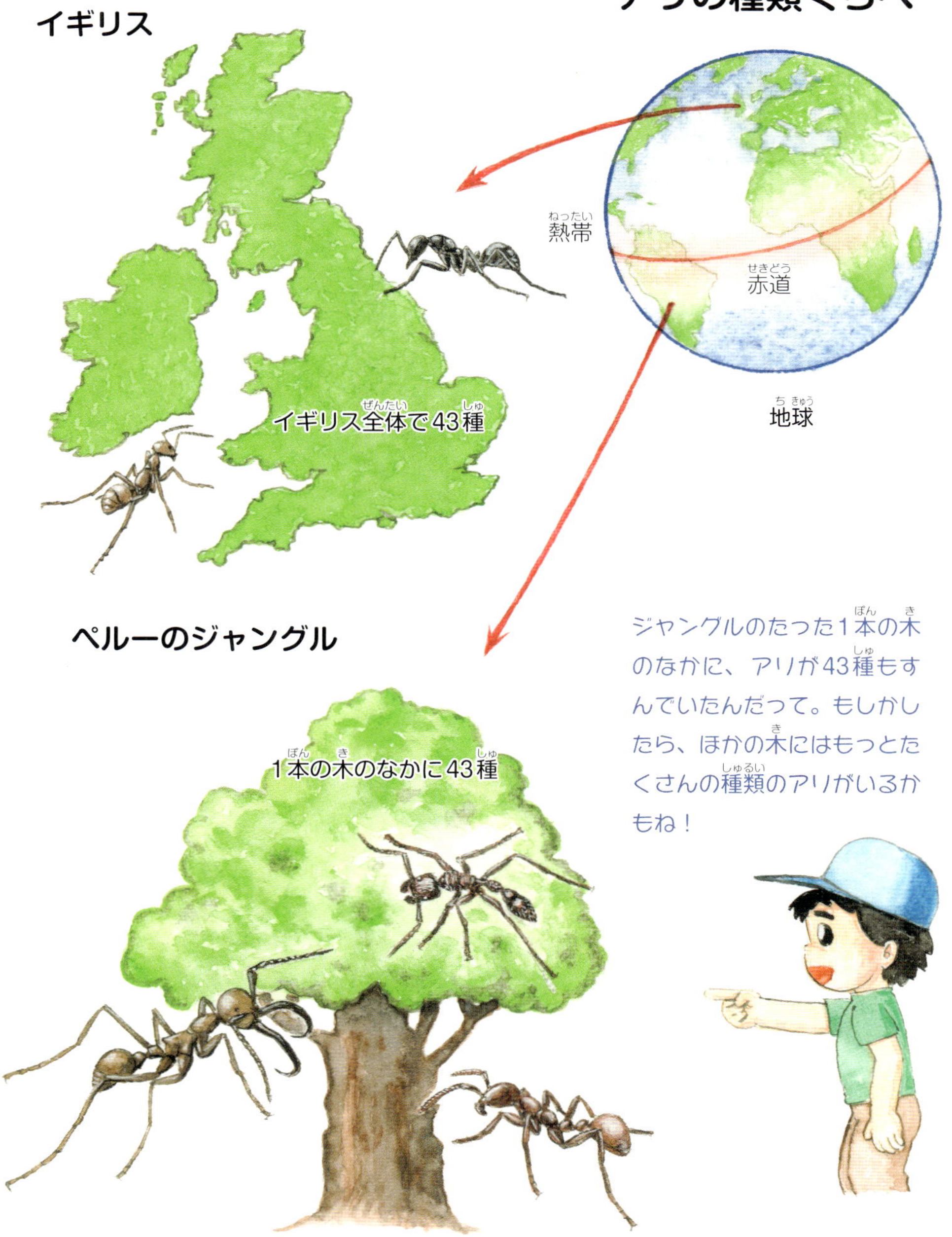
イギリス
熱帯《ねったい》
赤道《せきどう》
地球《ちきゅう》
イギリス全体《ぜんたい》で43種《しゅ》
ペルーのジャングル
1本《ぽん》の木《き》のなかに43種《しゅ》
ジャングルのたった1本《ぽん》の木《き》のなかに、アリが43種《しゅ》もすんでいたんだって。もしかしたら、ほかの木《き》にはもっとたくさんの種類《しゅるい》のアリがいるかもね！

あたたかいところがすき

知《し》られている75万種《まんしゅ》の昆虫《こんちゅう》のうち、半分《はんぶん》は植物《しょくぶつ》の葉《は》っぱや花《はな》のみつ、花粉《かふん》や実《み》を食《た》べて生《い》きている。のこりの半分《はんぶん》は、植物《しょくぶつ》を食《た》べる昆《こん》虫《ちゅう》を食《た》べたり（捕食者《ほしょくしゃ》）、ほかの昆虫《こんちゅう》や生《い》きものに寄生《きせい》したりして生《い》きる昆虫《こんちゅう》（寄生昆虫《きせいこんちゅう》）だ。

あたたかくてしめったところには、いろいろな昆虫《こんちゅう》のエサになる植物《しょくぶつ》がたくさんある。赤道《せきどう》のあたりはとくにあたたかくてしめった「熱帯《ねったい》」という場所《ばしょ》で、昆虫《こんちゅう》もたくさんすんでいる。たとえば、ペルーの熱帯《ねったい》にある1本《ぽん》の木《き》からは43種《しゅ》のアリが見《み》つかった。この数《かず》は、赤道《せきどう》よりだいぶ北《きた》にあるイギリス全体《ぜんたい》で見《み》られるアリの種《しゅ》の数《かず》とおなじだ。さむいところほど、昆虫《こんちゅう》の種類《しゅるい》は少《すく》なくなる。

黒潮《くろしお》によって生《い》きのこった日本《にほん》の昆虫《こんちゅう》たち

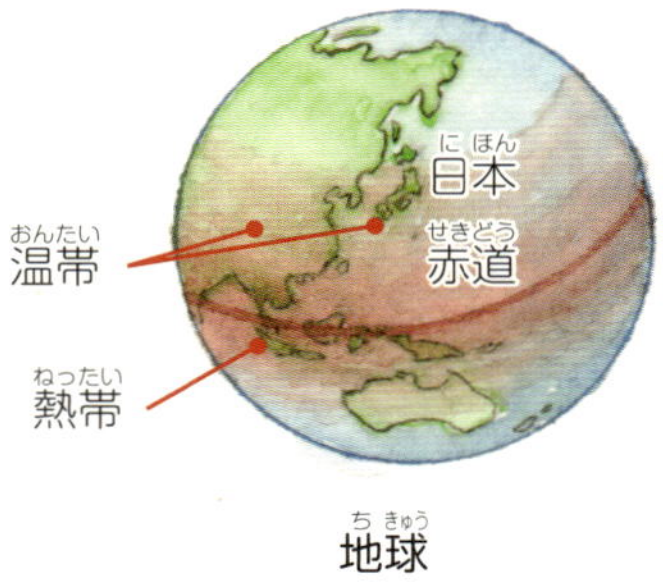

さむさをがまんできた日本《にほん》の昆虫《こんちゅう》たち

日本《にほん》は、赤道《せきどう》からはなれた「温《おん》帯《たい》」というところにある。そして日本《にほん》には、ほかの温帯《おんたい》にある国《くに》よりもたくさんの昆虫《こんちゅう》がすんでいる。

これまでに地球《ちきゅう》がものすごくさむくなる時代《じだい》（氷河期《ひょうがき》）が何回《なんかい》かあった。気温《きおん》はいまより7度《ど》もひくく、池《いけ》や川《かわ》がこおって氷河《ひょうが》になった。さむさに弱《よわ》い昆虫《こんちゅう》たちは、どんどん死《し》んでしまった。

でも、日本《にほん》の近《ちか》くには黒潮《くろしお》というあたたかい海《うみ》の水《みず》がながれていた。冬《ふゆ》でもあまりさむくならず、雨《あめ》もたくさんふったので、昆虫《こんちゅう》たちは生《い》きていくことができた。

黒潮《くろしお》のおかげで、日本《にほん》ではたくさんの昆虫《こんちゅう》を見《み》ることができる。

昆虫《こんちゅう》の体《からだ》のつくり(1) 外《そと》がわから見《み》た昆虫《こんちゅう》の体《からだ》

わたしたち人間《にんげん》とはまったくかたちのちがう昆虫《こんちゅう》の体《からだ》は、いったいどうなっていて、どういうはたらきをするのだろう？ 昆虫《こんちゅう》の体《からだ》のつくりを、いろいろな角度《かくど》から見《み》ていこう。

いまの昆虫《こんちゅう》の体《からだ》のつくり

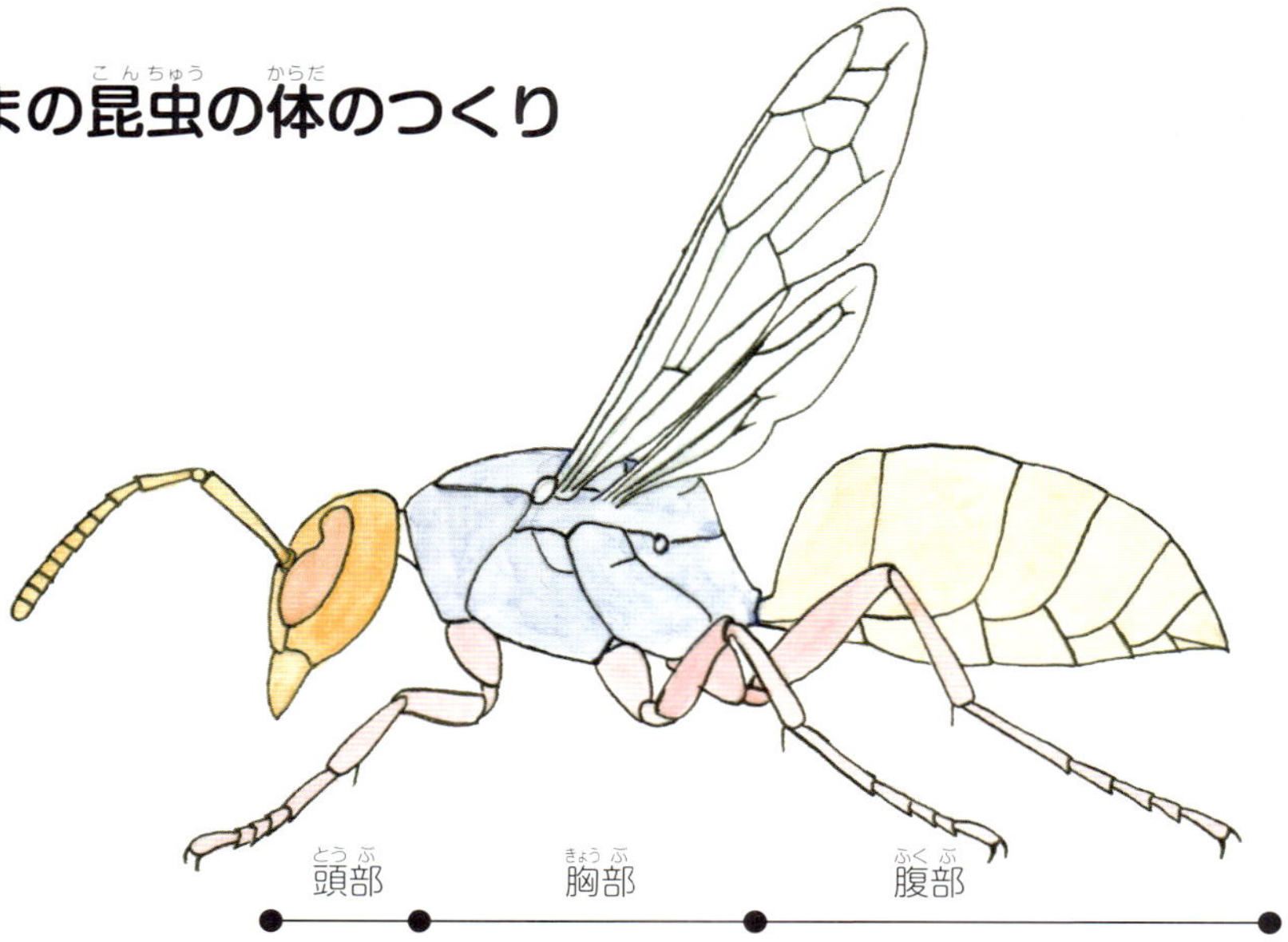

昆虫《こんちゅう》の祖先《そせん》の体《からだ》のつくり

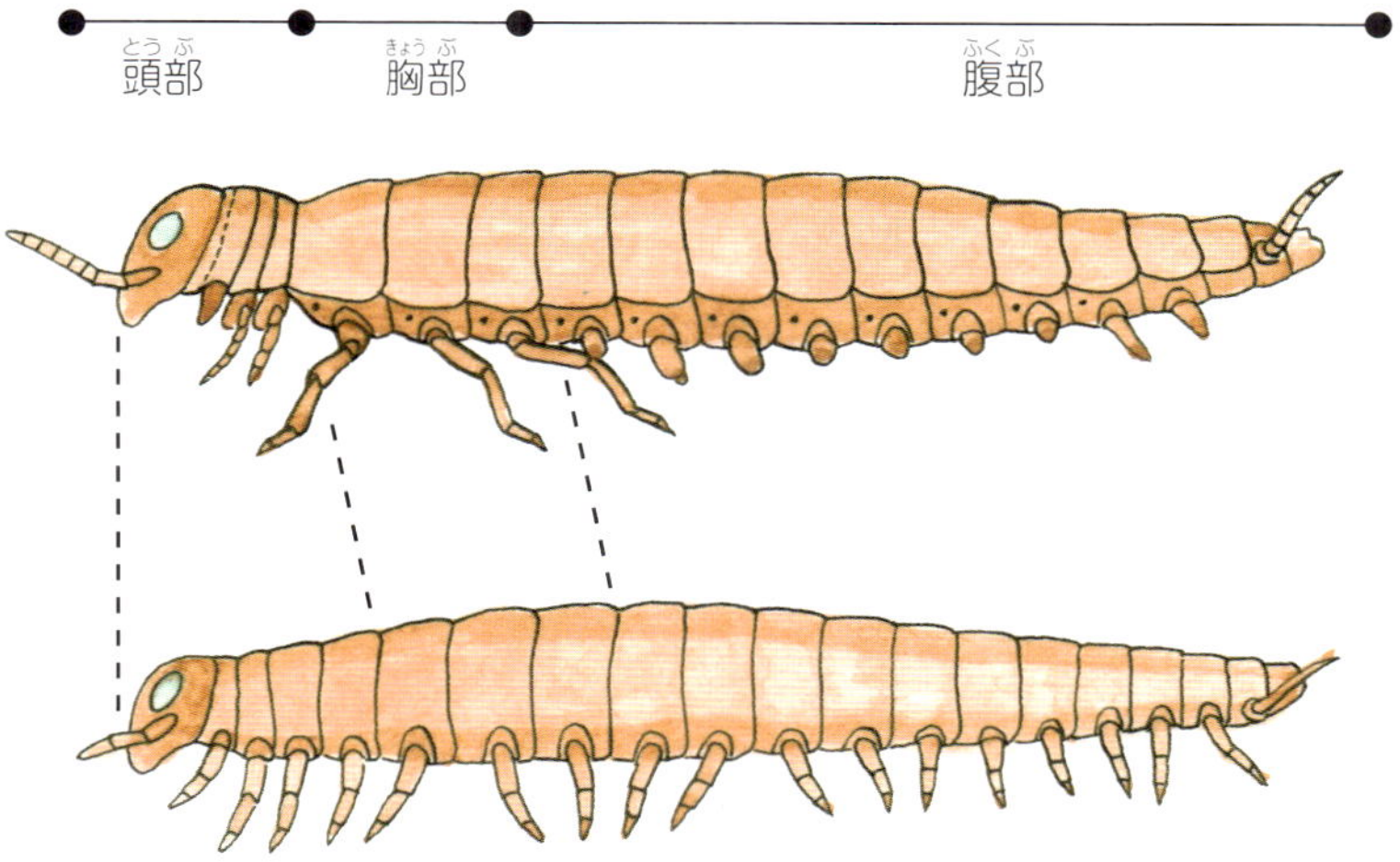

おなじような節《ふし》がつづいていて、ひとつの節《ふし》にあしが2本《ほん》ずつついていたという（下《した》）。その後《ご》、あしは胸部《きょうぶ》にだけはえるようになった（上《うえ》）。

3つの部分《ぶぶん》にわかれた体《からだ》

昆虫《こんちゅう》の体《からだ》は、まえから「頭部《とうぶ》」「胸部《きょうぶ》」「腹部《ふくぶ》」と、大《おお》きく3つの部分《ぶぶん》からできている。胸部《きょうぶ》の背中《せなか》には左右《さゆう》に2枚《まい》ずつ、合計《ごうけい》4枚《まい》のはねがついている。ひっくりかえすと、おなじ胸部《きょうぶ》には左右《さゆう》に6本《ぽん》のあしがはえているのがわかる。

大《おお》むかしの昆虫《こんちゅう》の祖先《そせん》の体《からだ》には21もの節《ふし》（体節《たいせつ》）があり、それぞれにあしがはえていたらしい。それがだんだん3つの部分《ぶぶん》にまとまって、あしも6本《ぽん》になり、いまの昆虫《こんちゅう》の体《からだ》になったと考《かんが》えられている。

昆虫《こんちゅう》は、長《なが》い時間《じかん》のなかで少《すこ》しずつ、体《からだ》のかたちをかえながら進《しん》化《か》してきたのだ。3つの部分《ぶぶん》にわかれた体《からだ》は、それぞれがちがう役《やく》割《わり》をもっている。

外骨格《がいこっかく》のしくみ・昆虫《こんちゅう》の体《からだ》の節《ふし》と節《ふし》のつながり

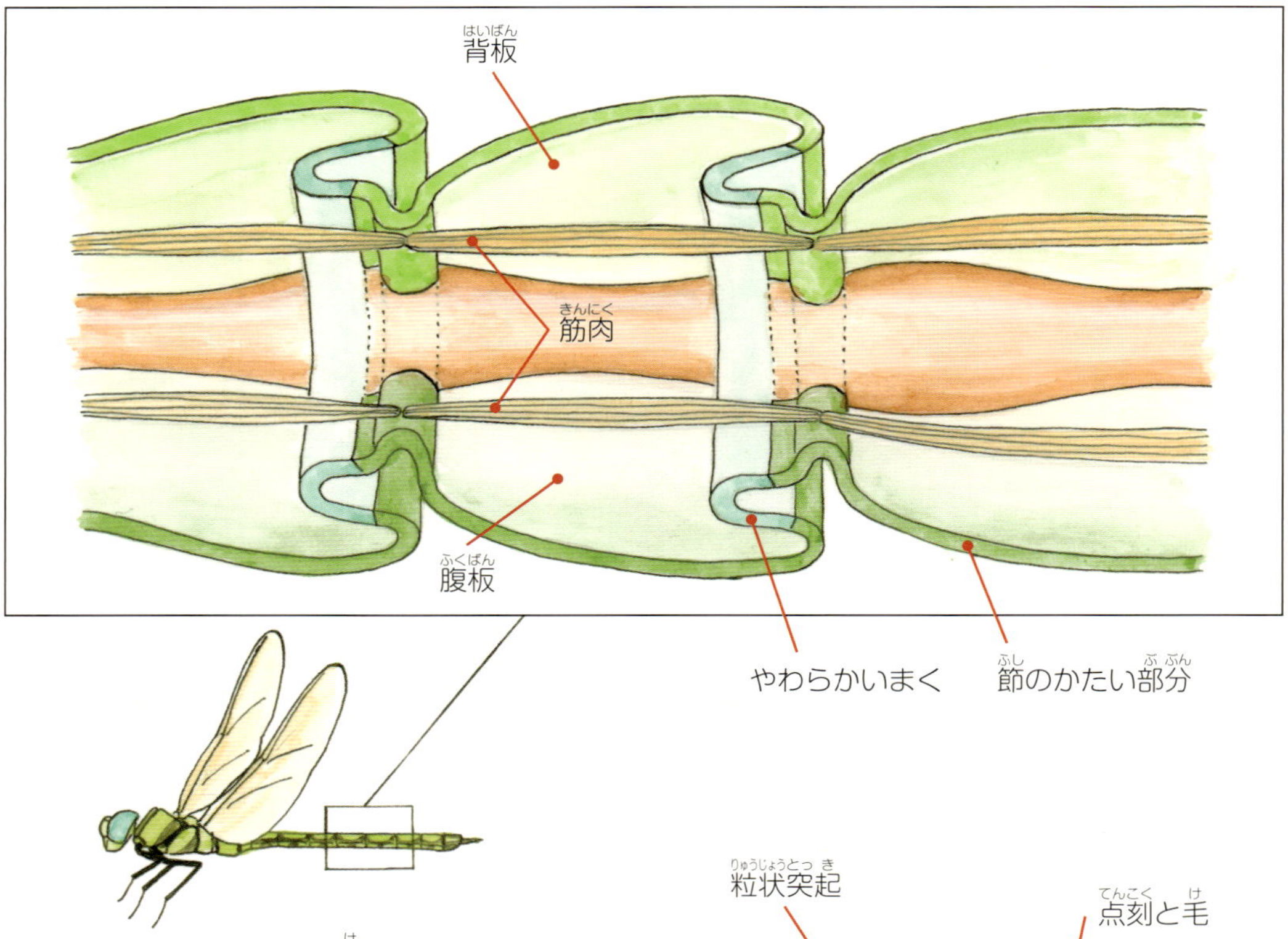

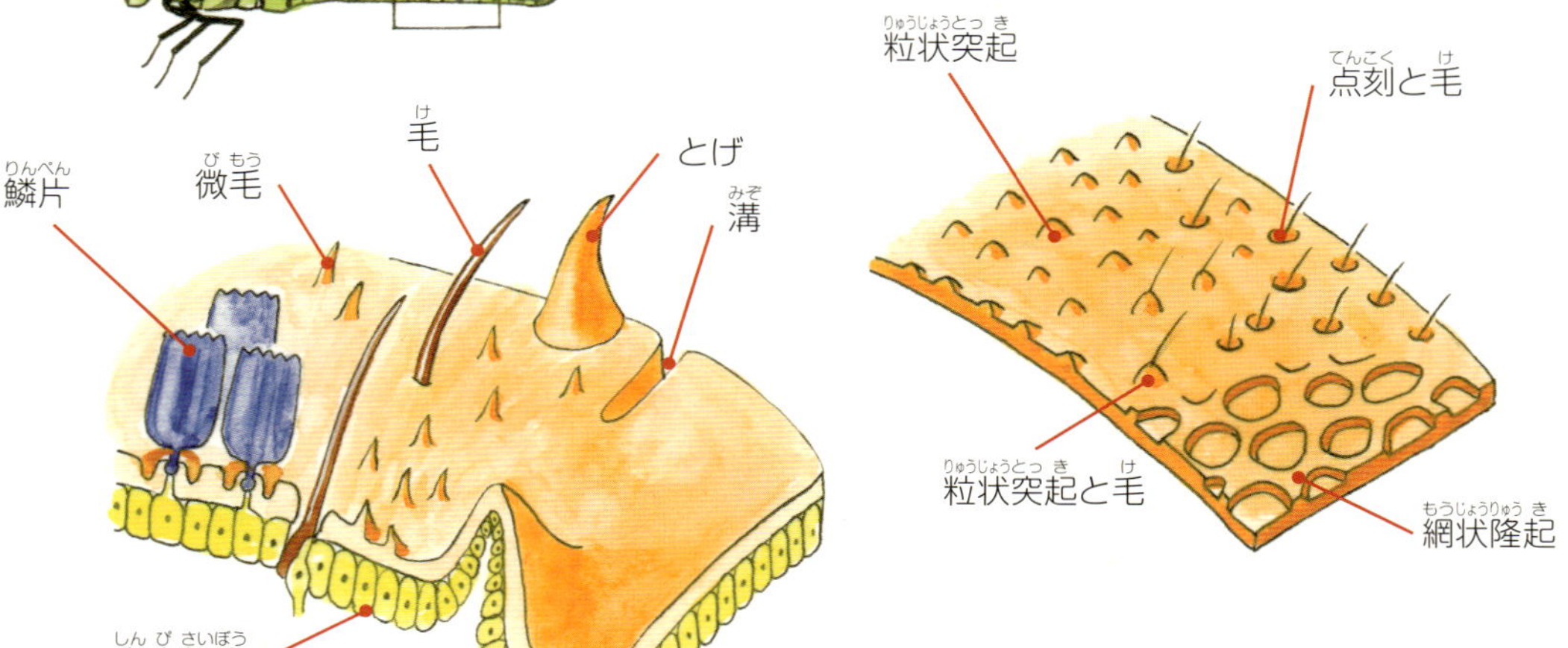

昆虫《こんちゅう》の体《からだ》の表面《ひょうめん》のつくり

「外骨格《がいこっかく》」ってなに？

昆虫《こんちゅう》の体《からだ》には、わたしたち人間《にんげん》がもっているような骨《ほね》がない。そのかわりに、かたい節《ふし》と節《ふし》がやわらかいまくでつながっていて、体《からだ》のかたちをつくっている。このような体《からだ》のつくりを「外骨格《がいこっかく》」という。昆虫《こんちゅう》は、それぞれの節《ふし》のうちがわについている筋肉《きんにく》をつかって、体《からだ》をまげたりのばしたりしている。

外骨格《がいこっかく》は、昆虫《こんちゅう》の体《からだ》の内部《ないぶ》を守《まも》るだけでなく、体温《たいおん》や体《からだ》の水分《すいぶん》をたもつはたらきももつ。

外骨格《がいこっかく》の表面《ひょうめん》には毛《け》やとげ、鱗《りん》片《ぺん》（うろこのようなもの）などがはえている。それらには、まわりのようすを感《かん》じるはたらきがある。鱗片《りんぺん》は毛《け》が変化《へんか》したもので、色《いろ》や光沢《こうたく》をもち、水《みず》をはじくはたらきももっている。

昆虫《こんちゅう》の体《からだ》のつくり(2) 頭部《とうぶ》

昆虫《こんちゅう》の頭部《とうぶ》には、いろんなものを見《み》る目《め》、かたちやにおいを感《かん》じる触角《しょっかく》、エサを食《た》べる口《くち》がある。近《ちか》づいて、観察《かんさつ》してみよう！

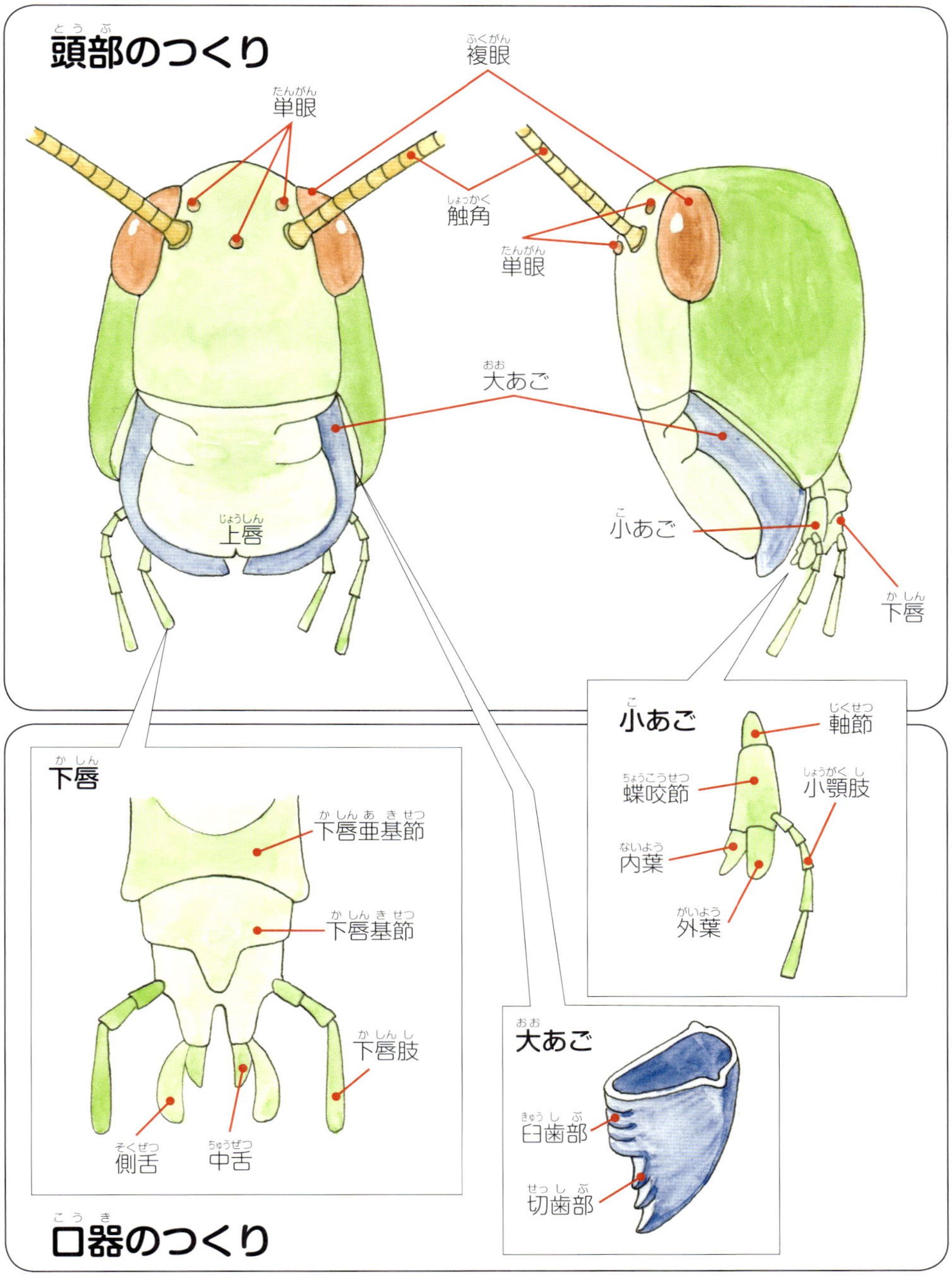

昆虫《こんちゅう》の頭部《とうぶ》の役割《やくわり》

昆虫《こんちゅう》の頭部《とうぶ》は、いろんなものを見《み》て、感《かん》じて、食《た》べものをとりこむ、たいせつな部分《ぶぶん》だ。外《そと》から見《み》るとひとつの節《ふし》のように見《み》えるけれど、じつは6つの節《ふし》があわさってできている。

頭部《とうぶ》には、左右《さゆう》に1本《ぽん》ずつの「触角《しょっかく》」とひとつずつの「複眼《ふくがん》」があり、その下にはエサを食《た》べるための「口器《こうき》」がある。

昆虫《こんちゅう》は、触角《しょっかく》でにおいや温度《おんど》など、まわりのようすを感《かん》じる。

複眼《ふくがん》や口器《こうき》は、人間《にんげん》といっしょで、ものを見《み》たり食《た》べものをあじわったりするところだ。

昆虫《こんちゅう》のなかには、ハチやバッタ、カメムシのように、複眼《ふくがん》のほかに「単眼《たんがん》」といって光《ひかり》を感《かん》じる部分《ぶぶん》をもつなかまもいる。

いろんなかたちの触角《しょっかく》

触角《しょっかく》のつくりと名《な》まえ

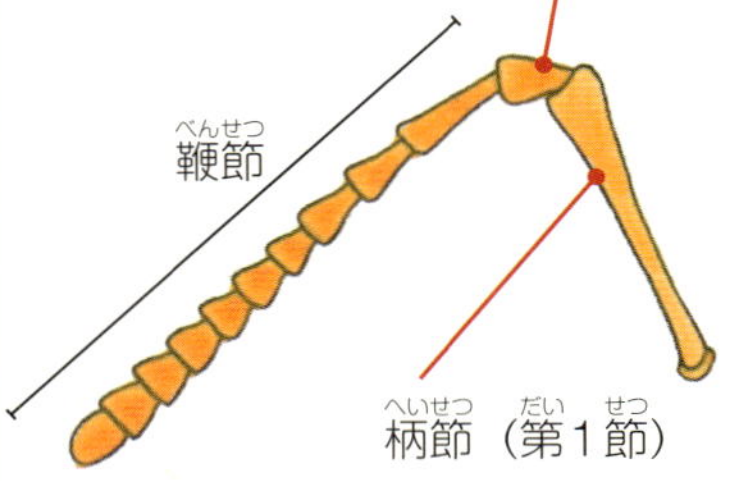
梗節《こうせつ》（第《だい》2節《せつ》）
鞭節《べんせつ》
柄節《へいせつ》（第《だい》1節《せつ》）

●カッコウムシの触角《しょっかく》

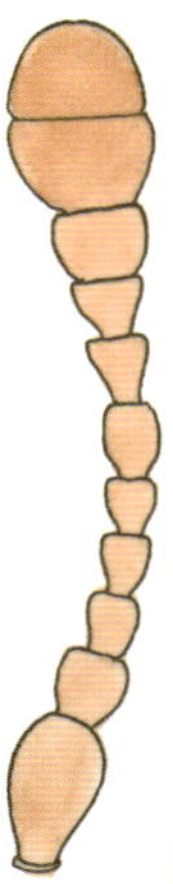
球桿部《きゅうかんぶ》

カッコウムシ

●キンバエの触角《しょっかく》

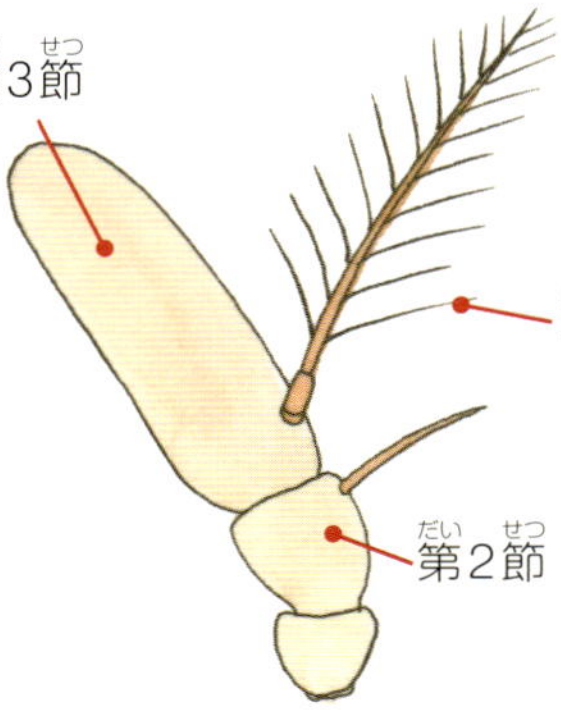
第《だい》3節《せつ》
端刺《たんし》
第《だい》2節《せつ》

キンバエ

●コガネムシの触角《しょっかく》

カドマルエンマコガネ
（コガネムシのなかま）

●ヤママユガ（オス）の触角《しょっかく》

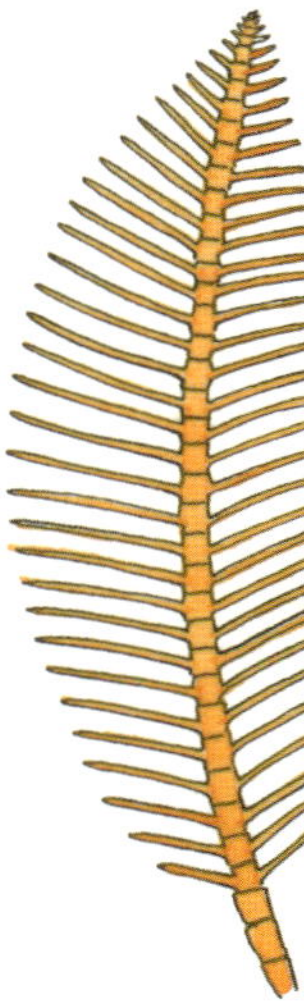

ヤママユガ（オス）

昆虫《こんちゅう》の頭部《とうぶ》のつくり

触角《しょっかく》にはいろんなかたちがある。多《おお》くの昆虫《こんちゅう》は、メスよりもオスの触角《しょっかく》のほうが発達《はったつ》していて、いろんなものを感《かん》じることができる。

複眼《ふくがん》は、小《ち》さな目《め》がたくさん集《あつ》まってできている。その数《かず》は昆虫《こんちゅう》によってちがうけれど、よくとびまわる昆虫《こんちゅう》ほど多《おお》くなる。

口器《こうき》は、まえから順《じゅん》に、上唇《じょうしん》、大《おお》あご、小《こ》あご、下唇《かしん》という4つの部分《ぶぶん》からできている。大《おお》あごでかじりとった食《た》べものを、小《こ》あごでのど（食道《しょくどう》）へおくりこむ。上《じょう》唇《しん》や下唇《かしん》、小《こ》あごでは、食《た》べものの味《あじ》も感《かん》じとっている。

口器《こうき》のかたちは、バッタのような食《た》べものをかじるタイプが多《おお》いけど、食事《しょくじ》の方法《ほうほう》によっても大《おお》きくちがっている。

昆虫《こんちゅう》の体《からだ》のつくり(3) 胸部《きょうぶ》と腹部《ふくぶ》

昆虫《こんちゅう》たちが歩《ある》いたりとんだりできるのは、胸部《きょうぶ》にあるあしやはねのおかげだ。腹部《ふくぶ》は、食《た》べものを生《い》きる力《ちから》にかえたり、こどもたちをうみだしたりするはたらきをしている。

胸部《きょうぶ》のつくり

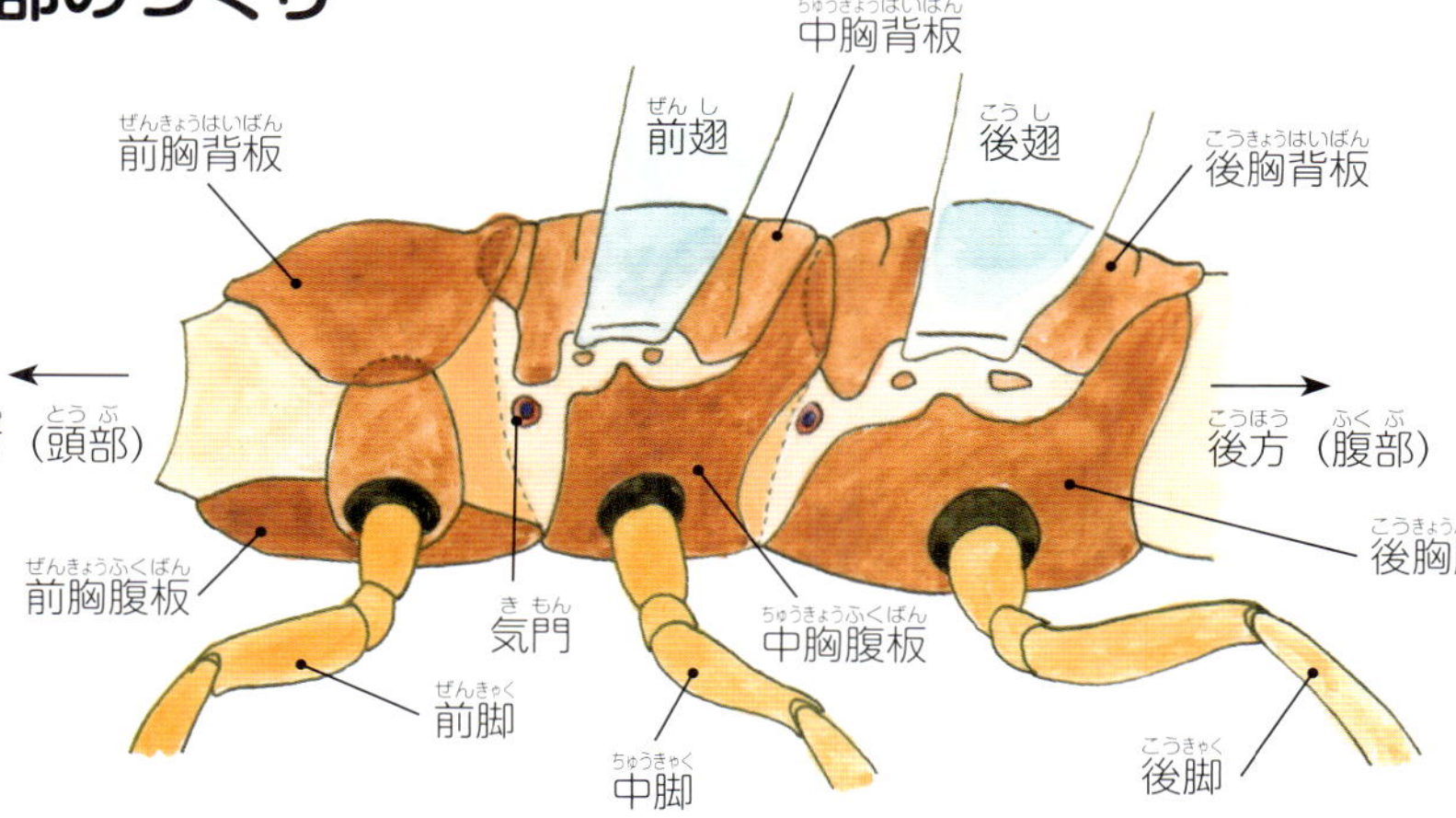

いろいろなはねのかたち

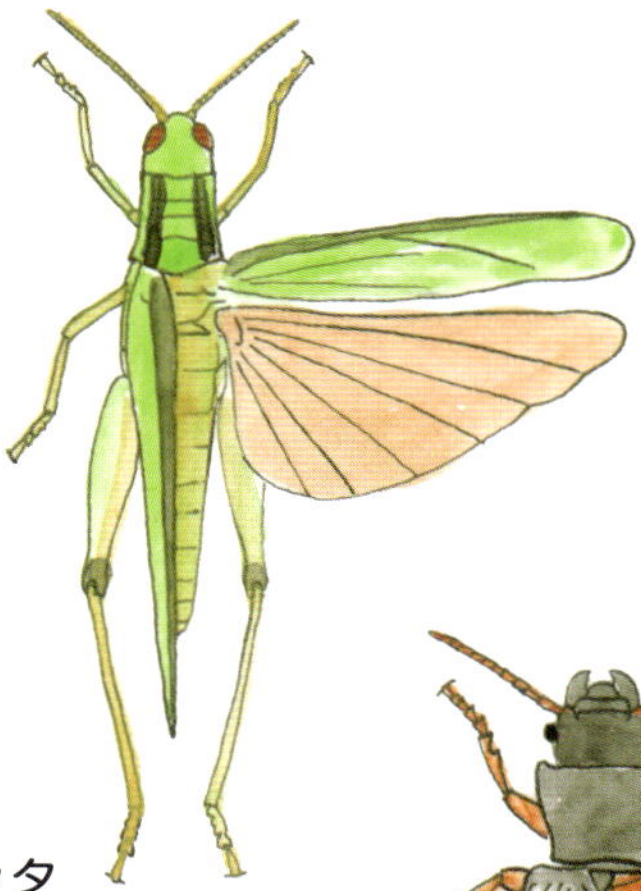

バッタ
4枚《まい》のはねはまくのようで、うしろのはねは、まえのはねにくらべて少《すこ》し大《おお》きい。

カメムシ
まえのはねの先半分《さきはんぶん》はまくのようにうすいが、根《ね》もと半分《はんぶん》はかたい。

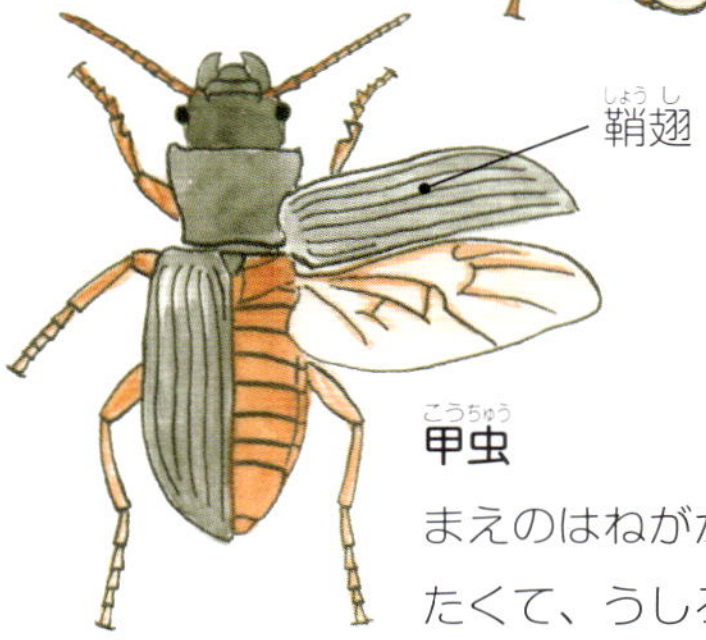

甲虫《こうちゅう》
まえのはねがかたくて、うしろのはねがまくのようにうすい。

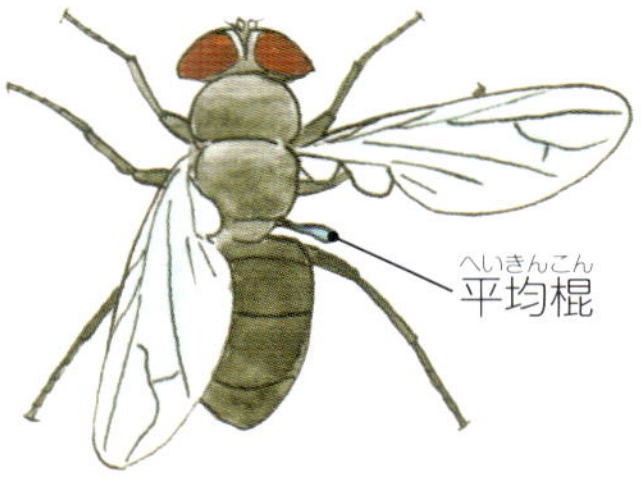

ハエ
まえのはねしかなく、うしろのはねは棒《ぼう》のようになっている。

昆虫《こんちゅう》の胸部《きょうぶ》の役割《やくわり》とつくり

昆虫《こんちゅう》の胸部《きょうぶ》には、歩《ある》いたりとんだりするためのあしとはねがついている。胸部《きょうぶ》は「前胸《ぜんきょう》」「中胸《ちゅうきょう》」「後胸《こうきょう》」と3つの節《ふし》にわかれていて、あしはそれぞれの節《ふし》から左右《さゆう》1本《ぽん》ずつはえている。あしは、根《ね》もとから基節《きせつ》、転節《てんせつ》、腿節《たいせつ》、脛節《けいせつ》、付節《ふせつ》とわかれていて、付節《ふせつ》の先《さき》（前《ぜん》付節《ふせつ》）には2本《ほん》の爪《つめ》がある。4枚《まい》のはねのうち、まえの2枚《まい》（前翅《ぜんし》）は中胸《ちゅうきょう》に、うしろの2枚《まい》（後翅《こうし》）は後胸《こうきょう》についている。

昆虫《こんちゅう》は、はねをもったことで、その種類《しゅるい》や数《かず》がものすごくふえた。ひろい範囲《はんい》から食《た》べものや交尾《こうび》をする相手《あいて》、卵《たまご》をうむ場所《ばしょ》などをさがすことができるし、敵《てき》からにげることもできるからだ。

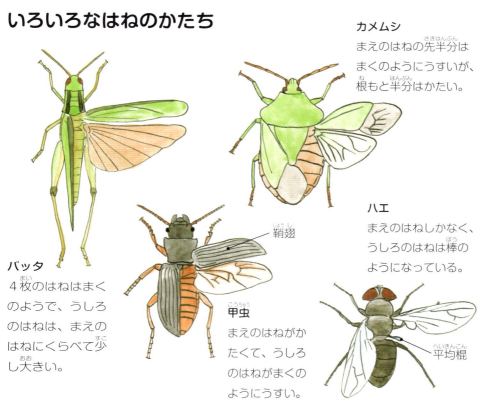

トノサマバッタ（メス）

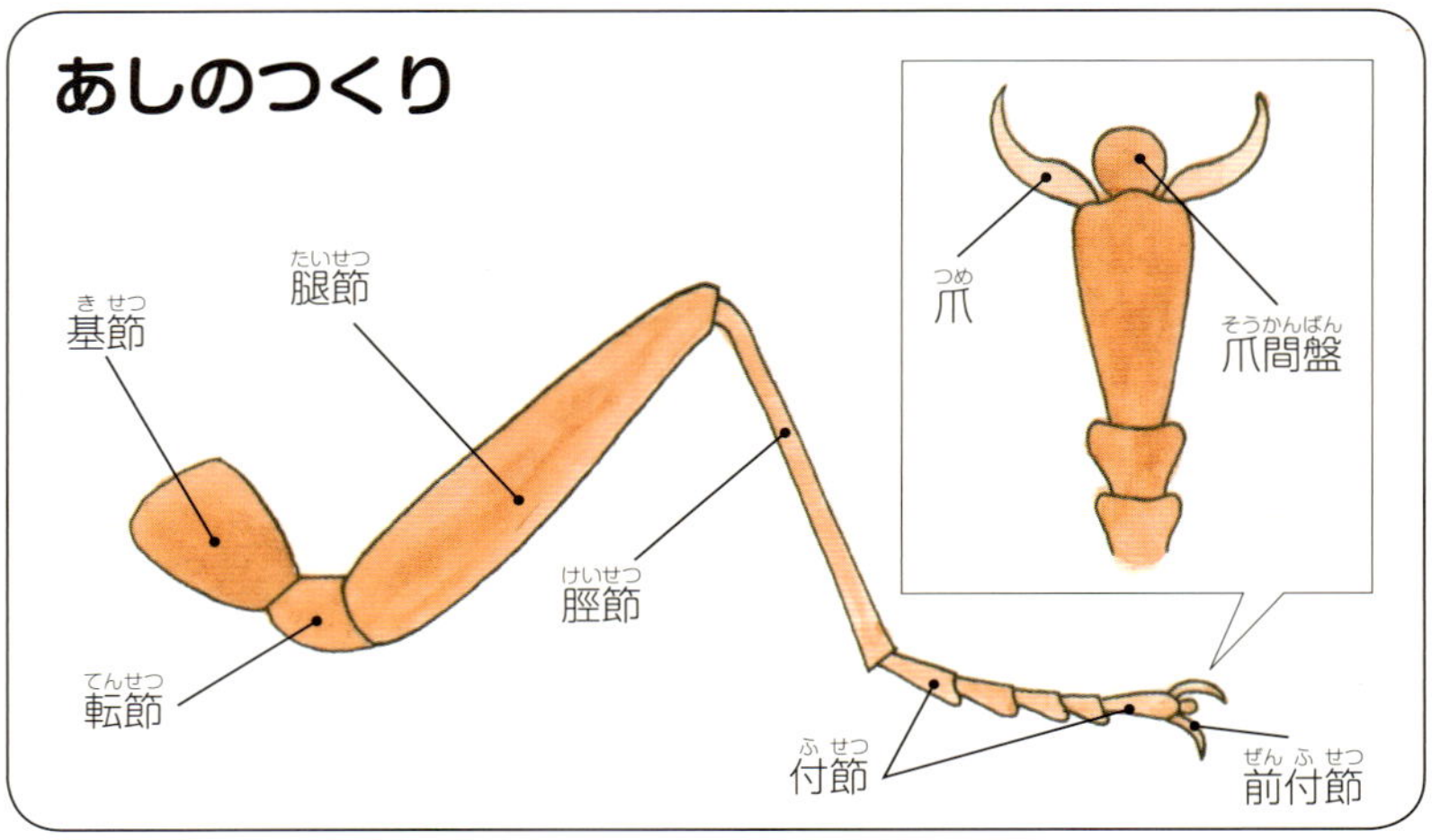

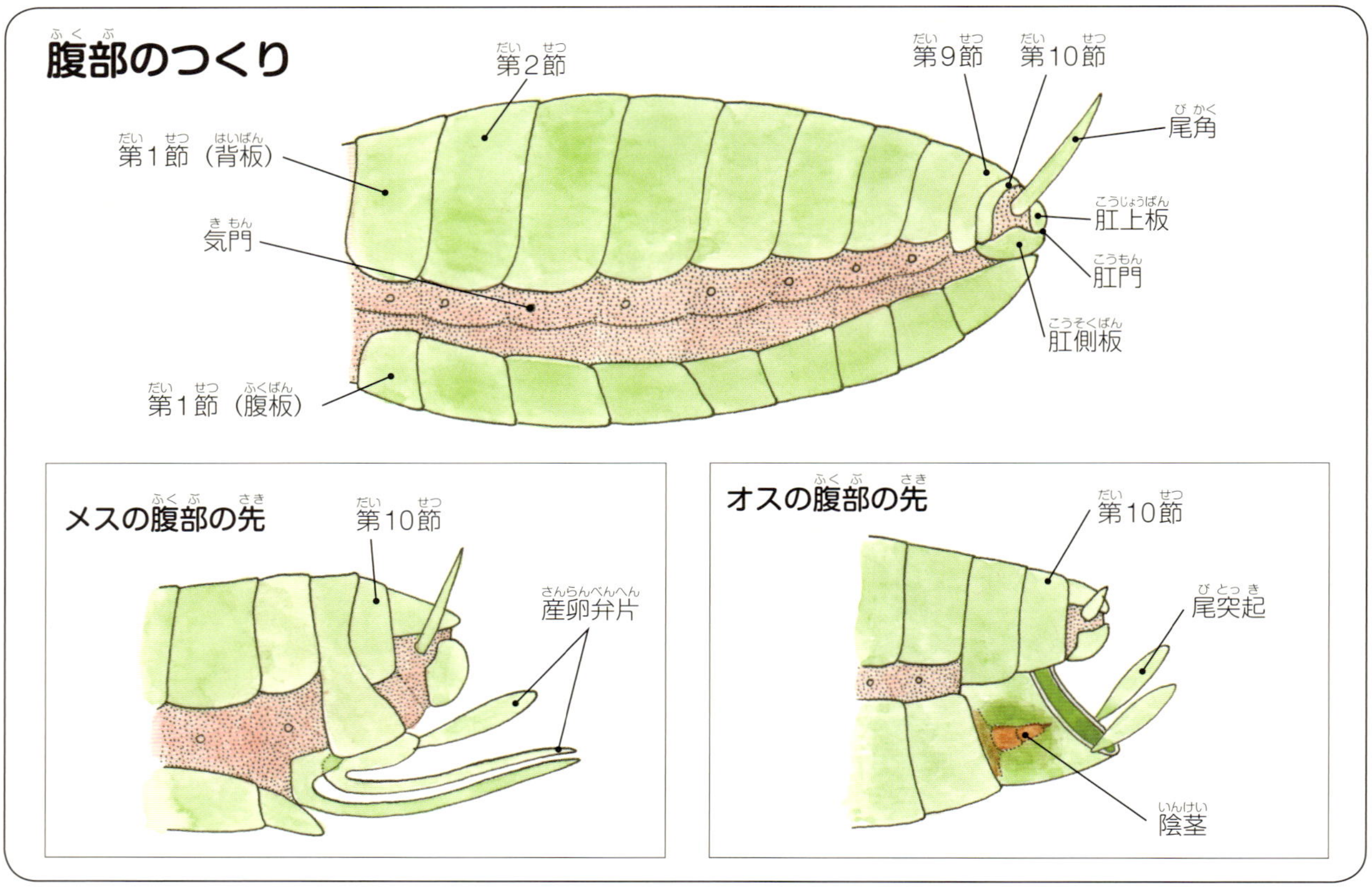

昆虫《こんちゅう》の腹部《ふくぶ》の役割《やくわり》とつくり

腹部は、食べものを細《こま》かくして体《からだ》にとりいれるところだ。また、（腹《ふく》部《ぶ》の先《さき》の）おしりの近《ちか》くには、こどもをつくるためのたいせつな部分《ぶぶん》（外部生殖器《がいぶせいしょくき》）がある。

メスの腹部《ふくぶ》の先《さき》には、卵《たまご》が通《とお》るストローのような「産卵管《さんらんかん》」がある。バッタのなかまのメスには、大《おお》きな産卵管《さんらんかん》があるものが多《おお》い。ハチのおしりの毒針《どくばり》は、産卵管《さんらんかん》の一部《いちぶ》が変化《へんか》してできている。だから、毒針《どくばり》をもっているのはメスのハチだけだ。

オスの腹部《ふくぶ》の先《さき》（外部生殖器《がいぶせいしょくき》）は、メスよりもっといろんなかたちがある。昆虫《こんちゅう》の種類《しゅるい》によってちがっていて、くわしくくらべると種《しゅ》ごとにわけることができる。

昆虫《こんちゅう》の体《からだ》のつくり（4） うちがわから見《み》た昆虫《こんちゅう》の体《からだ》

人間《にんげん》とおなじように、昆虫《こんちゅう》たちも、まわりのようすを感《かん》じたり、息《いき》をしたり、食《た》べものを食《た》べたりする。そのしくみを見《み》ていこう。

いろいろな感覚器官《かんかくきかん》

はねやあしにあって、うすい表皮《ひょうひ》（矢印《やじるし》）が上下《じょうげ》に動《うご》くことでゆがみや圧力《あつりょく》を感《かん》じとる部分《ぶぶん》

触角《しょっかく》や口器《こうき》、あしにあって、においや味《あじ》を感《かん》じとる部分《ぶぶん》

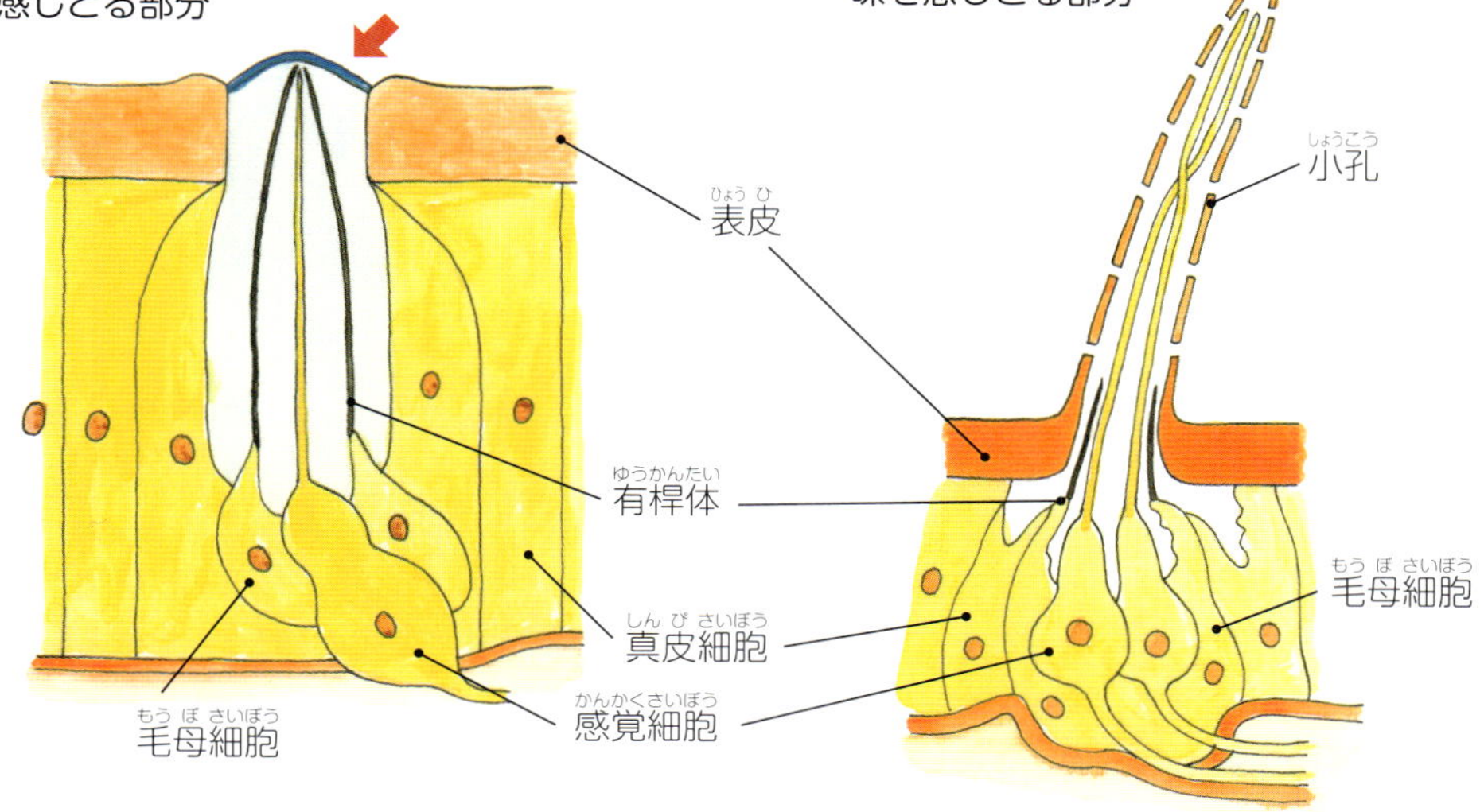
表皮《ひょうひ》
有桿体《ゆうかんたい》
真皮細胞《しんぴさいぼう》
感覚細胞《かんかくさいぼう》
毛母細胞《もうぼさいぼう》
小孔《しょうこう》
毛母細胞《もうぼさいぼう》

弦音器官《げんおんきかん》

あしの位置《いち》やはねの動《うご》きを自分《じぶん》で感《かん》じる部分《ぶぶん》

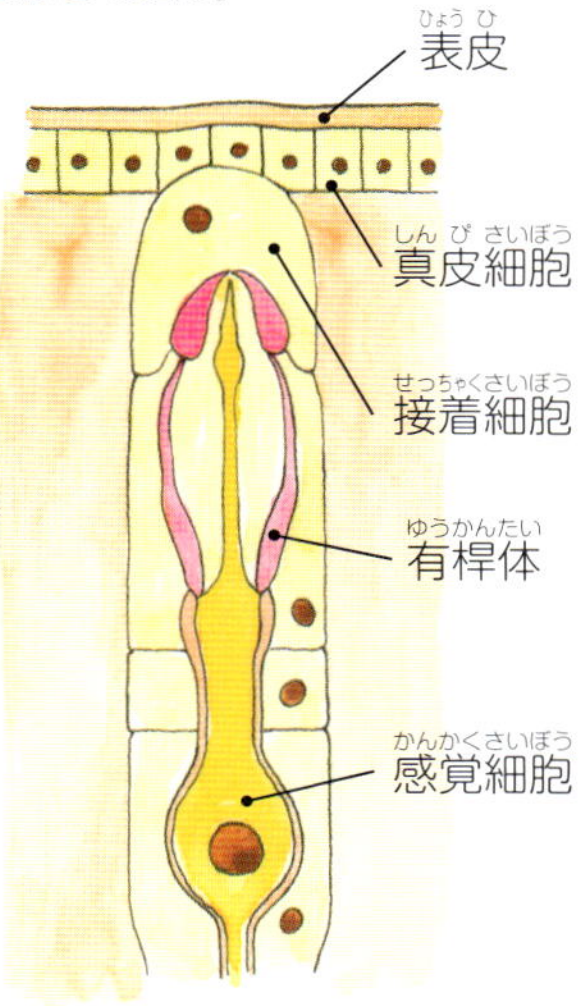
表皮《ひょうひ》
真皮細胞《しんぴさいぼう》
接着細胞《せっちゃくさいぼう》
有桿体《ゆうかんたい》
感覚細胞《かんかくさいぼう》

鼓膜器官《こまくきかん》

音《おと》を感《かん》じとる部分《ぶぶん》。弦音器官《げんおんきかん》とあわさってできている。コオロギやキリギリスのまえあしの脛節《けいせつ》にある

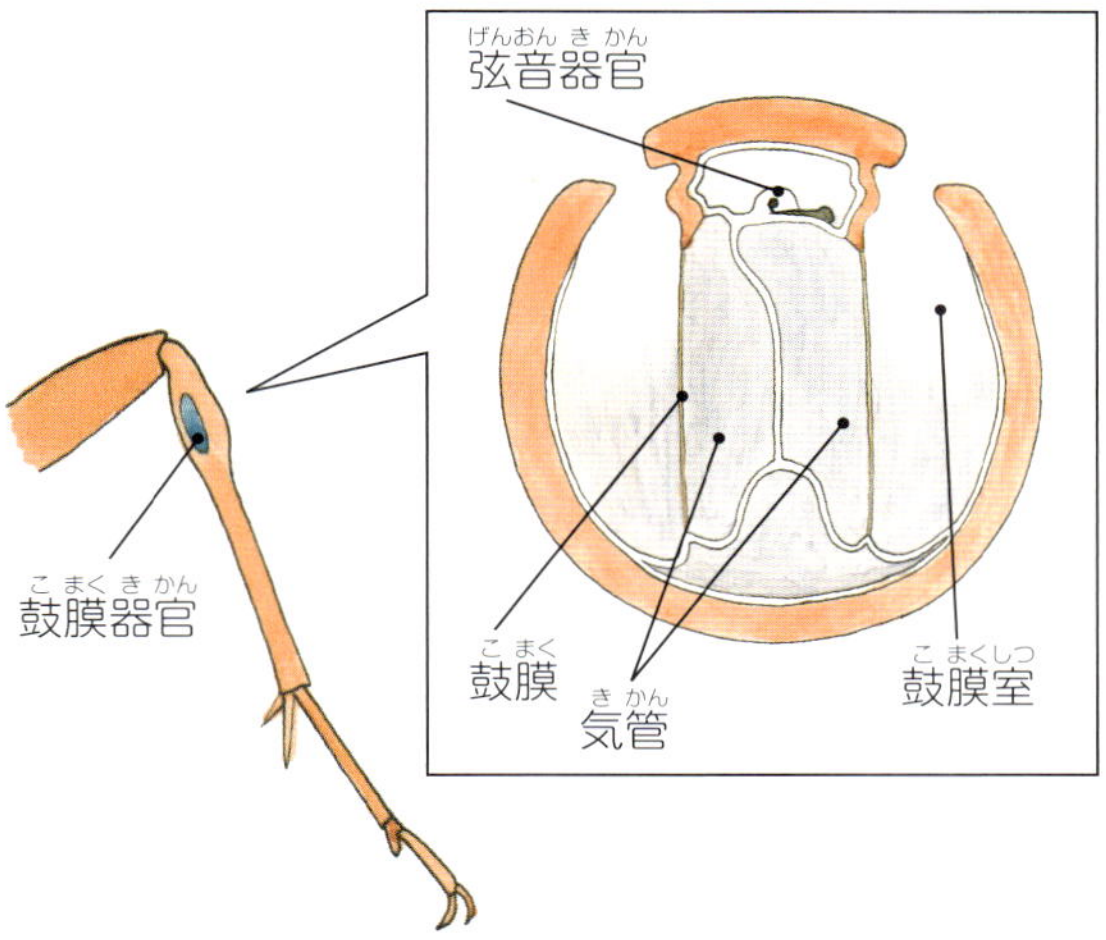
弦音器官《げんおんきかん》
鼓膜器官《こまくきかん》
鼓膜《こまく》
気管《きかん》
鼓膜室《こまくしつ》

いろんなものを感《かん》じる

昆虫《こんちゅう》の体《からだ》にある毛《け》や鱗片《りんぺん》、とげなどでは、なにかにさわったことや、風《かぜ》や水《みず》のながれを感《かん》じることができる。においや食《た》べものの味《あじ》は、触角《しょっかく》や口器《こうき》、あしの先《さき》で感《かん》じている。単眼《たんがん》は光《ひかり》を、複眼《ふくがん》は色《いろ》やかたちを、それぞれ感《かん》じることができる。触角《しょっかく》やあし、胸部《きょうぶ》、腹部《ふくぶ》には、音《おと》をききとることができる部分《ぶぶん》がある。このように、味《あじ》や光《ひかり》、音《おと》などを感《かん》じる部分《ぶぶん》を「感覚器《かんかくき》官《かん》」という。

昆虫《こんちゅう》は、なかまどうしがとぶときに出《だ》す音《おと》や、はねどうしをすりあわせて出《だ》すなき声《ごえ》、天敵《てんてき》が出《だ》す振動《しんどう》のような音《おと》を感覚器官《かんかくきかん》で感《かん》じる。カメムシのように音《おと》をつかって、なかまどうしのコミュニケーションをとる昆虫《こんちゅう》もいる。

大《おお》きな血管《けっかん》や神経《しんけい》

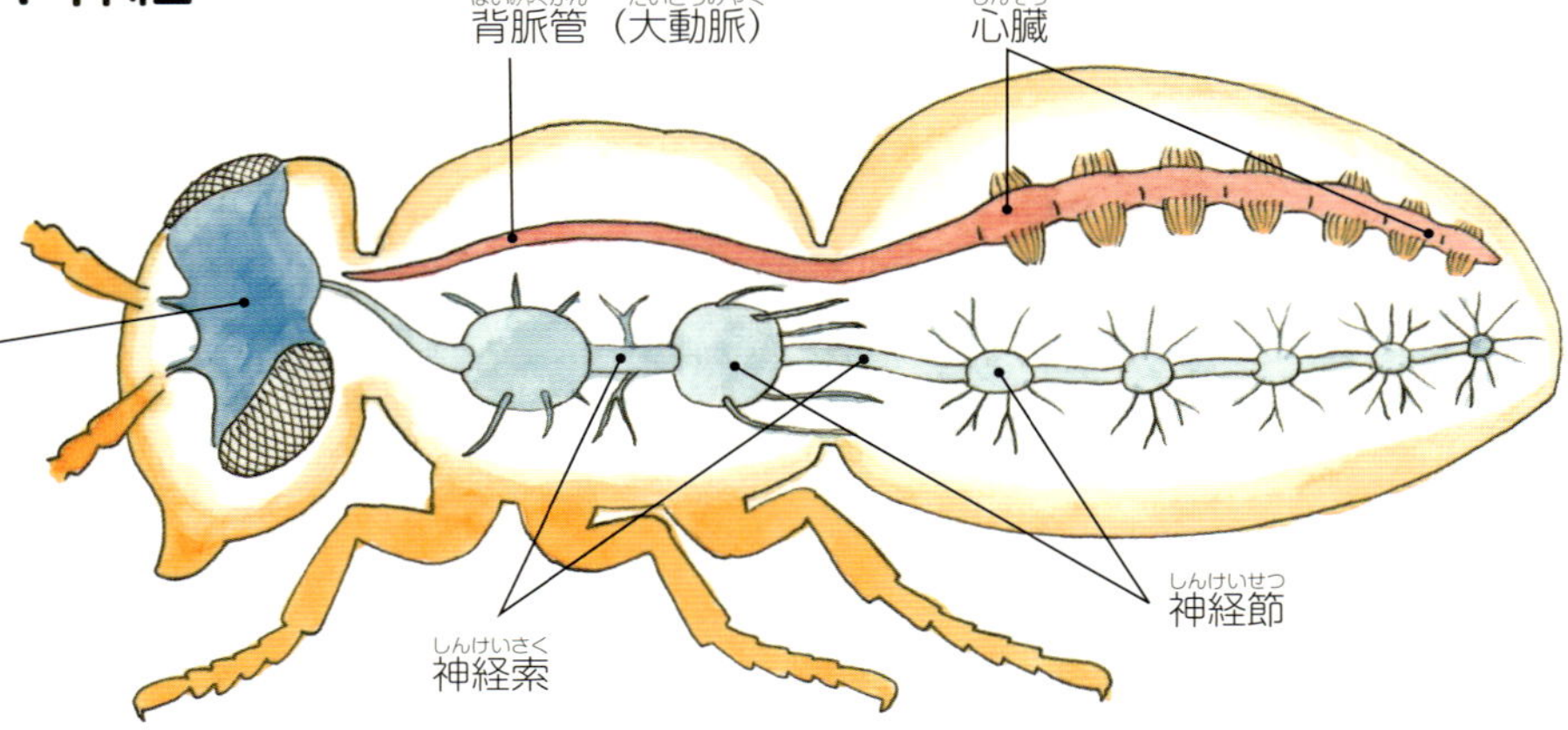

いろいろな消化器官《しょうかきかん》

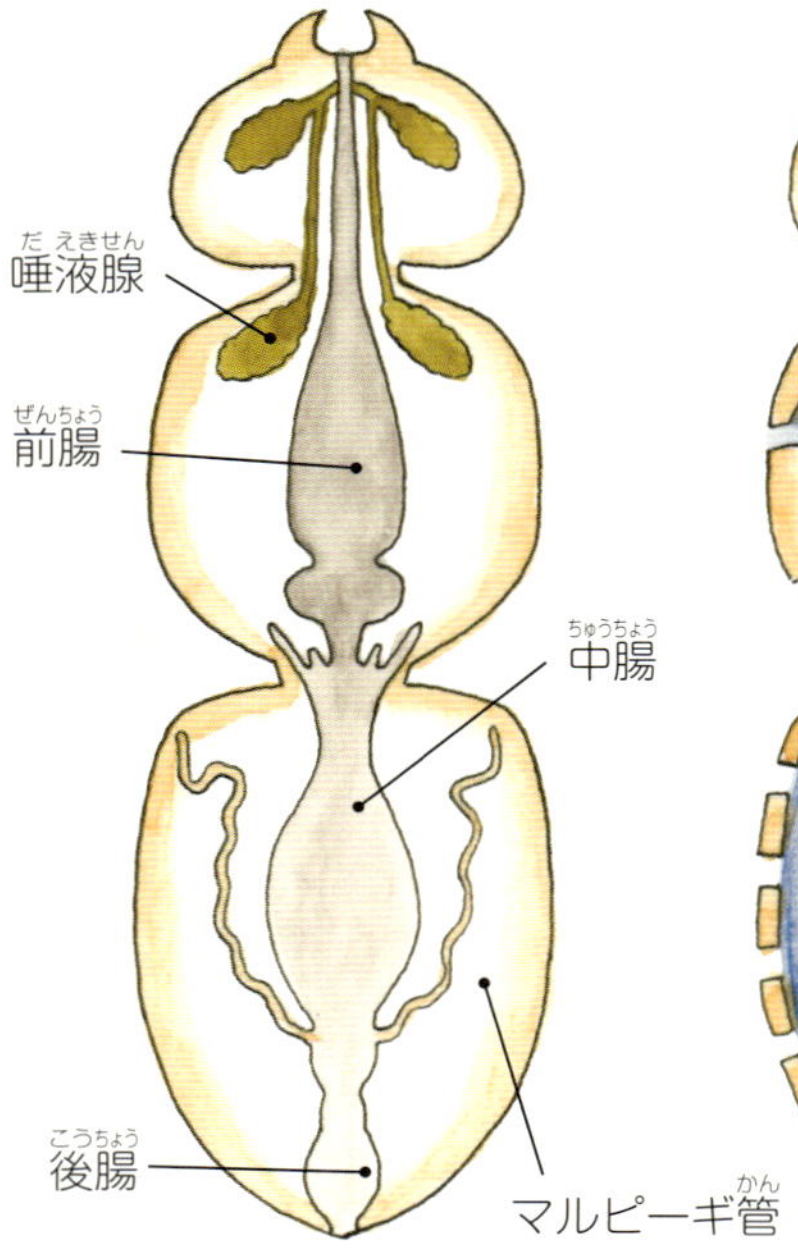

息《いき》をするための気管《きかん》

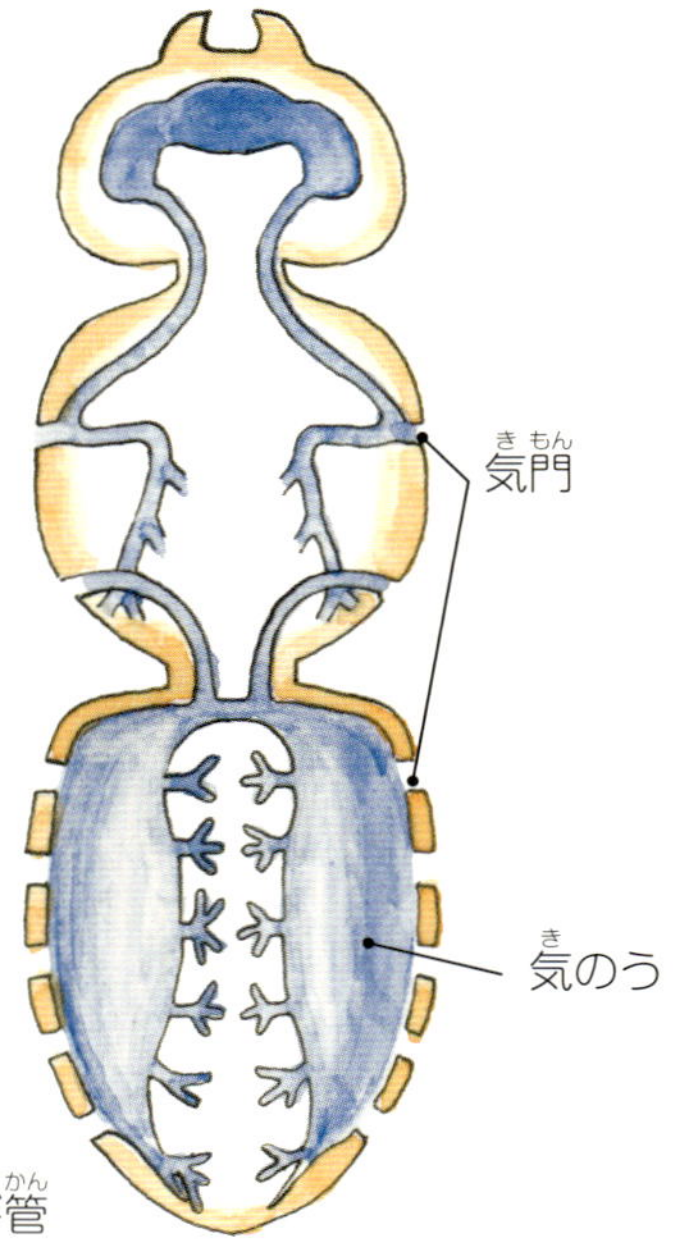

内部生殖器《ないぶせいしょくき》

●メス

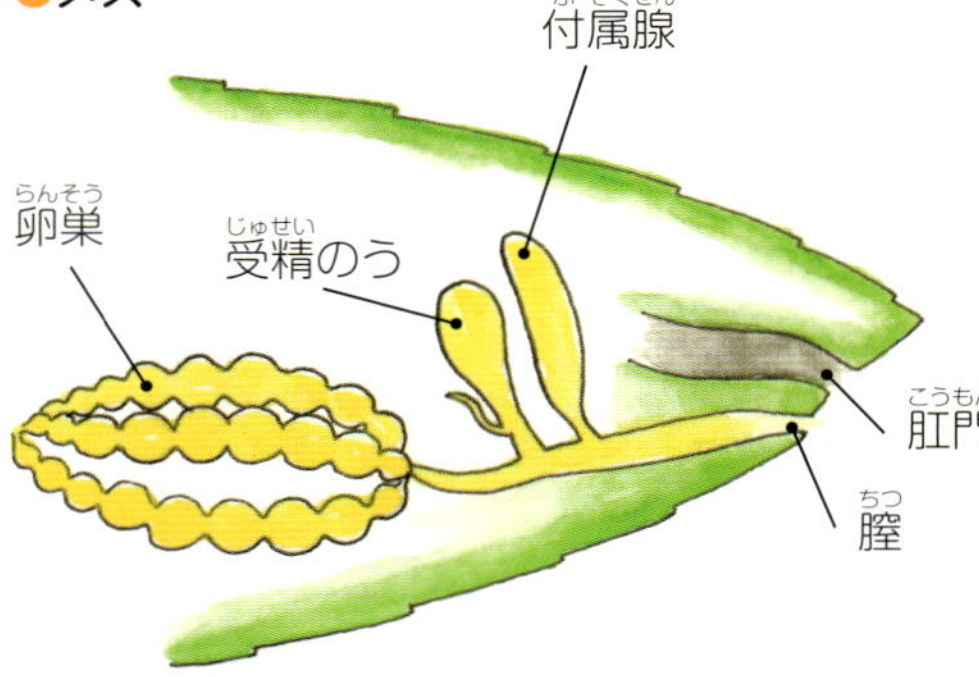

●オス

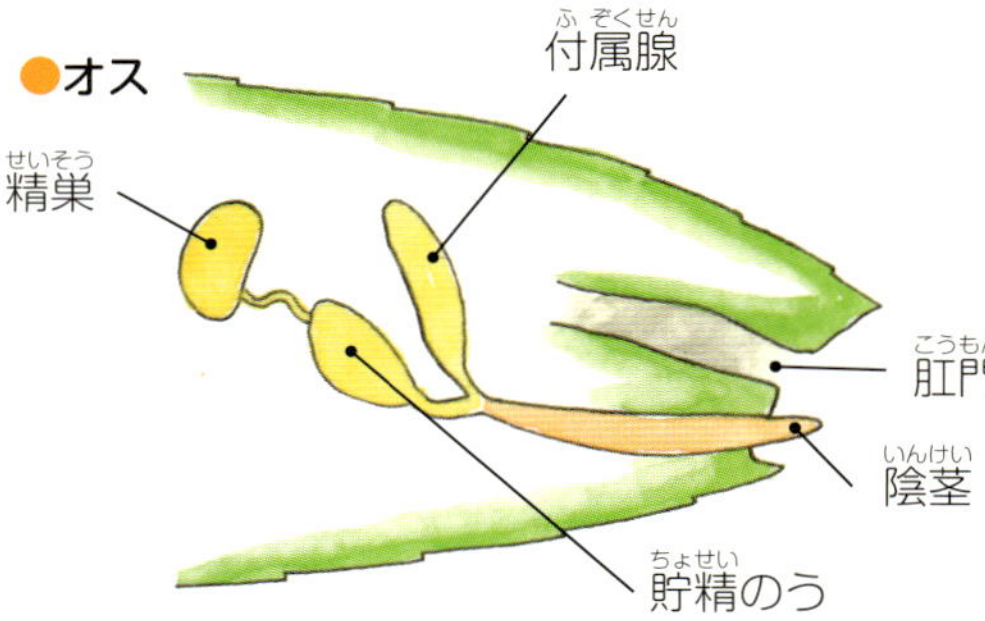

体《からだ》のなかのしくみ

昆虫《こんちゅう》の体《からだ》のなかには、つぎのものがある。

●食《た》べものを細《こま》かくして体《からだ》にとりいれる「消化管《しょうかかん》」
●まわりのようすを感《かん》じとり、動《うご》きをコントロールする「神経《しんけい》」
●血液《けつえき》の通《とお》り道《みち》の「血管《けっかん》・背脈《はいみゃく》管《かん》」
●息《いき》をするための「気管《きかん》」
●体《からだ》や消化管《しょうかかん》などの内臓《ないぞう》を動《うご》かす「筋肉《きんにく》」
●こどもをつくるための「内部生《ないぶせい》殖器官《しょくきかん》」

体《からだ》の背中《せなか》がわには血管《けっかん》が、腹《はら》がわには神経《しんけい》が、まえからうしろまで通《とお》っている。消化管《しょうかかん》は、血管《けっかん》と神経《しんけい》のあいだにある。「気門《きもん》」というあなを出《で》いりした空気《くうき》が気管《きかん》を通《とお》ることで、息《いき》をしている。

昆虫《こんちゅう》の体《からだ》のつくり(5) 卵《たまご》・幼虫《ようちゅう》・さなぎのかたち

昆虫《こんちゅう》の多《おお》くは、卵《たまご》からうまれておとなの虫《むし》(成虫《せいちゅう》)になるまでに、幼虫《ようちゅう》やさなぎなどいろんなかたちになる。卵《たまご》のかたちや、さなぎになる・ならないは、昆虫《こんちゅう》のグループによってちがう。

いろいろな卵《たまご》のかたち

クサカゲロウの卵《たまご》

よく見《み》られる卵《たまご》のかたち

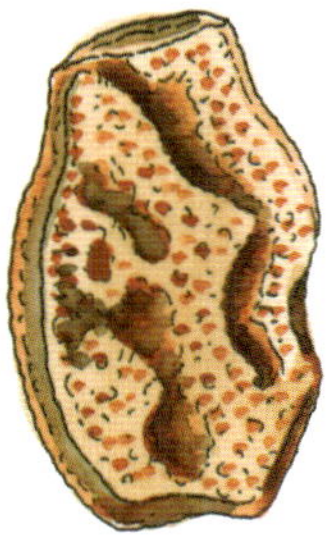
ナナフシの卵《たまご》

シロチョウの卵《たまご》

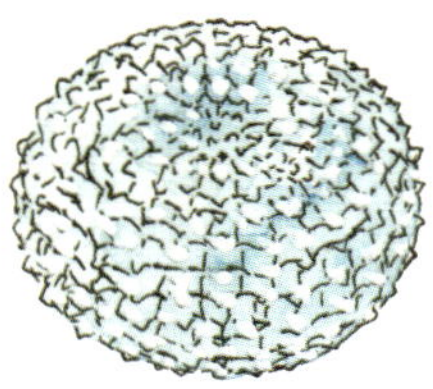
シジミチョウの卵《たまご》

いろいろなさなぎのかたち

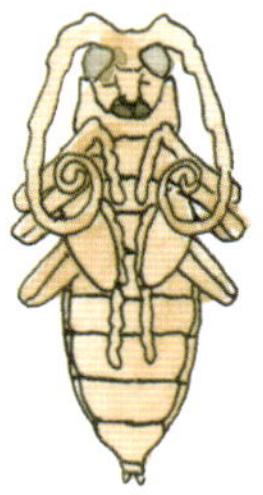
カミキリムシ

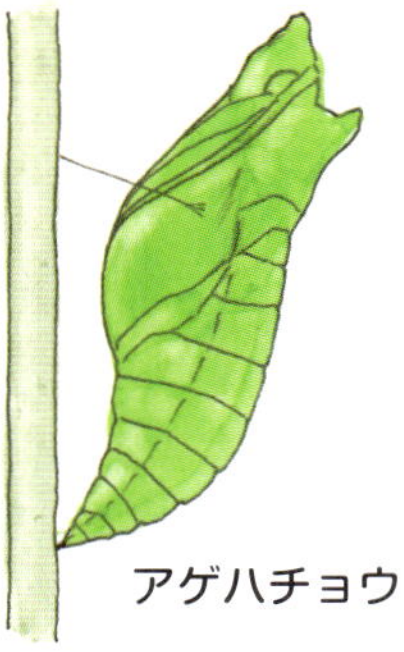
アゲハチョウ

大《おお》あごが動《うご》かないさなぎ

ウスバカゲロウ

大《おお》あごが動《うご》くさなぎ

卵《たまご》のつくりと幼虫《ようちゅう》のかたち

昆虫《こんちゅう》の卵《たまご》は、外《そと》がわのあつい殻《から》（卵殻《らんかく》）と、そのうちがわにあるうすいまく（卵黄膜《らんおうまく》）に守《まも》られている。大《おお》きさやかたちにはいろいろなものがあるが、まるいものや、少《すこ》し細長《ほそなが》いかたちのものが多《おお》い。

卵《たまご》からうまれた幼虫《ようちゅう》は、成虫《せいちゅう》になるまえにさなぎになるもの（完全変態昆虫《かんぜんへんたいこんちゅう》）と、ならないもの（不完全変態昆虫《ふかんぜんへんたいこんちゅう》）がいる。

さなぎになる昆虫《こんちゅう》の幼虫《ようちゅう》は、成《せい》虫とはすがたがまったくちがっている。また、あしがあるものとないものがいる。

さなぎにならずに成虫《せいちゅう》になる幼《よう》虫《ちゅう》は、成虫《せいちゅう》とにたすがたをしていて、幼虫《ようちゅう》のときを「若虫《わかむし》」とよぶことが多《おお》い。

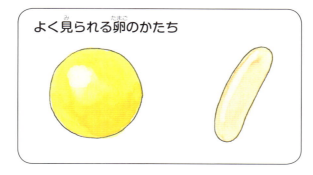

いろいろな幼虫《ようちゅう》のかたち（さなぎになる幼虫《ようちゅう》たち）

多脚型《たきゃくがた》（あしがたくさんある）

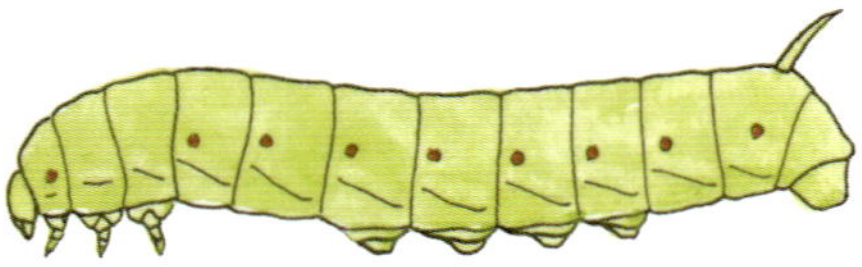
スズメガ

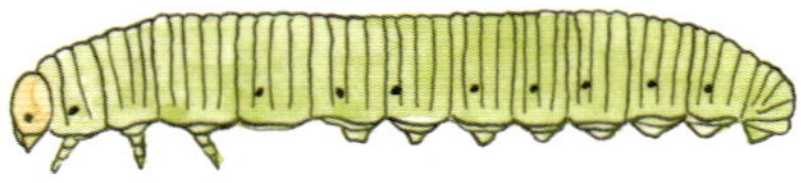
ハバチ

寡脚型《かきゃくがた》（あしが６本《ぼん》ある）

オサムシ

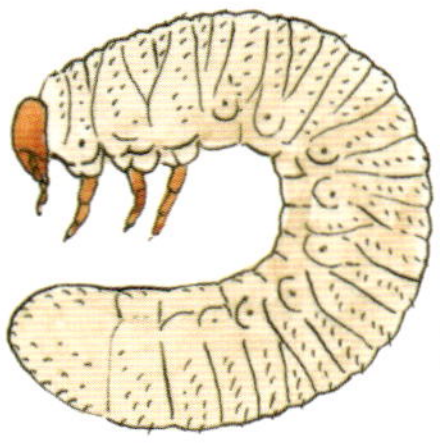
コガネムシ

無脚型《むきゃくがた》（あしがない）

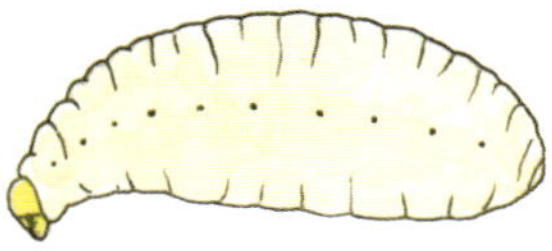
スズメバチ

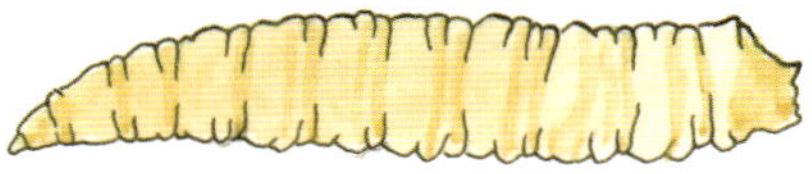
クロバエ

いろいろな幼虫《ようちゅう》のかたち（さなぎにならない幼虫《ようちゅう》たち）

トンボの幼虫《ようちゅう》

バッタの幼虫《ようちゅう》

カメムシの幼虫《ようちゅう》

さなぎのかたち

さなぎは、ふつうは動《うご》かないし、食《た》べものもまったく食《た》べない。

さなぎには、口《くち》の「大《おお》あご」が動《うご》くものと、動《うご》かないものがある。動《うご》くタイプは、ウスバカゲロウやヘビトンボ、シリアゲムシなどのさなぎで、「自由蛹《じゆうよう》」とよばれている。

大《おお》あごが動《うご》かないタイプは、さらに2つにわけられ、甲虫《こうちゅう》やハチのようにはねやあしが体《からだ》からはなれているかたちと、チョウやハエのようにはねもあしも体《からだ》にくっついているかたちがある。

昆虫《こんちゅう》が、どうやってさなぎから成虫《せいちゅう》になるのか、そのくわしい変《へん》化《か》のしかたについては、まだよくわかっていない。

昆虫《こんちゅう》の変態《へんたい》 完全変態《かんぜんへんたい》と不完全変態《ふかんぜんへんたい》 バッタとカブトムシ

ほとんどの昆虫《こんちゅう》は、卵《たまご》からうまれる。でも、そのあとの成長《せいちょう》のしかたは、昆虫《こんちゅう》によっていろいろだ。昆虫《こんちゅう》のこども（幼虫《ようちゅう》）は、「変態《へんたい》」という過程《かてい》をへておとな（成虫《せいちゅう》）になっていく。

カブトムシが卵《たまご》から成虫《せいちゅう》になるまで

カブトムシのような完全変態昆虫《かんぜんへんたいこんちゅう》は、成虫《せいちゅう》になるまえにさなぎになる。

こどものころとはまったくべつのすがたに

昆虫《こんちゅう》が成虫《せいちゅう》になるまでには、大《おお》きくわけて2つのタイプがある。

ひとつは、「完全変態昆虫《かんぜんへんたいこんちゅう》」とよばれるなかまで、カブトムシやチョウ、ハエ、ハチなどだ。

卵《たまご》からかえった幼虫《ようちゅう》は、イモムシのようなかたちのものが多《おお》い。エサを食《た》べて大《おお》きくなると、さなぎになる。さなぎはじっとして動《うご》かないけれど、体《からだ》のなかでは成虫《せいちゅう》になるための準備《じゅんび》がすすんでいる。準備《じゅんび》ができると、さなぎの皮《かわ》がやぶれて、幼虫《ようちゅう》とは全然《ぜんぜん》ちがうすがたの成虫《せいちゅう》がうまれてくる。これらを「変態《へんたい》」という。

はじめは色《いろ》もうすくてやわらかいけれど、じきに、りっぱな成虫《せいちゅう》になる。

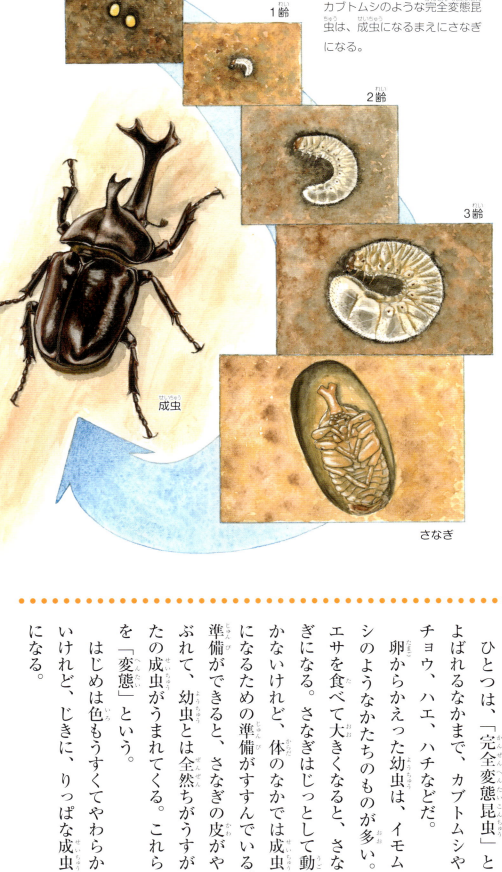

トノサマバッタが卵《たまご》から成虫《せいちゅう》になるまで

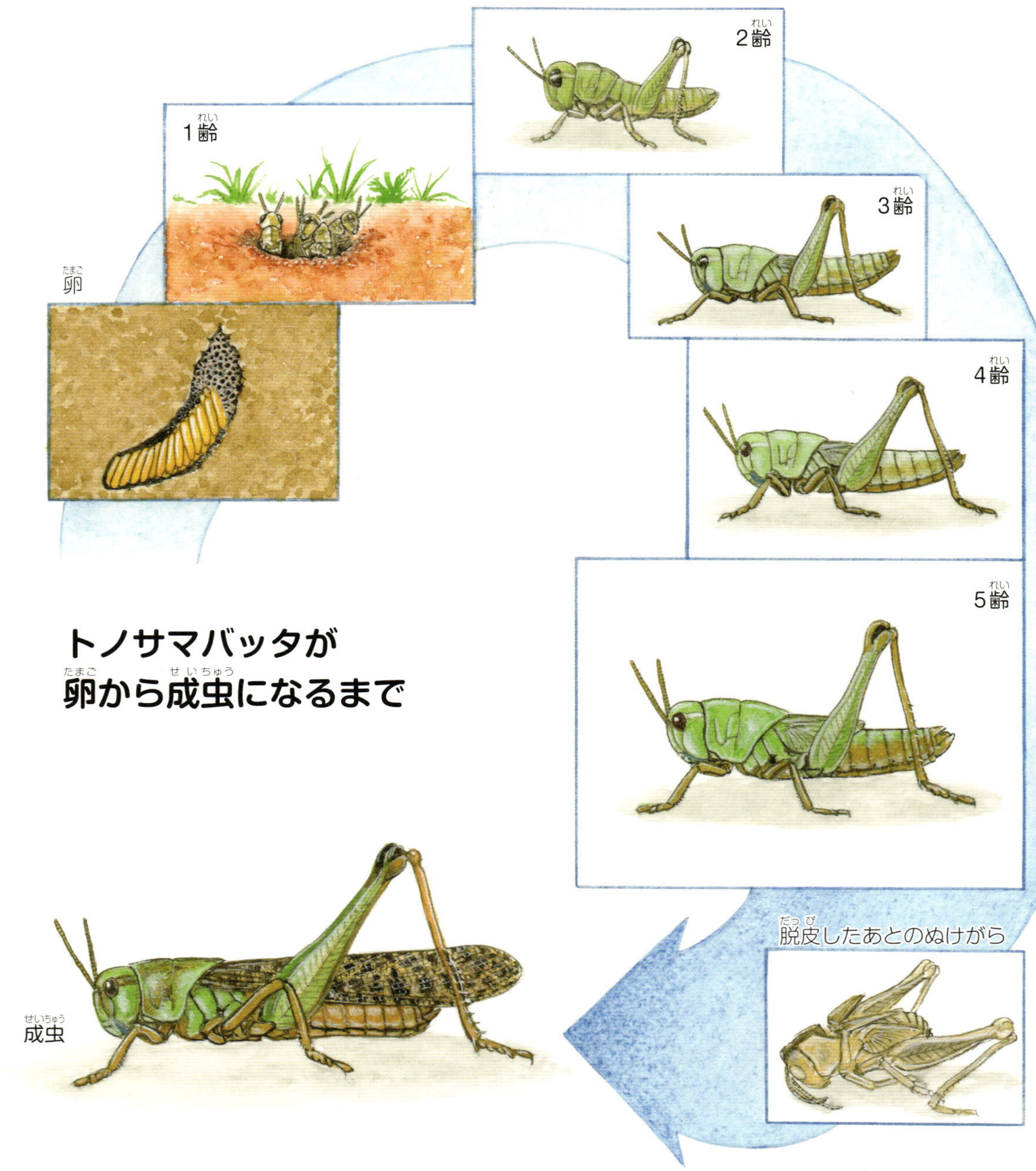

ひと皮《かわ》むけておとなになる

もうひとつは、「不完全変態昆虫《ふかんぜんへんたいこんちゅう》」とよばれるバッタやカマキリ、カメムシ、トンボなどのなかまだ。卵《たまご》からうまれた幼虫《ようちゅう》は、成虫《せいちゅう》よりも体《からだ》が小《ち》さく、はねがないけれど、ほとんどおなじかたちをしている。それに、大《おお》きくなってもさなぎにならず、脱皮《だっぴ》して成虫《せいちゅう》になる。

完全変態昆虫《かんぜんへんたいこんちゅう》は、成虫《せいちゅう》と幼虫《ようちゅう》では、すむ場所《ばしょ》も食《た》べるものもちがうことが多《おお》い。たとえばカブトムシの幼虫《ようちゅう》は地面《じめん》のなかでくさった葉《は》っぱを食《た》べ、成虫《せいちゅう》は地面《じめん》から出《で》てきて樹液《じゅえき》などをすう。

不完全変態昆虫《ふかんぜんへんたいこんちゅう》は、成虫《せいちゅう》も幼虫《ようちゅう》もおなじものを食《た》べることが多《おお》く、いっしょに食事《しょくじ》しているところを見《み》ることができる。

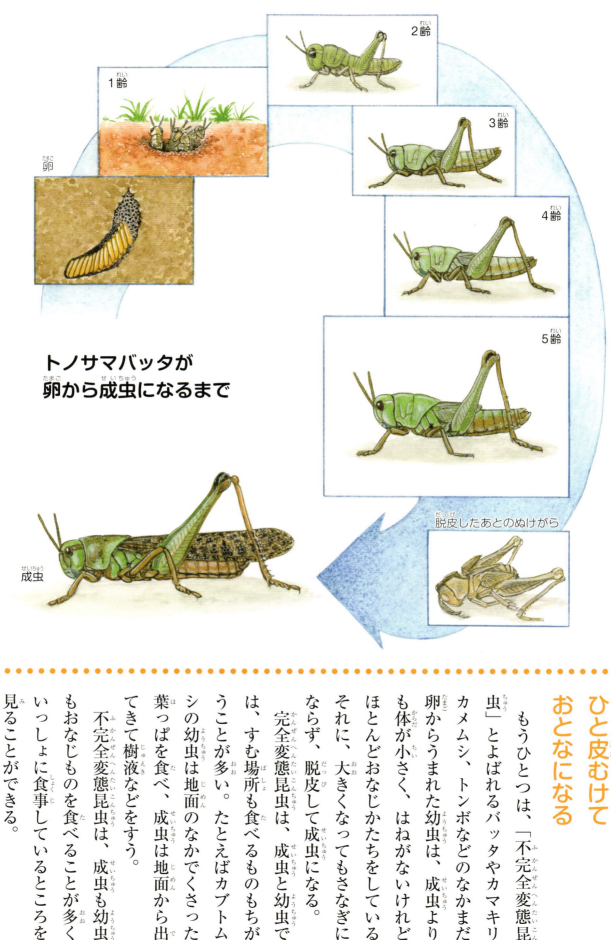

昆虫《こんちゅう》の発育《はついく》とホルモン　脱皮《だっぴ》と変態《へんたい》

かたい皮《かわ》でおおわれている昆虫《こんちゅう》たち。体《からだ》が大《おお》きくなるときには、だんだんきゅうくつになってきて、ついに皮《かわ》をぬいでしまう。もしかして、はだかになっちゃう?

ギンヤンマ

アブラゼミ

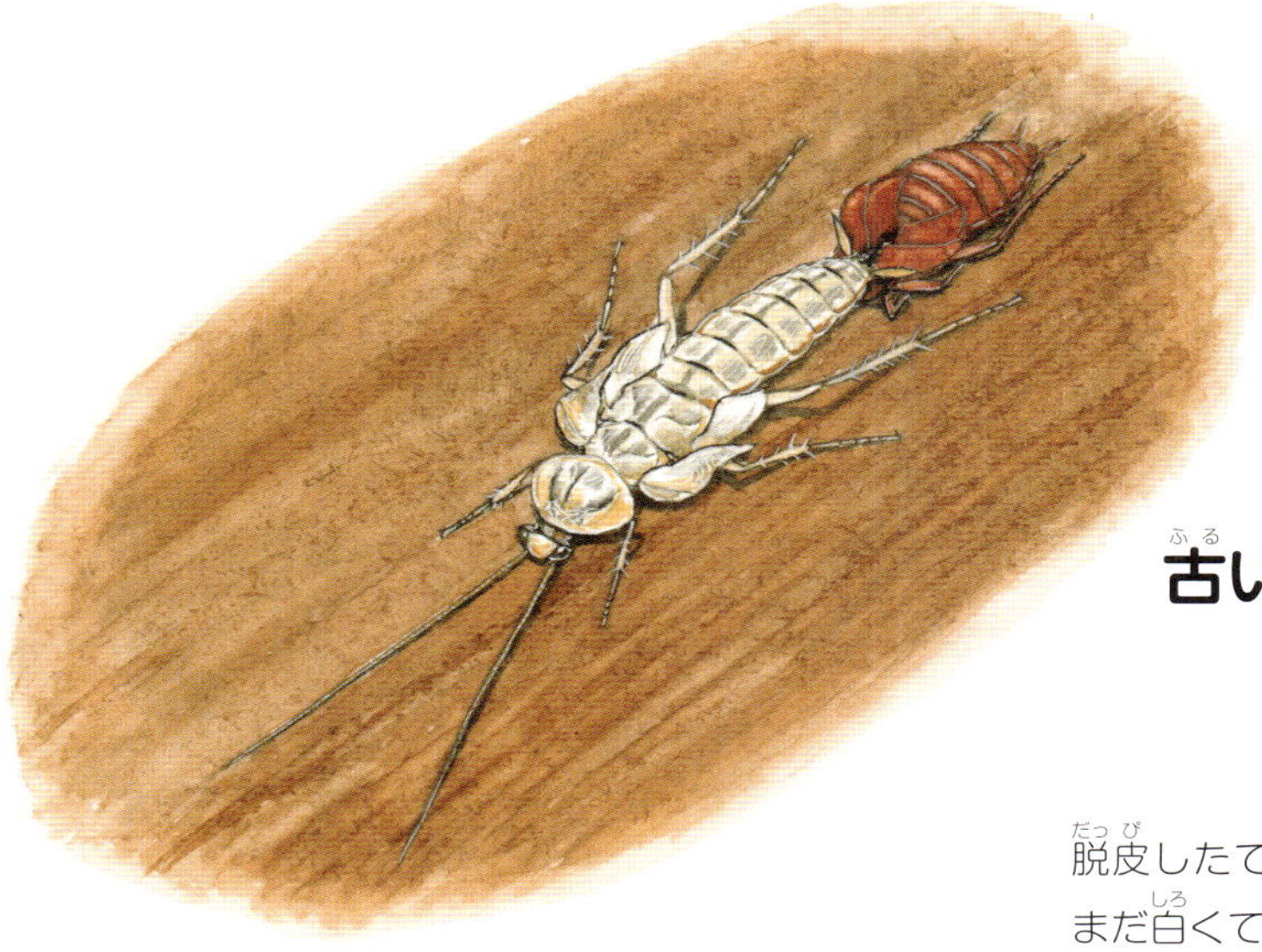
クロゴキブリ

古《ふる》い皮《かわ》をぬいで大《おお》きくなる昆虫《こんちゅう》たち

脱皮《だっぴ》したての昆虫《こんちゅう》たちの体《からだ》は、まだ白《しろ》くてやわらかい。このあと、体《からだ》はだんだんかたくなり、成虫《せいちゅう》の色《いろ》になっていく。

大《おお》きくなるタイミング

わたしたち人間《にんげん》の体《からだ》は、まんなかに骨《ほね》があって体《からだ》をささえている。骨《ほね》のまわりに筋肉《きんにく》がついていて、体《からだ》の表面《ひょうめん》は、やわらかい皮《ひ》ふでおおわれている。

昆虫《こんちゅう》は、人間《にんげん》の骨《ほね》のような役割《やくわり》をするかたい皮《かわ》で体《からだ》をおおわれていて、そのうちがわに筋肉《きんにく》がついている。

昆虫《こんちゅう》が大《おお》きくなるには、かたい皮《かわ》をぬいですてなければならない。これを「脱皮《だっぴ》」という。体《からだ》のなかでつくられる脱皮《だっぴ》ホルモンによって「もう脱皮《だっぴ》するときだ」とサインがでると、脱皮《だっぴ》がはじまる。

昆虫《こんちゅう》の皮《かわ》はいろんな栄養分《えいようぶん》からできている。脱皮《だっぴ》のたびに養分《ようぶん》がつまった皮《かわ》をすててしまうのは、ちょっともったいないかも?!

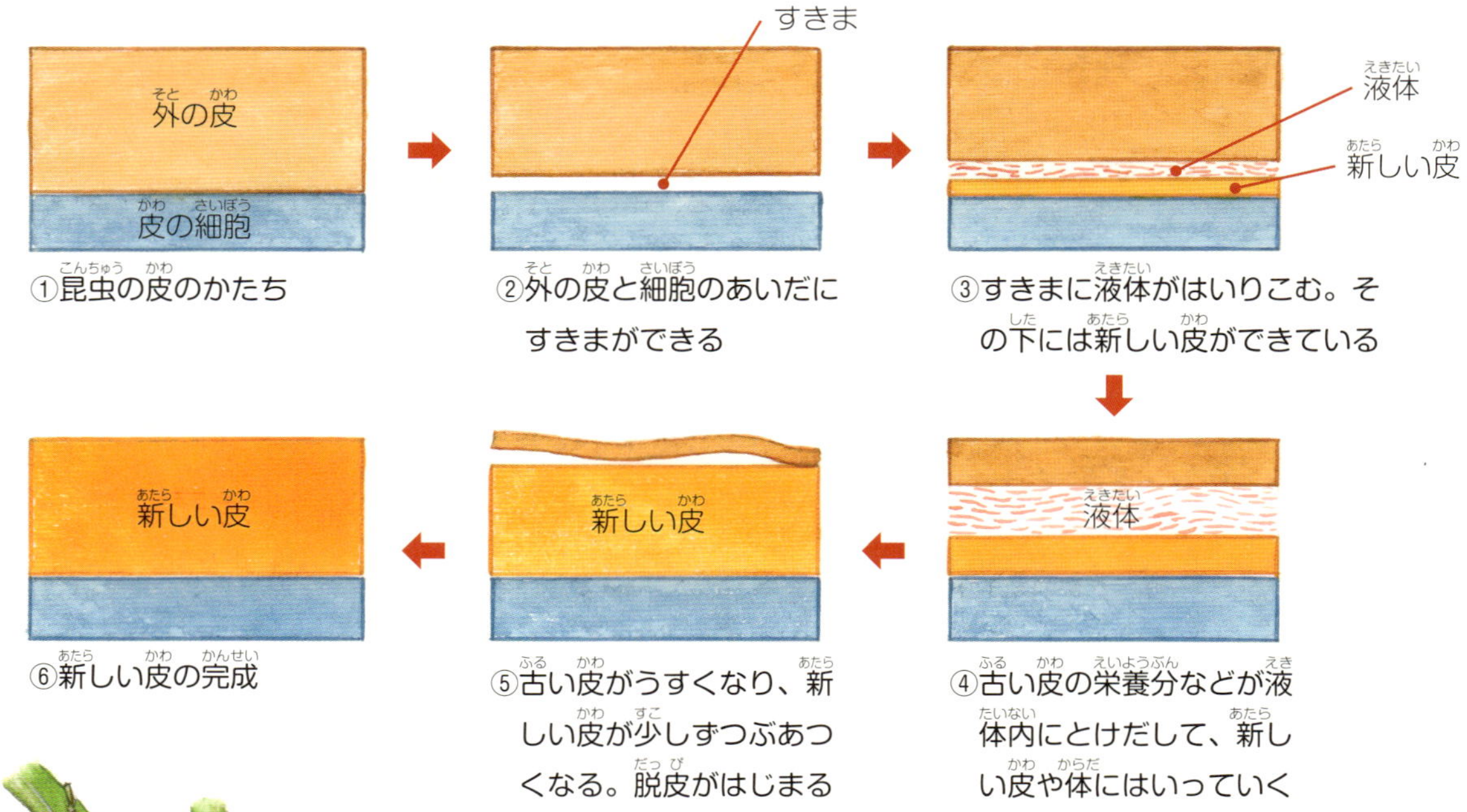
すきま
外《そと》の皮《かわ》
皮《かわ》の細胞《さいぼう》
①昆虫《こんちゅう》の皮《かわ》のかたち
②外《そと》の皮《かわ》と細胞《さいぼう》のあいだにすきまができる
液体《えきたい》
新《あたら》しい皮《かわ》
③すきまに液体《えきたい》がはいりこむ。その下《した》には新《あたら》しい皮《かわ》ができている
液体《えきたい》
④古《ふる》い皮《かわ》の栄養分《えいようぶん》などが液《えき》体内《たいない》にとけだして、新《あたら》しい皮《かわ》や体《からだ》にはいっていく
新《あたら》しい皮《かわ》
⑤古《ふる》い皮《かわ》がうすくなり、新《あたら》しい皮《かわ》が少《すこ》しずつぶあつくなる。脱皮《だっぴ》がはじまる
新《あたら》しい皮《かわ》
⑥新《あたら》しい皮《かわ》の完成《かんせい》

脱皮《だっぴ》の順番《じゅんばん》と皮《かわ》のしくみ

脱皮中《だっぴちゅう》のトノサマバッタ。

自分《じぶん》の脱皮《だっぴ》ガラを食《た》べるトノサマバッタ。

カラをやぶって大《おお》きくなる

だいじょうぶ。皮《かわ》に養分《ようぶん》があることを知《し》っている昆虫《こんちゅう》は、ちゃんとリサイクルしているのだ。

脱皮《だっぴ》ホルモンが出《で》ると、外《そと》の皮《かわ》と下《した》の細胞《さいぼう》のあいだにすきまができて、体《からだ》からでた液体《えきたい》がそのすきまにはいる。その下《した》には、新《あたら》しい皮《かわ》がもうできている。古《ふる》い皮《かわ》の養《よう》分《ぶん》は、その液体内《えきたいない》にとけだし、新《あたら》しい皮《かわ》や体《からだ》にはいっていく。養分《ようぶん》や水分《すいぶん》がなくなった古《ふる》い皮《かわ》は、とてもうすくなる。虫《むし》はそれをやぶってでてくるのだ。昆虫《こんちゅう》のなかには、脱皮《だっぴ》でぬぎすてた古《ふる》い皮《かわ》（脱《だっ》皮《ぴ》ガラ）を食《た》べてしまうものもいる。脱皮《だっぴ》したすぐあとの体《からだ》は、とてもやわらかい。昆虫《こんちゅう》は、空気《くうき》をのみこんで体《からだ》やはねをのばす。

南国《なんごく》のサトウキビ畑《ばたけ》で恋人《こいびと》さがしをするコガネムシ

めったにすがたが見《み》られないからとてもめずらしかった、あるコガネムシ。でもじつは……

そのふしぎなくらしかたが、いつのまにか農業《のうぎょう》の害《がい》になってしまった。

ミヤコケブカアカチャコガネの一生《いっしょう》

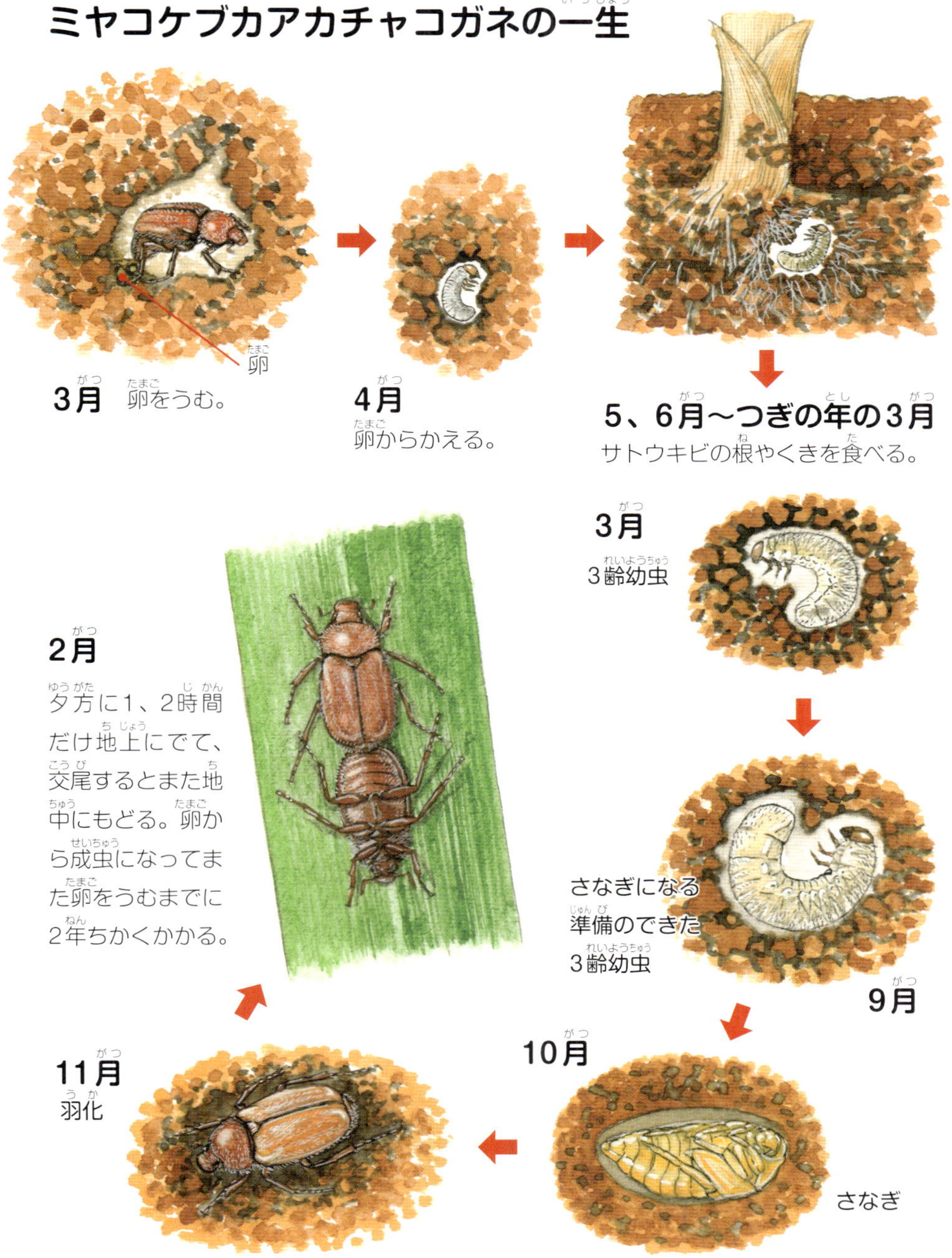
卵《たまご》
3月《がつ》 卵《たまご》をうむ。
4月《がつ》
卵《たまご》からかえる。
5、6月《がつ》〜つぎの年《とし》の3月《がつ》
サトウキビの根《ね》やくきを食《た》べる。
3月《がつ》
3齢幼虫《れいようちゅう》
さなぎになる準備《じゅんび》のできた3齢幼虫《れいようちゅう》
9月《がつ》
10月《がつ》
さなぎ
11月《がつ》
羽化《うか》
2月《がつ》
夕方《ゆうがた》に1、2時間《じかん》だけ地上《ちじょう》にでて、交尾《こうび》するとまた地《ち》中《ちゅう》にもどる。卵《たまご》から成虫《せいちゅう》になってまた卵《たまご》をうむまでに2年《ねん》ちかくかかる。

じつは犯人《はんにん》だったコガネムシ

昆虫《こんちゅう》がものすごくすきな人《ひと》は、めずらしい昆虫《こんちゅう》もだいすきだ。そんな人《ひと》たちにとても人気《にんき》があったミヤコケブカアカチャコガネというコガネムシがいる。でも最近《さいきん》、このコガネムシが沖縄県《おきなわけん》のサトウキビ畑《ばたけ》にたくさんいることがわかって、もうめずらしい昆虫《こんちゅう》ではなくなった。それどころか、サトウキビや牧草《ぼくそう》の根《ね》を食《く》いあらす犯人《はんにん》だということもわかった！ なぜ、このコガネムシが長《なが》いあいだ害虫《がいちゅう》だとわからなかったのだろう？

サトウキビ畑《ばたけ》であいましょう

それは、このコガネムシがとてもかわった虫《むし》だからだ。

オスとメスがであって交尾《こうび》する。

フェロモンをだすメス。

フェロモンをかぎつけたオス。

フェロモンに気《き》づいたオス。

まわりをたしかめてから地面《じめん》からでるメス。

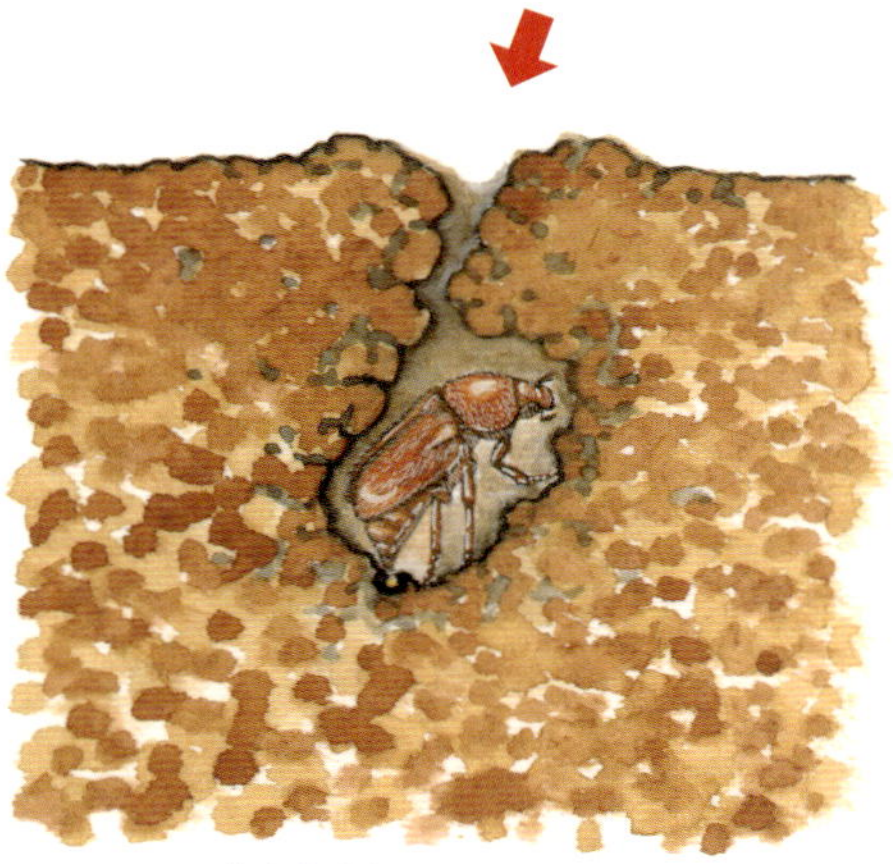

地中《ちちゅう》で卵《たまご》をうむメス。

たった2時間《じかん》のあいだだけで恋人《こいびと》をさがす

ミヤコケブカアカチャコガネは、卵《たまご》から成虫《せいちゅう》になるまで2年《ねん》ちかくかかる。畑《はたけ》をたがやして見《み》つかった幼虫《ようちゅう》は、ほかの種類《しゅるい》のコガネムシの幼虫《ようちゅう》とそっくりで、見《み》わけがつかない。成虫《せいちゅう》になって地面《じめん》からでてくるのも、2月《がつ》の夕方《ゆうがた》6時《じ》ごろから2時間《じかん》ほどだけだから、ほとんどの人《ひと》が見《み》つけられなかった。

成虫《せいちゅう》が地面《じめん》にでてくるときは、まずメスが外《そと》のようすをうかがってから、近《ちか》くのサトウキビの葉《は》にとんでいってとまる。そしてそこでオスをよぶフェロモン（かおり）をだす。すると、メスをさがしていたオスがにおいにつられてよってくる。メスとオスは恋人《こいびと》どうしになり、交尾《こうび》する。1時間《じかん》もすると、2匹《ひき》はそれぞれ地下《ちか》にもどっていく。メスは土《つち》のなかに卵《たまご》をうみ、つぎの世代《せだい》をのこす。

バッタの体《からだ》の色《いろ》とホルモン

みんなが草《くさ》むらでよく見《み》るトノサマバッタは何色《なにいろ》？ 緑色《みどりいろ》かな、茶色《ちゃいろ》かな？ でも、どうして色《いろ》がちがうのだろう。そこにはひみつがかくされている……。

空《そら》をとぶものすごい数《かず》のバッタ
たくさんのバッタたちが畑《はたけ》の作物《さくもつ》などを食《た》べあらして、大《おお》きな害《がい》をひきおこすことがある。

単独生活《たんどくせいかつ》でそだった緑色《みどりいろ》のトノサマバッタ

体《からだ》がふれあう集団生活《しゅうだんせいかつ》で相変異《そうへんい》して黒《くろ》くなったトノサマバッタ

あらしのような集団《しゅうだん》バッタ

トノサマバッタは、ときどき数《かず》がものすごくふえて、ムギやサトウキビ、牧草《ぼくそう》などを食《く》いあらす。そのときのバッタは、いつも原《はら》っぱで見《み》るバッタとは少《すこ》しようすがちがっている。

それは、バッタは、まわりにたくさんのなかまがいると体《からだ》の色《いろ》や動《うご》きがいつもとちがうようになる「相変異《そうへんい》」をする昆虫《こんちゅう》だからだ。

バッタの数《かず》がふえていっぱいになってくると、あちらこちらでバッタの幼虫《ようちゅう》の集団《しゅうだん》ができる。すると、幼虫《ようちゅう》のホルモンの量《りょう》がかわって、バッタは黒《くろ》くなる。このように体《からだ》の色《いろ》をかえるホルモンは「コラゾニン」とよばれ、バッタの脳《のう》でつくられる。

どこにいるかわかるかな？

すんでいるところの色《いろ》とおなじような色《いろ》になるトノサマバッタ。脳《のう》でつくられる「コラゾニン」というホルモンが体《からだ》の色《いろ》をかえる。

白《しろ》いバッタと緑《みどり》のバッタ
「幼若《ようじゃく》ホルモン」によって色《いろ》がかわったトノサマバッタ。

かくれ身《み》の術《じゅつ》で身《み》を守《まも》る

ふつう、バッタの幼虫《ようちゅう》は、まわりのようすによってホルモンをつかい、体《からだ》の色《いろ》をかえる。緑《みどり》の葉《は》っぱが多《おお》いところでは緑色《みどりいろ》になり、かれた草《くさ》が多《おお》いところでは、かれ葉《は》ににた茶色《ちゃいろ》になる。まわりにとけこんで、鳥《とり》やトカゲのような敵《てき》から見《み》つかりにくくしているのだ。

トノサマバッタを飼育《しいく》している研究所《けんきゅうじょ》では、ときどき白《しろ》いバッタがあらわれることがある。アルビノだ。アルビノバッタには、色《いろ》をつくる「コラゾニン」がない。でもおもしろいことに、このバッタを1匹《ぴき》だけでかい、緑《みどり》の葉《は》っぱをたくさんあたえていると、そのうち緑色《みどりいろ》になる。これは、バッタを緑色《みどりいろ》にする「幼若《ようじゃく》ホルモン」というホルモンがでるからだ。

とぶ昆虫《こんちゅう》、とばない昆虫《こんちゅう》

多《おお》くの昆虫《こんちゅう》には、はねがついている。でも、とぶ昆虫《こんちゅう》と、とばない昆虫《こんちゅう》がいる。とばない昆《こん》虫《ちゅう》のなかには、「とべない」んじゃなくて「とばない」ものもいる。

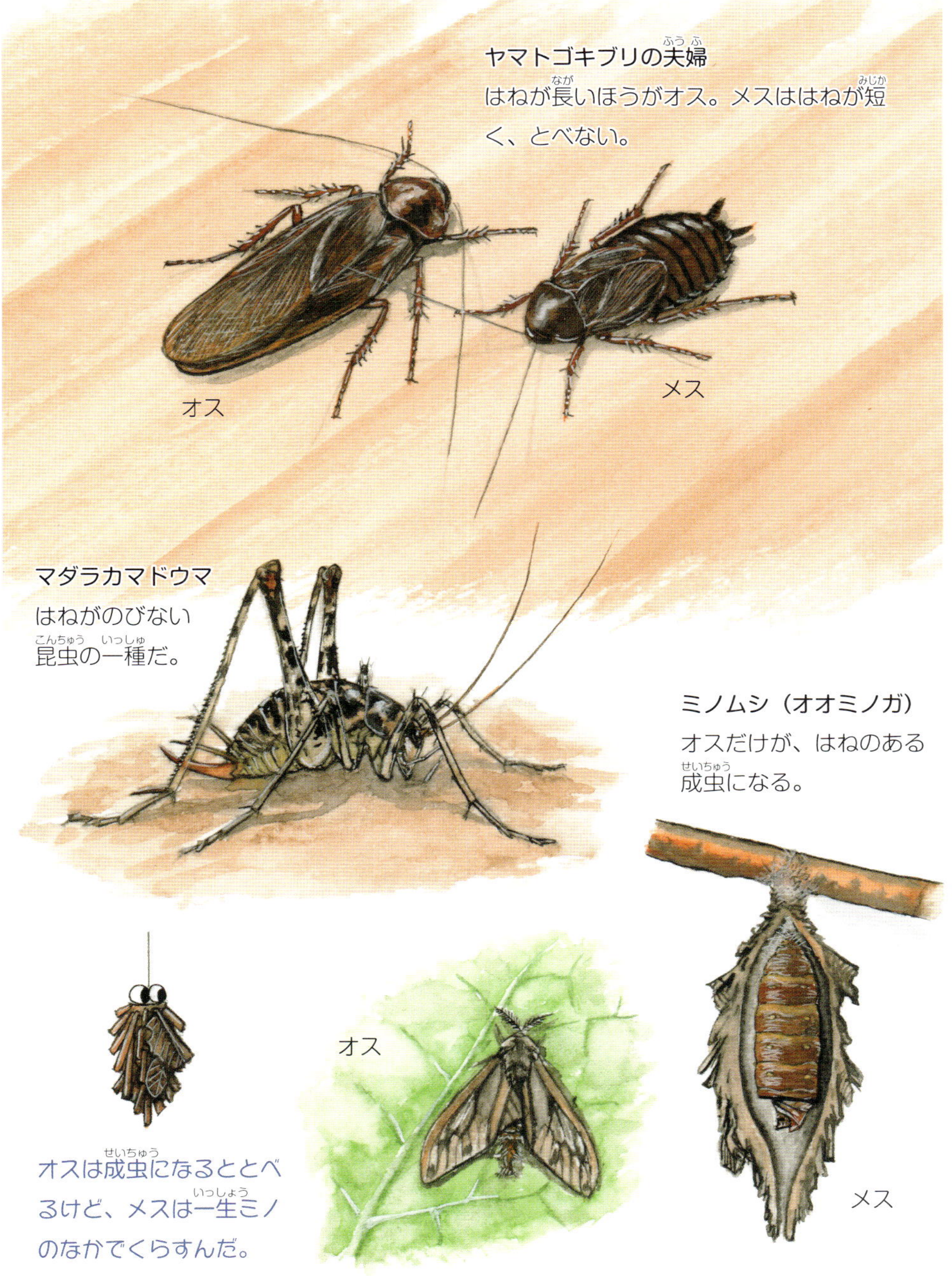
ヤマトゴキブリの夫婦《ふうふ》
はねが長《なが》いほうがオス。メスははねが短《みじか》く、とべない。
オス
メス
マダラカマドウマ
はねがのびない昆虫《こんちゅう》の一種《いっしゅ》だ。
ミノムシ（オオミノガ）
オスだけが、はねのある成虫《せいちゅう》になる。
オス
メス
オスは成虫《せいちゅう》になるととべるけど、メスは一生《いっしょう》ミノのなかでくらすんだ。

はねがある昆虫《こんちゅう》 はねがない昆虫《こんちゅう》

背中《せなか》にはねをもっている生《い》きものは、昆虫《こんちゅう》だけだ。はねをもつ昆《こん》虫《ちゅう》は、遠《とお》くまでとんでいってエサを見《み》つけたり、なかまをさがしたり、敵《てき》からにげたりできる。

シオカラトンボやモンシロチョウは、はねなしでは生《い》きていけない。とびながらエサをさがし、交《こう》尾《び》して、卵《たまご》をうむからだ。はねのおかげで、昆虫《こんちゅう》はたくさんふえた。

でも、なかには、はねが短《みじか》くなったり、なくなってしまったりした昆虫《こんちゅう》もいる。たとえば、葉《は》っぱの下《した》や洞窟《どうくつ》などにすむカマドウマにははねがない。スズムシは、成《せい》虫《ちゅう》になってすぐに、自分《じぶん》のうしろあしではねをおとす。だから、スズムシはめったにとばない。

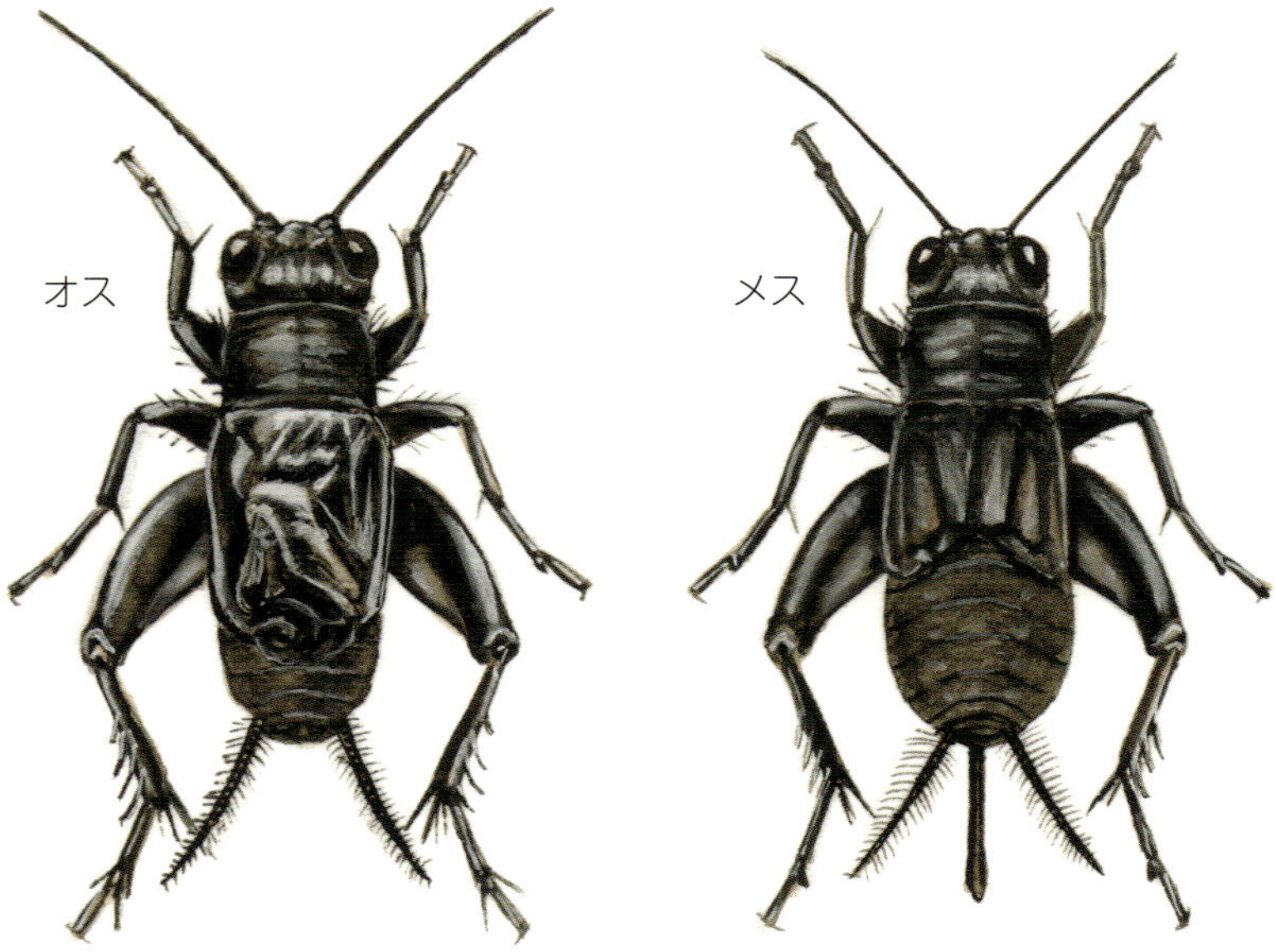

オス
メス

エゾスズ（はねが短《みじか》いタイプ）

昼《ひる》の時間《じかん》の長《なが》さで はねの長《なが》さがきまる

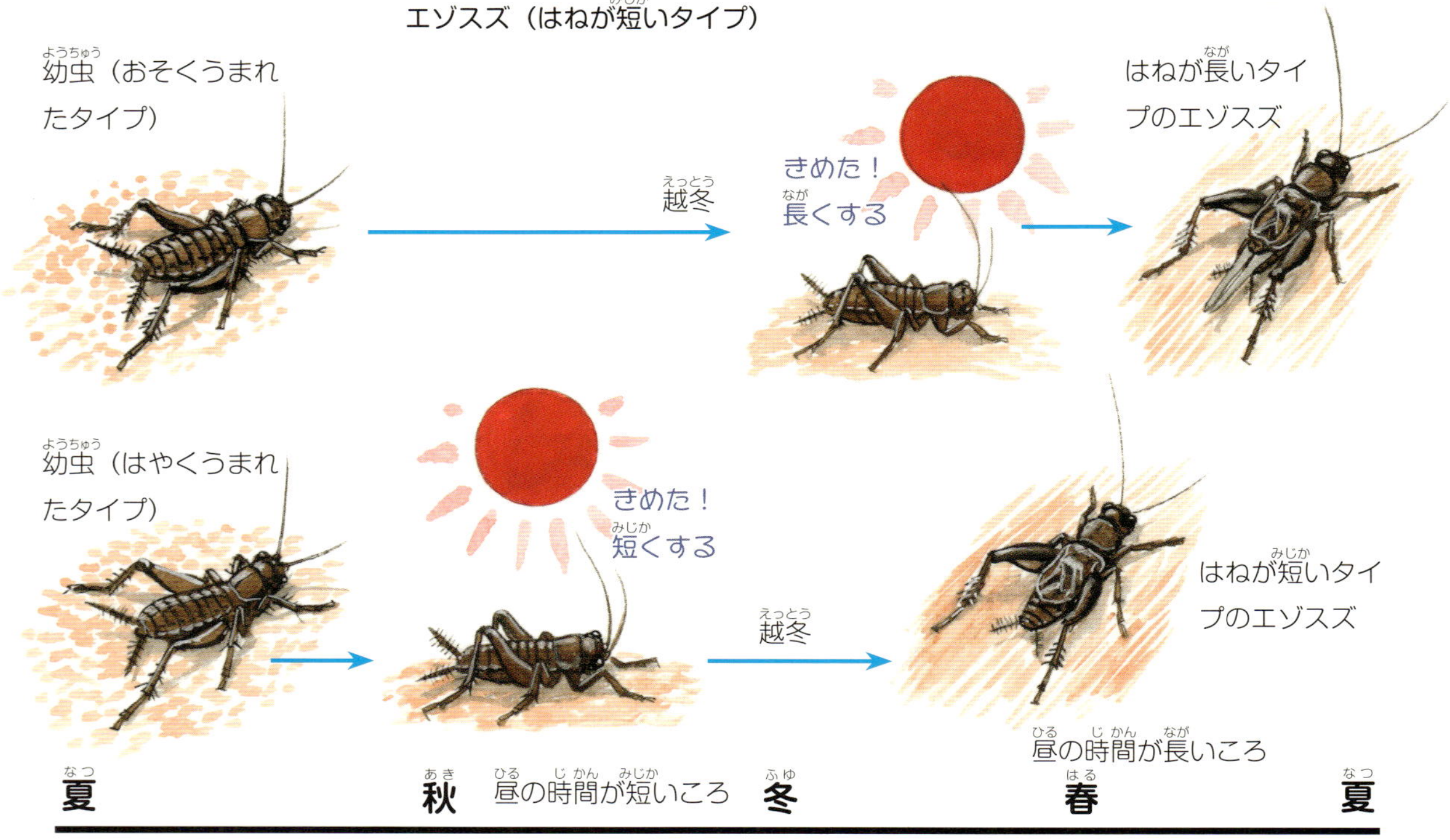

幼虫《ようちゅう》（おそくうまれたタイプ）
越冬《えっとう》
きめた！
長《なが》くする
はねが長《なが》いタイプのエゾスズ
幼虫《ようちゅう》（はやくうまれたタイプ）
きめた！
短《みじか》くする
越冬《えっとう》
はねが短《みじか》いタイプのエゾスズ
昼《ひる》の時間《じかん》が長《なが》いころ
夏《なつ》
秋《あき》
昼《ひる》の時間《じかん》が短《みじか》いころ
冬《ふゆ》
春《はる》
夏《なつ》

はねの長《なが》さをかえられる？

田《た》んぼのまわりにエゾスズというコオロギがいる。エゾスズの幼《よう》虫《ちゅう》は土《つち》のなかで冬《ふゆ》をこして、春《はる》に成虫《せいちゅう》になる。

エゾスズには、長《なが》いはねの成虫《せいちゅう》と短《みじか》いはねの成虫《せいちゅう》がいて、卵《たまご》からかえったときには、まだどちらの成虫《せいちゅう》になるかきまっていない。

幼虫《ようちゅう》のあいだに、1日《にち》の昼《ひる》と夜《よる》の長《なが》さをはかって、はねの長《なが》さをきめる時期《じき》がある。その時期《じき》が秋《あき》だとはねが短《みじか》い成虫《せいちゅう》になり、春《はる》だとはねの長《なが》い成虫《せいちゅう》になるのだ。

はねの短《みじか》いエゾスズはうまれた場所《ばしょ》ですぐ卵《たまご》をうみはじめるが、はねの長《なが》いエゾスズは6月《がつ》のおわりに成虫《せいちゅう》になると、新《あたら》しい場所《ばしょ》にとんでいって卵《たまご》をうむ。

子《こ》そだてをする昆虫《こんちゅう》

人間《にんげん》とおなじようにこどもをそだてる「子《こ》そだて虫《むし》」がいる。毎日《まいにち》エサをはこんでこどもに食《た》べさせ、大《おお》きくなるまで世話《せわ》をする。

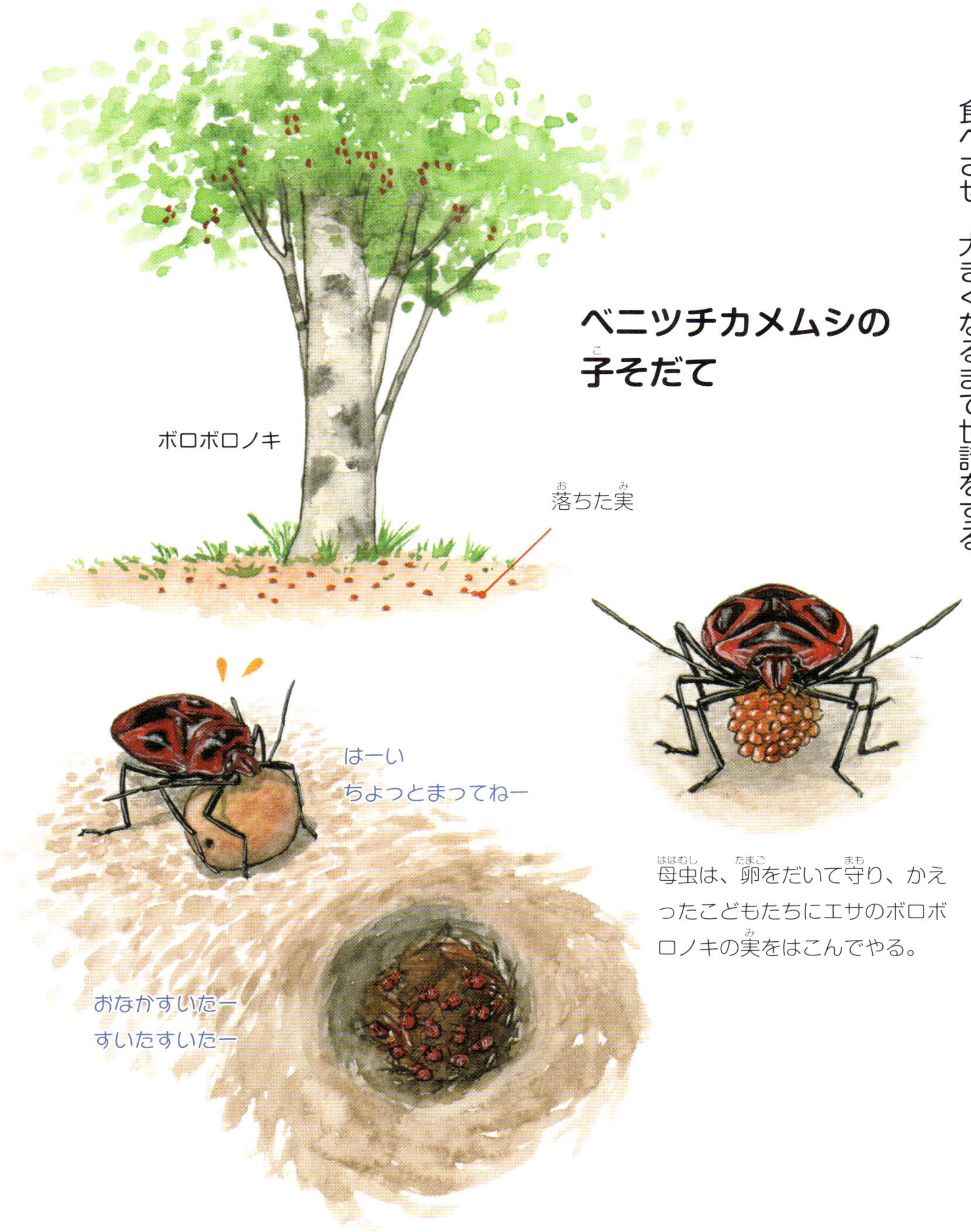
ベニツチカメムシの子《こ》そだて
ボロボロノキ
落《お》ちた実《み》
はーい
ちょっとまってねー
母虫《ははむし》は、卵《たまご》をだいて守《まも》り、かえったこどもたちにエサのボロボロノキの実《み》をはこんでやる。
おなかすいたー
すいたすいたー

子《こ》そだてってたいへん！

九州《きゅうしゅう》の森《もり》に「ボロボロノキ」という木《き》がある。毎年《まいとし》、夏《なつ》のはじめに赤《あか》い実《み》ができて、地面《じめん》に落《お》ちる。その実《み》をほとんど食《た》べてしまうベニツチカメムシというカメムシがいる。昆虫《こんちゅう》ではめずらしく、子《こ》そだてをする。

ほとんどの昆虫《こんちゅう》は、たくさんの卵《たまご》をうんだあとは、こどもが大《おお》きくなるのを自然《しぜん》にまかせる。でも、ベニツチカメムシは、卵《たまご》を守《まも》り、幼虫《ようちゅう》に毎日《まいにち》エサをあげて、大《おお》きくなるまで世話《せわ》をする。

こどものために生《い》きる母虫《ははむし》

ボロボロノキの実《み》をたくさん食《た》べたベニツチカメムシのメスは、落《お》ち葉《ば》の下《した》に巣《す》をつくり、そこに

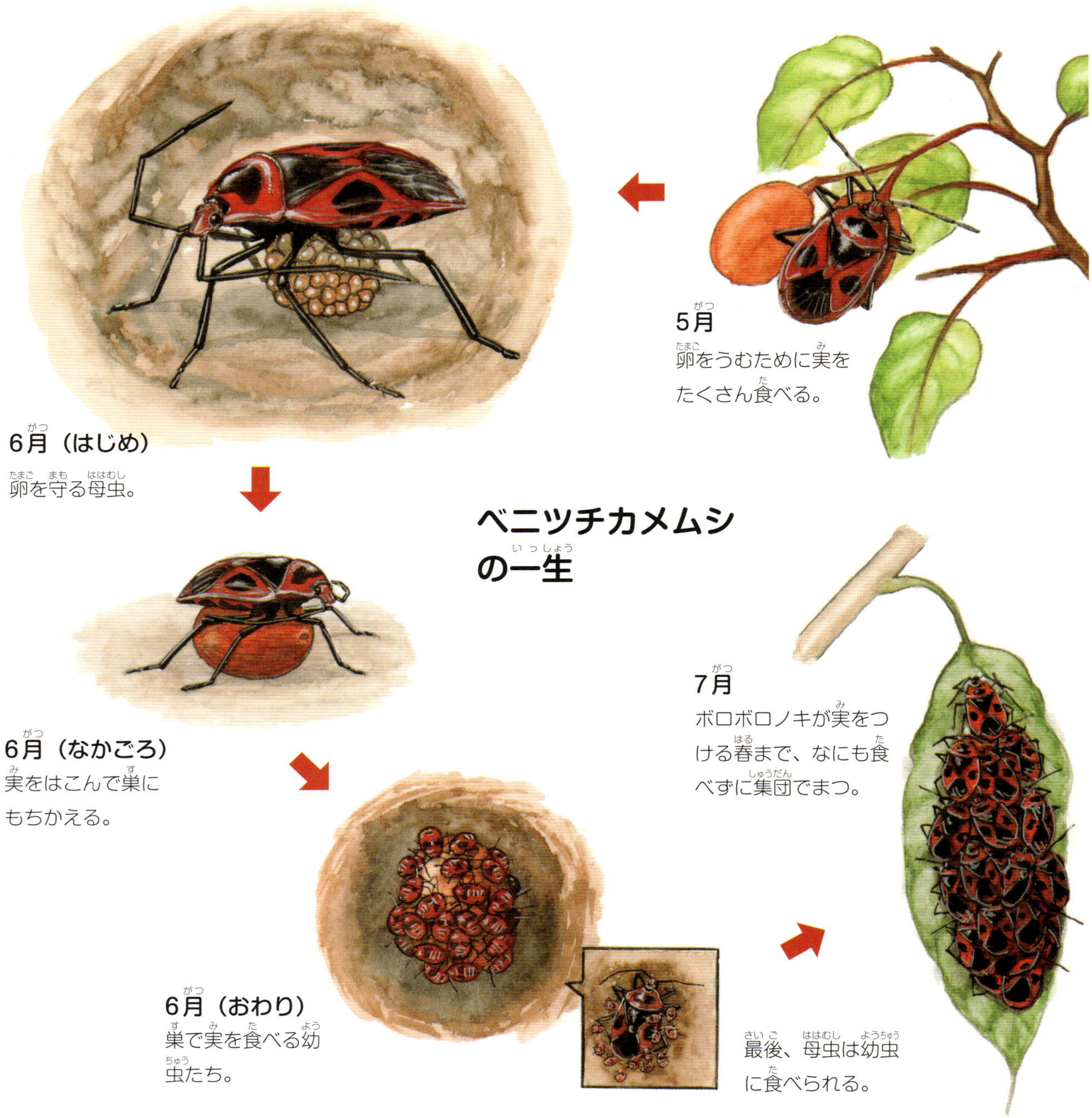
ベニツチカメムシの一生《いっしょう》
5月《がつ》
卵《たまご》をうむために実《み》をたくさん食《た》べる。
6月《がつ》（はじめ）
卵《たまご》を守《まも》る母虫《ははむし》。
6月《がつ》（なかごろ）
実《み》をはこんで巣《す》にもちかえる。
6月《がつ》（おわり）
巣《す》で実《み》を食《た》べる幼《よう》虫《ちゅう》たち。
最後《さいご》、母虫《ははむし》は幼虫《ようちゅう》に食《た》べられる。
7月《がつ》
ボロボロノキが実《み》をつける春《はる》まで、なにも食《た》べずに集団《しゅうだん》でまつ。

つみあげるように100個《こ》くらいの卵《たまご》をうむ。そして、卵《たまご》の上《うえ》にまたがって、そうじをしたり、敵《てき》から卵《たまご》を守《まも》ったりする。

卵《たまご》からかえった幼虫《ようちゅう》が実《み》を食《た》べはじめると、母虫《ははむし》はいそがしくなる。木《き》の下《した》に落《お》ちた実《み》をストローのような口《くち》にくっつけて、巣《す》まで毎日《まいにち》なんどもはこぶのだ。光《ひかり》の方《ほう》向《こう》を目印《めじるし》に、自分《じぶん》の巣《す》の場所《ばしょ》をおぼえておいて、実《み》をもちかえる。

母虫《ははむし》は、幼虫《ようちゅう》が自分《じぶん》でエサを見《み》つけて生《い》きていけるまでの約《やく》2週《しゅう》間《かん》、はたらきつづける。そして、最後《さいご》はこどもたちに食《た》べられてしまう。

成虫《せいちゅう》になったベニツチカメムシたちは、体《からだ》にたくさんの栄養《えいよう》をためて、つぎの年《とし》の春《はる》にボロボロノキが実《み》をつけるまで、なにも食《た》べずに生《い》きている。

昆虫《こんちゅう》たちの1年《ねん》　昆虫《こんちゅう》たちが季節《きせつ》を知《し》る方法《ほうほう》

春《はる》、モンシロチョウがとび、夏《なつ》にはセミがなく。秋《あき》にコオロギがなき、冬《ふゆ》にはほとんどの虫《むし》がいなくなる。カレンダーもないのに、昆虫《こんちゅう》たちはちゃんと季節《きせつ》のうつりかわりを知《し》っている。

幹《みき》にうみつけられた
マイマイガの卵《たまご》。
枝《えだ》の先《さき》にうみつけられた
シジミチョウの卵《たまご》。
落《お》ち葉《ば》のうらでじっとする
オオムラサキの幼虫《ようちゅう》。
幹《みき》のあなでじっとする
ヤマトゴキブリの幼虫《ようちゅう》。
根《ね》もとにいる
クワガタムシ
の成虫《せいちゅう》。
冬《ふゆ》のあいだを地中《ちちゅう》ですご
すカブトムシの幼虫《ようちゅう》。

冬《ふゆ》の林《はやし》にいる昆虫《こんちゅう》たち

夏《なつ》とおなじくらいたくさんの昆虫《こんちゅう》たちがいて、いろいろな場所《ばしょ》で冬《ふゆ》をこしている。

さむさからのがれる

春《はる》から夏《なつ》にかけて、わたしたちはたくさんの昆虫《こんちゅう》が元気《げんき》にとびまわっているのを見《み》ることができるけれど、秋《あき》をすぎて冬《ふゆ》になると、ほとんど見《み》かけなくなる。さむさで死《し》んでしまったか、安全《あんぜん》な場所《ばしょ》でじっとしているかのどちらかだ。じっとするのはいつからだろう。

昆虫《こんちゅう》は、さむくなると動《うご》けなくなってしまうので、そのまえに冬《ふゆ》をこすための場所《ばしょ》をきめる。

冬《ふゆ》の林《はやし》のなかを見《み》てみよう。

クヌギの枝《えだ》には、シジミチョウの卵《たまご》がうみつけられている。幹《みき》のあなには、ヤマトゴキブリの幼虫《ようちゅう》がいる。エノキの近《ちか》くには、落《お》ち葉《ば》にかくれてオオムラサキの幼虫《ようちゅう》がじっとしている。地面《じめん》をほると、カブトムシの幼虫《ようちゅう》も見《み》つかる。

昼《ひる》の長《なが》さによって羽化《うか》するかどうかをきめるモンシロチョウ

春《はる》から夏《なつ》の昼《ひる》が長《なが》いあいだには何回《なんかい》か卵《たまご》から成虫《せいちゅう》になる。昼《ひる》が短《みじか》い秋《あき》うまれの幼《よう》虫《ちゅう》は、さなぎになるとそのまま冬《ふゆ》をこす。

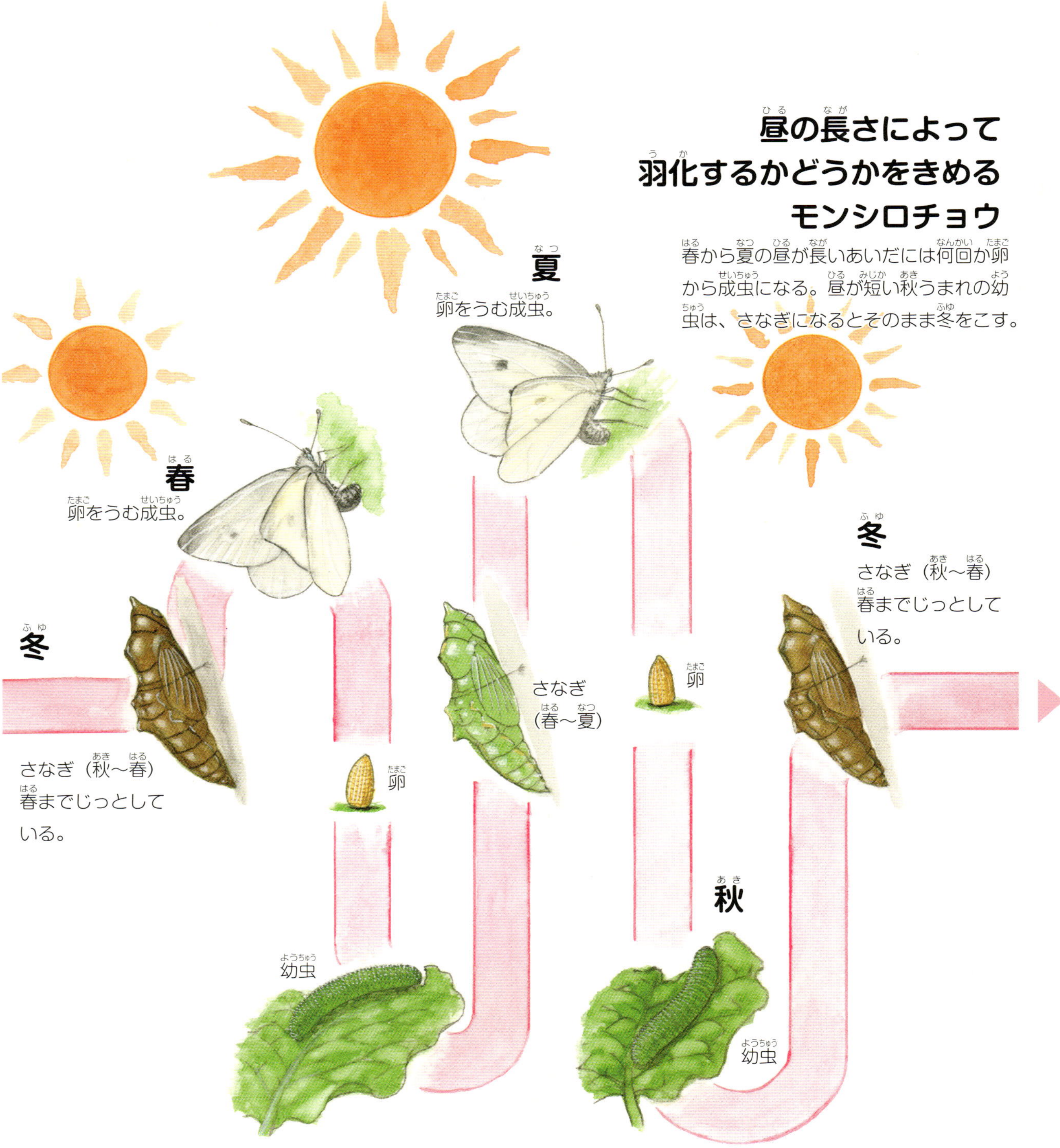

自然《しぜん》のカレンダー

多《おお》くの昆虫《こんちゅう》たちは、季節《きせつ》によってかわる昼《ひる》と夜《よる》の長《なが》さや、気温《きおん》という「自然《しぜん》のカレンダー」をつかって生活《せいかつ》している。

たとえばモンシロチョウは、卵《たまご》から成虫《せいちゅう》になってまた卵《たまご》をうむことを、1年《ねん》に4、5回《かい》くりかえす。チョウがたくさんとんでいる春《はる》から夏《なつ》にかけての季節《きせつ》は、あたたかくて昼《ひる》も長《なが》い。

そんな時期《じき》にそだった幼虫《ようちゅう》は、さなぎの時期《じき》が短《みじか》くて、すぐに成《せい》虫《ちゅう》になる。気温《きおん》がさがって昼《ひる》が短《みじか》くなる秋《あき》にそだつ幼虫《ようちゅう》は、さなぎになるとそのまま冬《ふゆ》をこす。

秋《あき》のチョウの幼虫《ようちゅう》は、昼《ひる》と夜《よる》の長《なが》さをはかって、さなぎからかえるか、そのままでいるかをきめているのだ。

クモ、ダニ、サソリ、ワラジムシ、ダンゴムシなど

ここでは、昆虫《こんちゅう》以外《いがい》の「虫《むし》」について、紹介《しょうかい》しよう。これらと昆虫《こんちゅう》とではどこがどうちがうのか、よくくらべてみよう。

昆虫《こんちゅう》以外《いがい》の虫《むし》

昆虫《こんちゅう》とは、あしの数《かず》も体《からだ》のつくりもちがっている。

クモのなかま

あしが8本《ぽん》ある。大《おお》きさが2〜3ミリ以下《いか》しかないダニも、8本《ぽん》あしだ。サソリのハサミは「触肢《しょくし》」といわれ、あしではない。だから、サソリも8本《ぽん》あしだ。

ダニ
サソリ
クモ

ダンゴムシのなかま

あしの本数《ほんすう》をかぞえてみよう。こたえは…14本《ほん》。

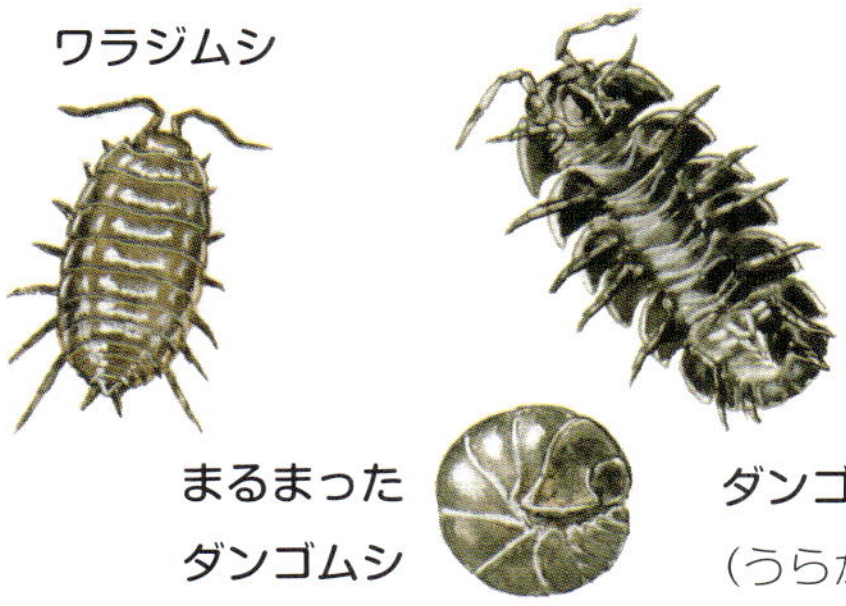
ワラジムシ
まるまったダンゴムシ
ダンゴムシ（うらがわ）

ムカデやヤスデのなかま

ムカデは、体《からだ》のひとつの節《ふし》から1本《ぽん》ずつのあしがはえている。ヤスデでは、1節《ふし》にあしが2本《ほん》ついているところがある。

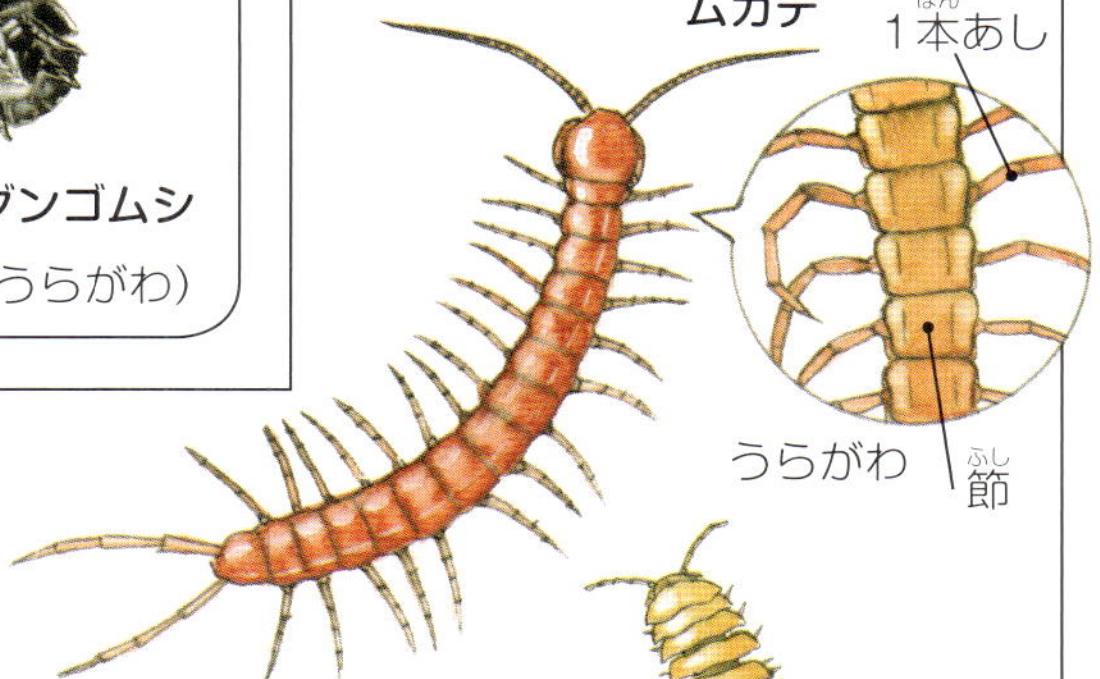
ムカデ
1本《ぽん》あし
うらがわ
節《ふし》

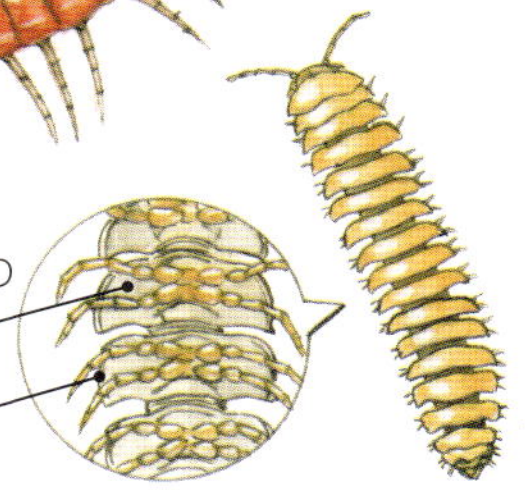
うらがわ
節《ふし》
2本《ほん》あし
ヤスデ

あしのない虫《むし》

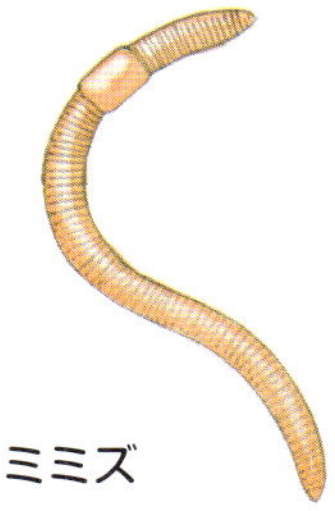
ミミズ

6本《ぽん》あし以外《いがい》の虫《むし》たち

わたしたちが「虫《むし》」とよぶものには、これまでのページで見《み》た昆《こん》虫《ちゅう》ではないものがいる。たとえばクモはどうだろうか？　昆虫《こんちゅう》のあしは6本《ぽん》だがクモのあしは8本《ぽん》なので、昆虫《こんちゅう》ではない。ダニや、おしりに毒《どく》をもっているサソリ、サソリにそっくりなカニムシは、クモのなかまだ。つかまえようとすると体《からだ》をまるめてしまうダンゴムシはどうだろうか？　小《ちい》さくてかぞえにくいが、あしは14本《ほん》なので、これも昆虫《こんちゅう》ではない。ワラジムシやフナムシは、体《からだ》をまるめないけれどダンゴムシのなかまだ。ムカデやヤスデにはダンゴムシ以上《いじょう》にたくさんのあしがある。ぎゃくにあしがない虫《むし》としては、ミミズやコウガイビルなどがいる。

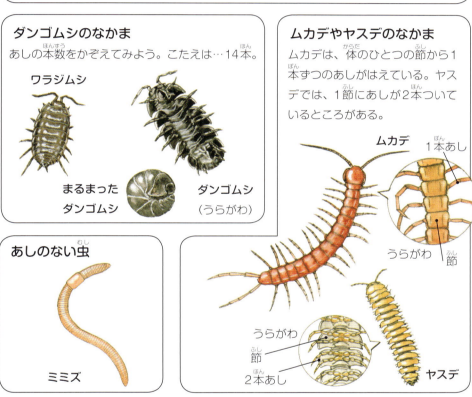

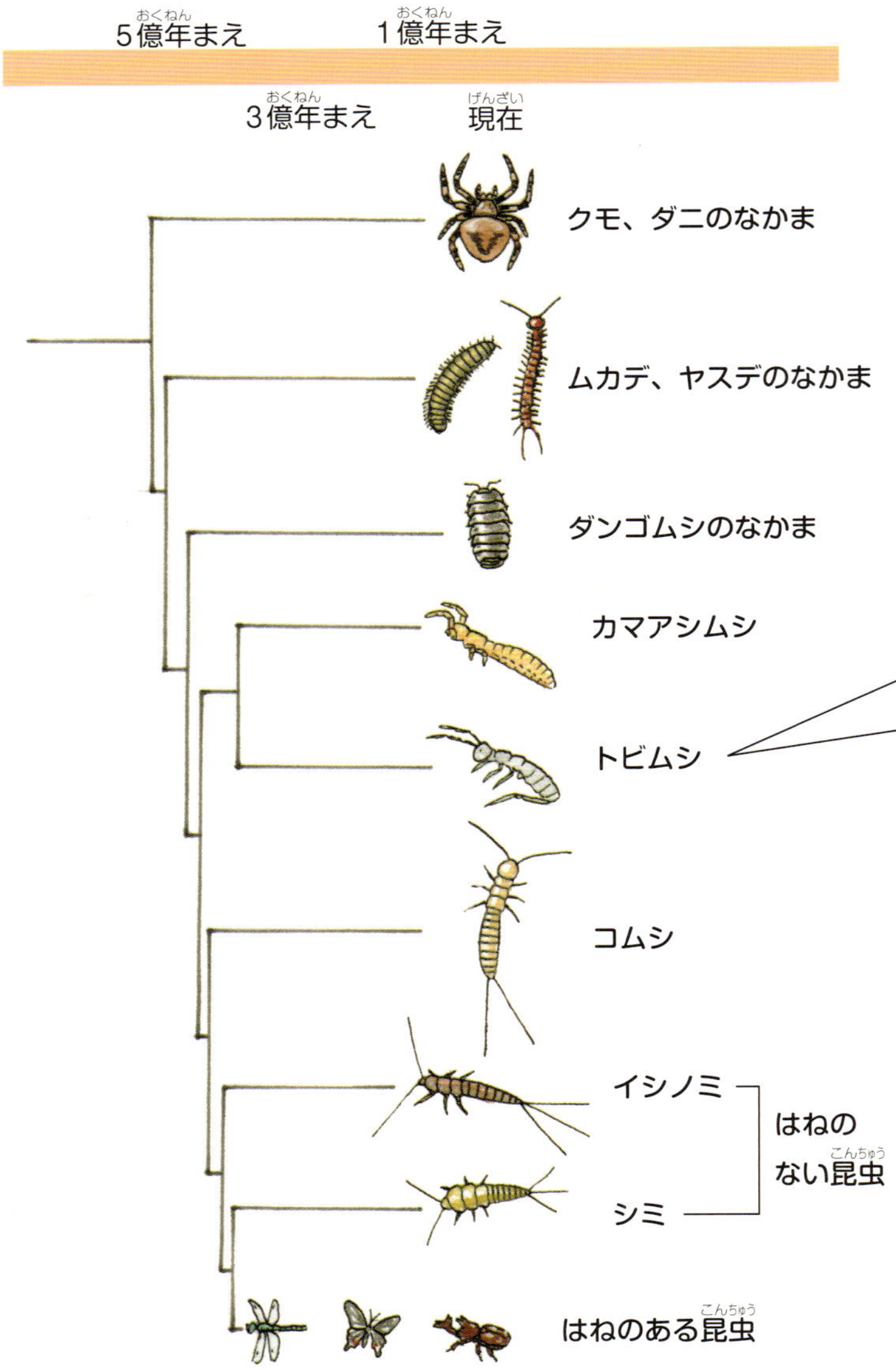

5億年《おくねん》まえ
1億年《おくねん》まえ
3億年《おくねん》まえ
現在《げんざい》
クモ、ダニのなかま
ムカデ、ヤスデのなかま
ダンゴムシのなかま
カマアシムシ
トビムシ
コムシ
イシノミ
シミ
はねのない昆虫《こんちゅう》
はねのある昆虫《こんちゅう》

昆虫《こんちゅう》とそれ以外《いがい》の虫《むし》の進化《しんか》
最近《さいきん》の研究《けんきゅう》から、カマアシムシ、トビムシ、コムシのなかまは、4〜5億年《おくねん》まえくらいにほかの「虫《むし》」と枝《えだ》わかれして生《い》きてきたことがわかってきた。

トビムシのなかまたち

トビムシの体《からだ》の色《いろ》は、白《しろ》、赤《あか》、黄《き》、紫《むらさき》などがあり、かたちもまるいものから細長《ほそなが》いもの、イボやウロコでおおわれているものなど、いろいろいる。目《め》や跳躍器《ちょうやくき》がないものも多《おお》い。トビムシは、くさった落《お》ち葉《ば》などを食《た》べている。

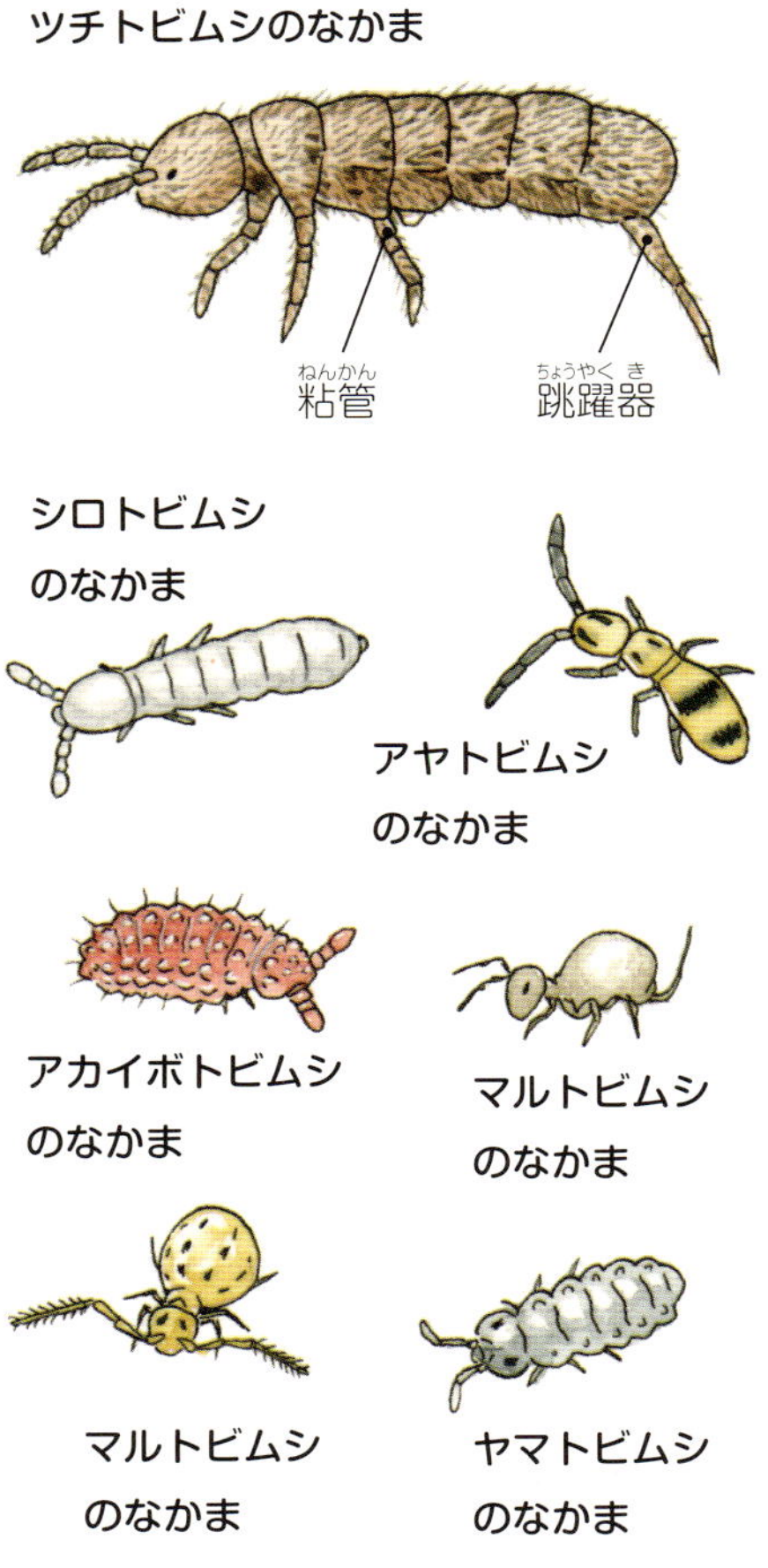

ツチトビムシのなかま
粘管《ねんかん》
跳躍器《ちょうやくき》
シロトビムシのなかま
アヤトビムシのなかま
アカイボトビムシのなかま
マルトビムシのなかま
マルトビムシのなかま
ヤマトビムシのなかま

6本《ぽん》あしでも昆虫《こんちゅう》ではない虫《むし》たち

あしが6本《ぽん》あっても、昆虫《こんちゅう》とはべつのグループにはいることがわかった「虫《むし》」がいる。トビムシ、カマアシムシ、コムシなどがそうだ。トビムシには触角《しょっかく》も2本《ほん》あって、昆虫《こんちゅう》とにている。でも、トビムシの体《からだ》には粘管《ねんかん》（体《からだ》の水分《すいぶん》のバランスをたもつ部分《ぶぶん》）や跳躍器《ちょうやくき》など、昆虫《こんちゅう》の体《からだ》にはないものがある。

おしりのあたりについているハサミのような跳躍器《ちょうやくき》は、いつもはおなかの下《した》にまげられていて、その先《さき》が保体《ほたい》という部分《ぶぶん》にひっかけられている。敵《てき》があらわれると、保体《ほたい》がはずれて跳躍器《ちょうやくき》がバネのように地面《じめん》をたたいて、トビムシは体《からだ》の大《おお》きさの何十倍《なんじゅうばい》もの大《だい》ジャンプをしてにげる。

土《つち》のなかの虫《むし》とその役割《やくわり》

土《つち》のなかにいるのはどんな虫《むし》で、なにをしているのだろう？　じつは、これらの虫《むし》は、土《つち》や植物《しょくぶつ》にとってとてもだいじなはたらきをしている。

森《もり》の地面《じめん》の下《した》には……
●体《からだ》のはばが2ミリ以上《いじょう》の大《おお》きな土壌動物《どじょうどうぶつ》
ミミズ
体《からだ》のはば
アリ
ワラジムシ
ゴミムシ
●体《からだ》のはばが2ミリ未満《みまん》の中《ちゅう》くらいの土壌動物《どじょうどうぶつ》
ダニ
トビムシ
虫《むし》めがね
●目《め》には見《み》えないくらい小《ちい》さな土壌動物《どじょうどうぶつ》
クマムシ
原生生物《げんせいせいぶつ》

土《つち》のなかの虫《むし》たち

土《つち》のなかには、昆虫《こんちゅう》も昆虫《こんちゅう》以外《いがい》の虫《むし》もたくさんすんでいる。

土《つち》のなかの虫《むし》は「土壌動物《どじょうどうぶつ》」とよばれ、ミミズ、ダンゴムシ、シロアリなどの大《おお》きい土壌動物《どじょうどうぶつ》（体《からだ》のはばが2ミリ以上《いじょう》）、トビムシやダニなどの中《ちゅう》くらいの土壌動物《どじょうどうぶつ》（体《からだ》のはばが2ミリ未満《みまん》）、クマムシなど目《め》に見《み》えないくらい小《ちい》さな土壌動物《どじょうどうぶつ》（体《からだ》のはばが0・1ミリ以下《いか》）と、体《からだ》の大《おお》きさによって3つのグループにわかれている。

森《もり》のなかの地面《じめん》に、たてとよこそれぞれ1メートルの四角《しかく》をかいてみると、そのなかには数万《すうまん》から数十万匹《すうじゅうまんびき》ものトビムシやダニがすんでいる。きみが森《もり》を歩《ある》いているとき、片《かた》あしの下《した》には数千匹《すうせんびき》の虫《むし》がいることになる計算《けいさん》だ。

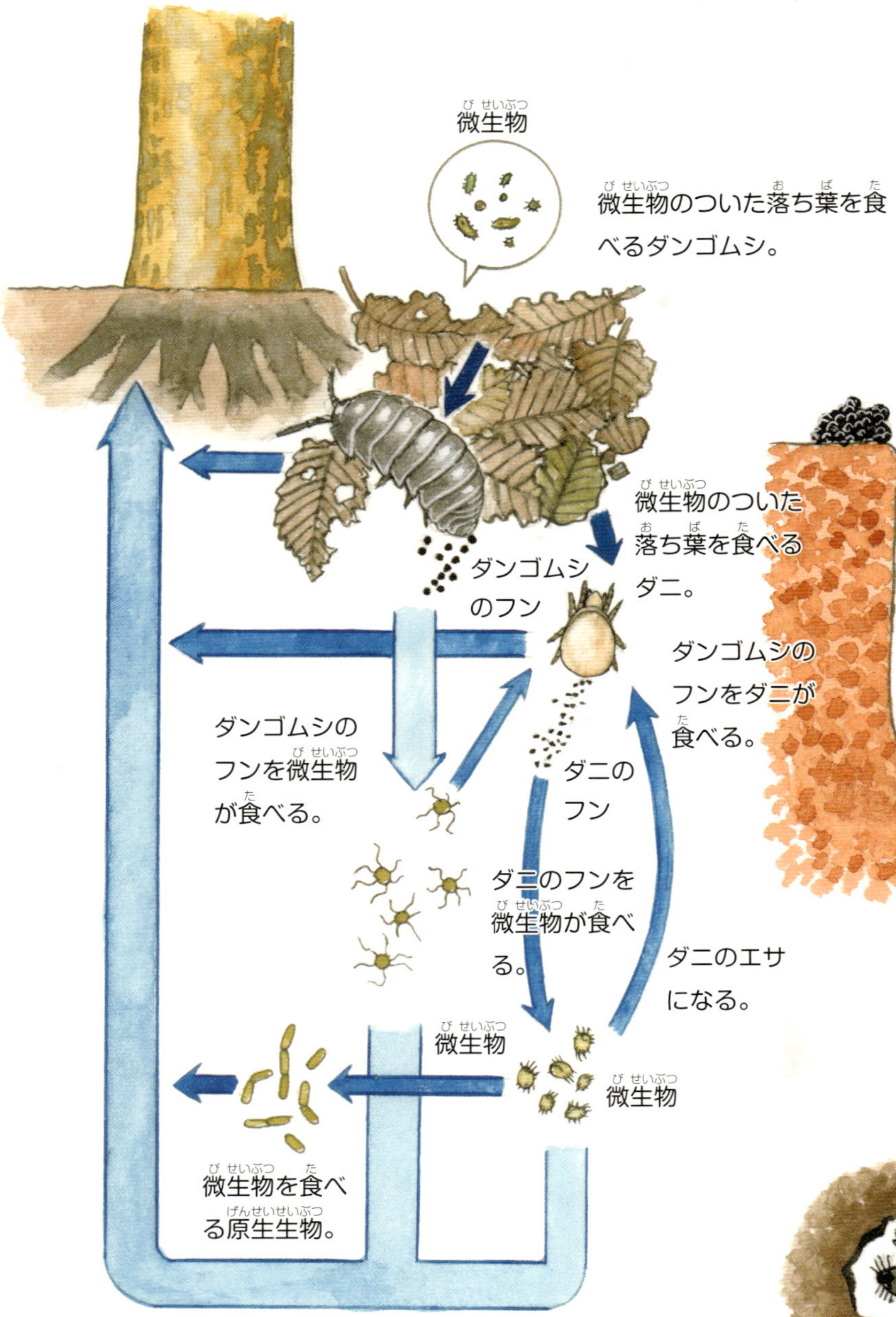

地面《じめん》にいる生物《せいぶつ》がつくった養分《ようぶん》を木《き》の根《ね》っこがすいとることによって、木《き》が大《おお》きくなる。

ミミズが団粒《だんりゅう》を地上《ちじょう》までもっていったり、土《つち》のなかをトンネルほりをしながら動《うご》いたりすることで、土《つち》のあいだに空気《くうき》がはいって、土《つち》がやわらかくなるよ。ミミズはぼくの大好物《だいこうぶつ》さ！

モグラ

土《つち》のなかの虫《むし》の役割《やくわり》

土壌動物《どじょうどうぶつ》には、土《つち》をつくり、植《しょく》物《ぶつ》をそだてるという、とてもだいじな役割《やくわり》がある。微生物《びせいぶつ》（菌《きん》や細《さい》菌《きん》）がついている落《お》ち葉《ば》を食《た》べるのは、ダンゴムシやヤスデ。さらに小《ちい》さな微生物《びせいぶつ》がそのフンを食《た》べて、植物《しょくぶつ》の根《ね》から栄養分《えいようぶん》としてすいあげられるほど細《こま》かくする。また、ミミズは、落《お》ち葉《ば》や動物《どうぶつ》のフンを土《つち》といっしょに食《た》べ、土《つち》のフンのかたまりを出《だ》す。フンが土《つち》とまじりあうと、ふかふかで栄養《えいよう》がいっぱいあるやわらかい土《つち》（団《だん》粒《りゅう》）ができる。だから、ミミズがたくさんいるところでは植物《しょくぶつ》がよくそだつ。

土《つち》のなかの虫《むし》たちのはたらきは、土《つち》の外《そと》の生《い》きものにとってもなくてはならないものだ。

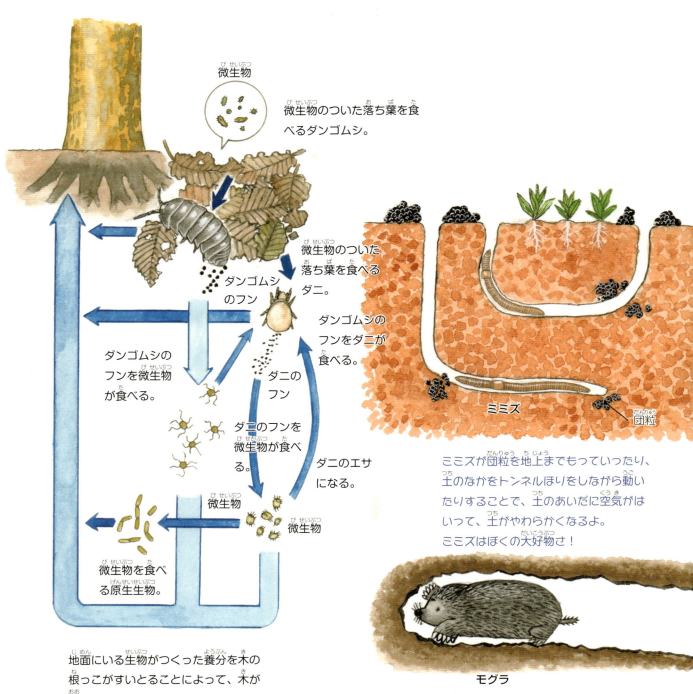

長生《ながい》きの虫《むし》

1年《ねん》に1度《ど》成虫《せいちゅう》があらわれる昆虫《こんちゅう》の寿命《じゅみょう》は、ほぼ1年《ねん》だ。寿命《じゅみょう》が数週間《すうしゅうかん》から数《すう》か月《げつ》という昆《こん》虫《ちゅう》も多《おお》い。でも、なかには、何年《なんねん》、何十年《なんじゅうねん》と生《い》きる昆虫《こんちゅう》もいる。

はたらきアリにかこまれるトビイロケアリの女王《じょおう》。女王《じょおう》の長寿記録《ちょうじゅきろく》は、なんと28年《ねん》9か月《げつ》（1510万《まん》5600分《ふん》）。カゲロウとくらべると、女王《じょおう》がものすごく長生《ながい》きすることがわかるだろう。

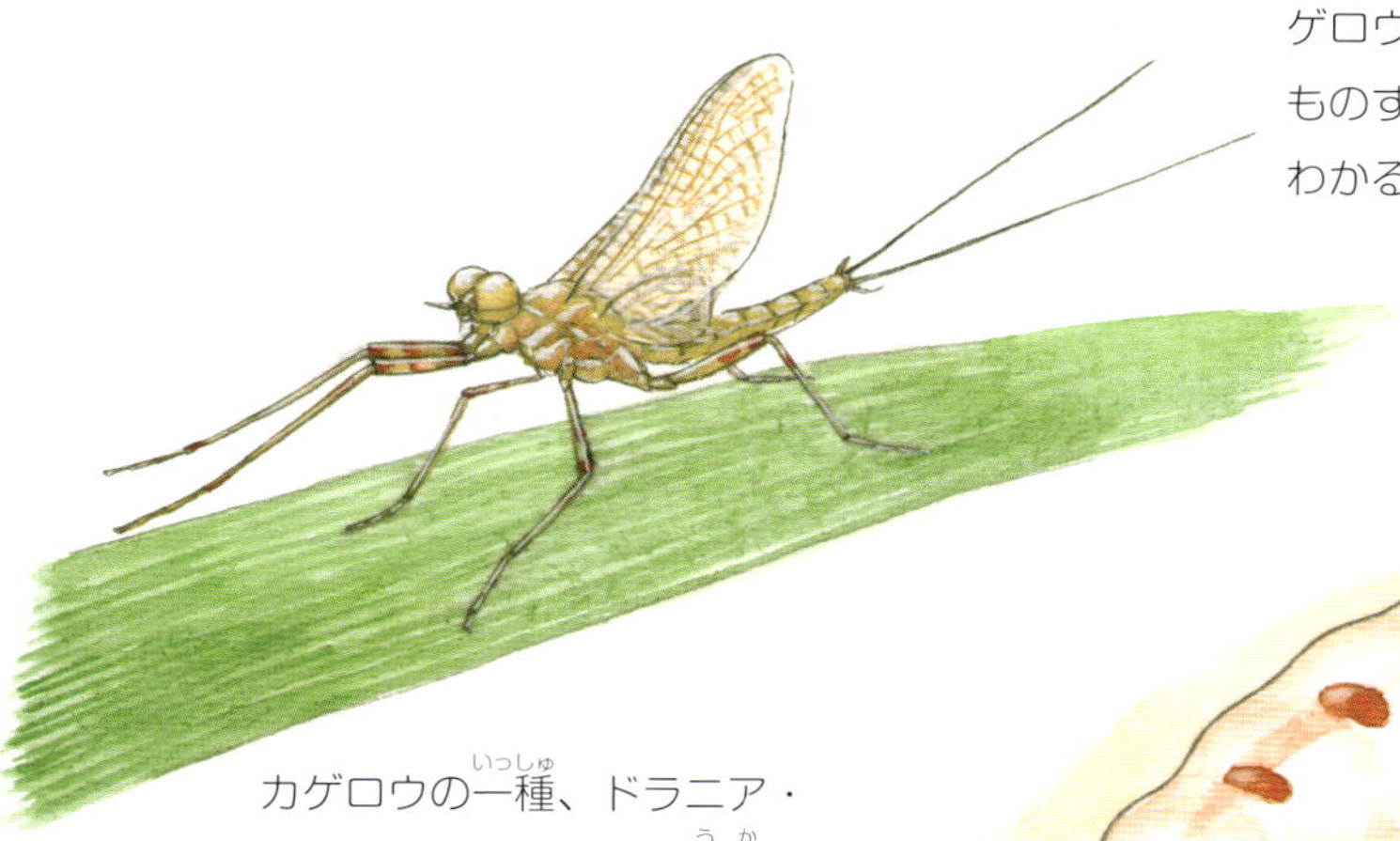

カゲロウの一種《いっしゅ》、ドラニア・アメリカーナのメス。羽化《うか》してから5分《ふん》くらいの命《いのち》だ。

たくさんの卵《たまご》でおなかが大《おお》きくふくれたシロアリの女王《じょおう》。シロアリの女王《じょおう》も長生《ながい》きだ。

どれくらい長生《ながい》き？

ハチやシロアリの女王《じょおう》は、とても長生《ながい》きだ。ミツバチの女王《じょおう》は3〜4年《ねん》は生《い》きてこどもをたくさんうむ。飼育《しいく》されていたトビイロケアリの女王《じょおう》が28年《ねん》9か月《げつ》も生《い》きた、という話《はなし》もある。

もっとすごいのは、シロアリの女王《じょおう》だ。オーストラリアにいるシロアリは、なんと100年《ねん》くらい生《い》きられるだろうといわれている。

反対《はんたい》に、成虫《せいちゅう》になってから死《し》ぬまでの時間《じかん》がいちばん短《みじか》いのは、カゲロウの一種《いっしゅ》、ドラニア・アメリカーナのメスで5分《ふん》ほどだ。

いつ成虫《せいちゅう》になるの？

うまれてから成虫《せいちゅう》になるまでの時間《じかん》も、昆虫《こんちゅう》によってちがう。

たとえばミンミンゼミは、夏《なつ》に

いろんな昆虫《こんちゅう》の一生《いっしょう》

アメリカアカヘリタマムシの幼虫《ようちゅう》。なかには、51年間《ねんかん》も生《い》きつづけた幼虫《ようちゅう》もいる。

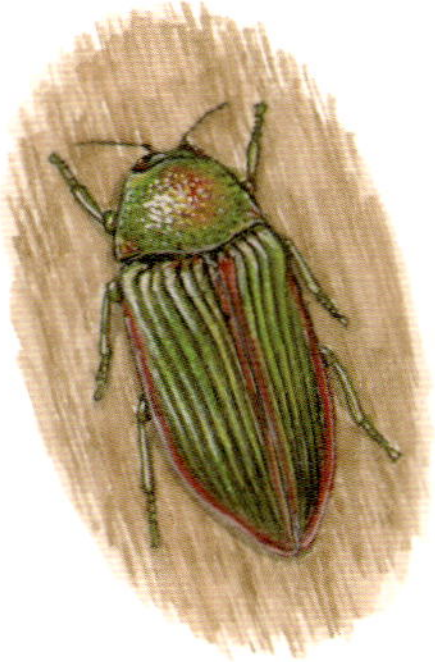

アメリカアカヘリタマムシの成虫《せいちゅう》

葉《は》のうらなどによくいるムギクビレアブラムシ。うまれてから5日《か》もかからないで成虫《せいちゅう》となり、卵《たまご》ではなくこどもをうむ。

●ジュウシチネンゼミの一生《いっしょう》

卵《たまご》をうむと、つぎの春《はる》に幼虫《ようちゅう》がかえる。幼虫《ようちゅう》は6〜7年《ねん》、土《つち》のなかで生《い》きる。そのあと、成虫《せいちゅう》になってからは2〜3週間《しゅうかん》で死《し》ぬ。北《きた》アメリカにすむジュウシチネンゼミは、名《な》まえのとおりうまれてから17年目《ねんめ》にやっと成虫《せいちゅう》になる。

　アメリカアカヘリタマムシという甲虫《こうちゅう》の幼虫《ようちゅう》は、木《き》のなかにすんでいる。幼虫《ようちゅう》がいる木《き》を、知《し》らずに人間《にんげん》が切《き》って家《いえ》をつくった。家《いえ》をたててから51年後《ねんご》、木《き》のなかから幼虫《ようちゅう》が見《み》つかったのだ。幼虫《ようちゅう》は51年《ねん》ものあいだ、木《き》のなかで生《い》きてきたことになる。

　反対《はんたい》に、成虫《せいちゅう》になるまでに5日《か》もかからない昆虫《こんちゅう》が、ムギクビレアブラムシだ。卵《たまご》ではなく若虫《わかむし》としてうまれ、はねのない成虫《せいちゅう》になるまでが、最適《さいてき》の温度条件《おんどじょうけん》で111・6時間《じかん》とされている。

古《ふる》い昆虫《こんちゅう》

動物《どうぶつ》などに食《た》べられることの多《おお》い昆虫《こんちゅう》。死《し》んだあとに恐竜《きょうりゅう》のような化石《かせき》になることはめったにないけれど、なかには偶然《ぐうぜん》化石《かせき》になった昆虫《こんちゅう》もいる。

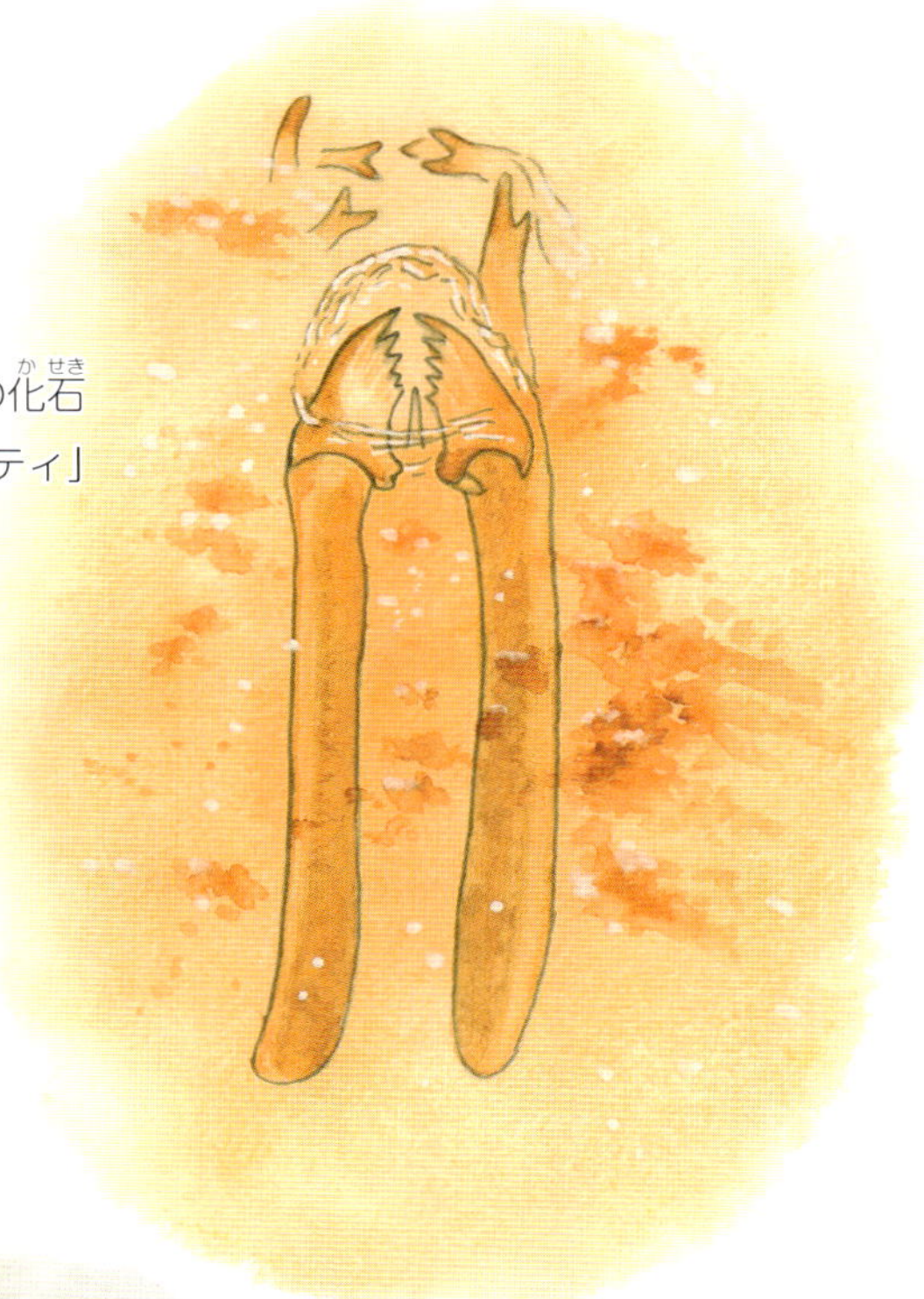

世界《せかい》でいちばん古《ふる》い昆虫《こんちゅう》の化石《かせき》「リニオグナータ・ヒルスティ」のあごの一部《いちぶ》。

日本《にほん》でいちばん古《ふる》い昆虫《こんちゅう》の化石《かせき》「ゴキブリのはねの化石」。

あら！　ぼくのご先祖《せんぞ》さまも、ぼくとおなじかたちだ！

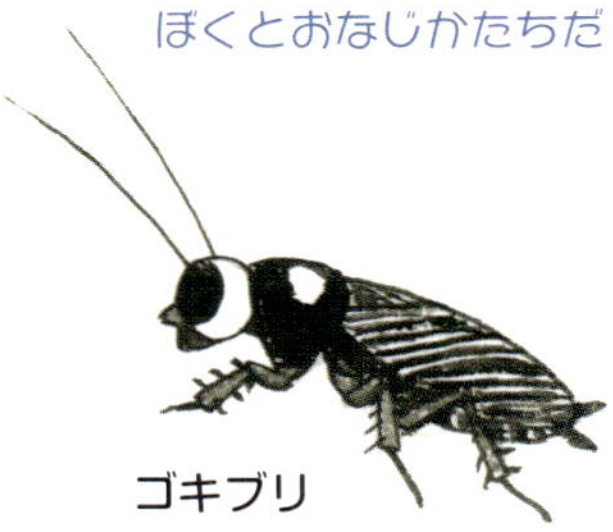

ゴキブリ

4億年《おくねん》以上《いじょう》まえからいる昆虫《こんちゅう》

世界《せかい》でいちばん古《ふる》い昆虫《こんちゅう》の化石《かせき》は、約《やく》4億《おく》7000万年《まんねん》から3億《おく》9600万年《まんねん》もまえのもの。イギリスのスコットランドというところで発見《はっけん》されて、「リニオグナータ・ヒルスティ」と名《な》づけられた。発見《はっけん》されたのはあごの一部《いちぶ》だけだけれど、そのかたちを見《み》ると、はねをもつ昆虫《こんちゅう》だったようだ。

恐竜《きょうりゅう》があらわれたのがいまから2億《おく》5000万年《まんねん》ほどまえだといわれているから、昆虫《こんちゅう》の歴史《れきし》はそれよりも古《ふる》いことになる。

日本《にほん》でいちばん古《ふる》い昆虫《こんちゅう》の化石《かせき》は、約《やく》2億年《おくねん》まえのゴキブリ。山口県《やまぐちけん》の大嶺炭鉱《おおみねたんこう》という場所《ばしょ》で見《み》つかった。ゴキブリは、大《おお》むかしからいる古《ふる》い昆虫《こんちゅう》のひとつだ。

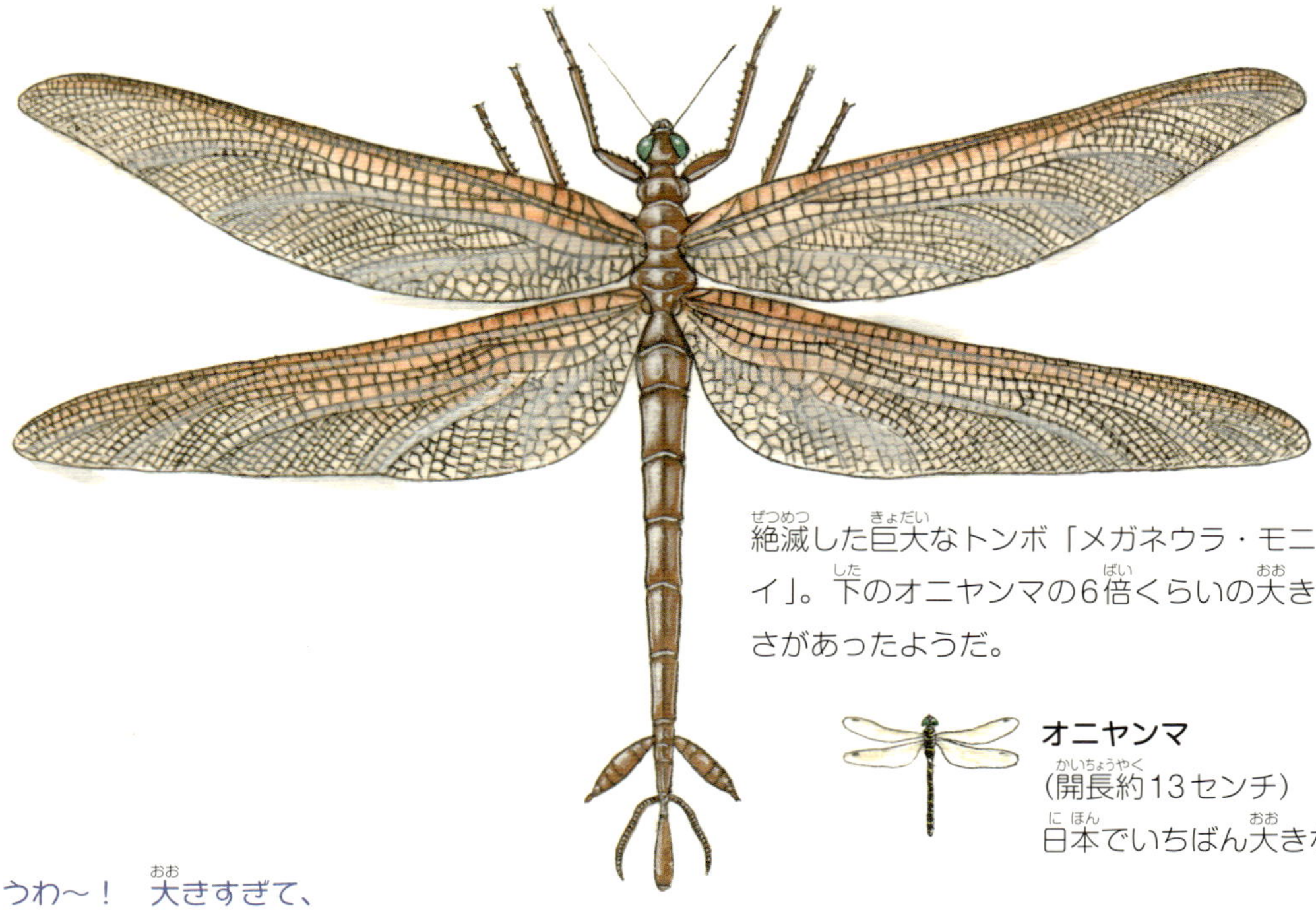

絶滅《ぜつめつ》した巨大《きょだい》なトンボ「メガネウラ・モニイ」。下《した》のオニヤンマの6倍《ばい》くらいの大《おお》きさがあったようだ。

オニヤンマ
(開長約《かいちょうやく》13センチ)
日本《にほん》でいちばん大《おお》きなトンボ

うわ～！　大《おお》きすぎて、
ぼくの虫《むし》とりあみには
はいらないな～！

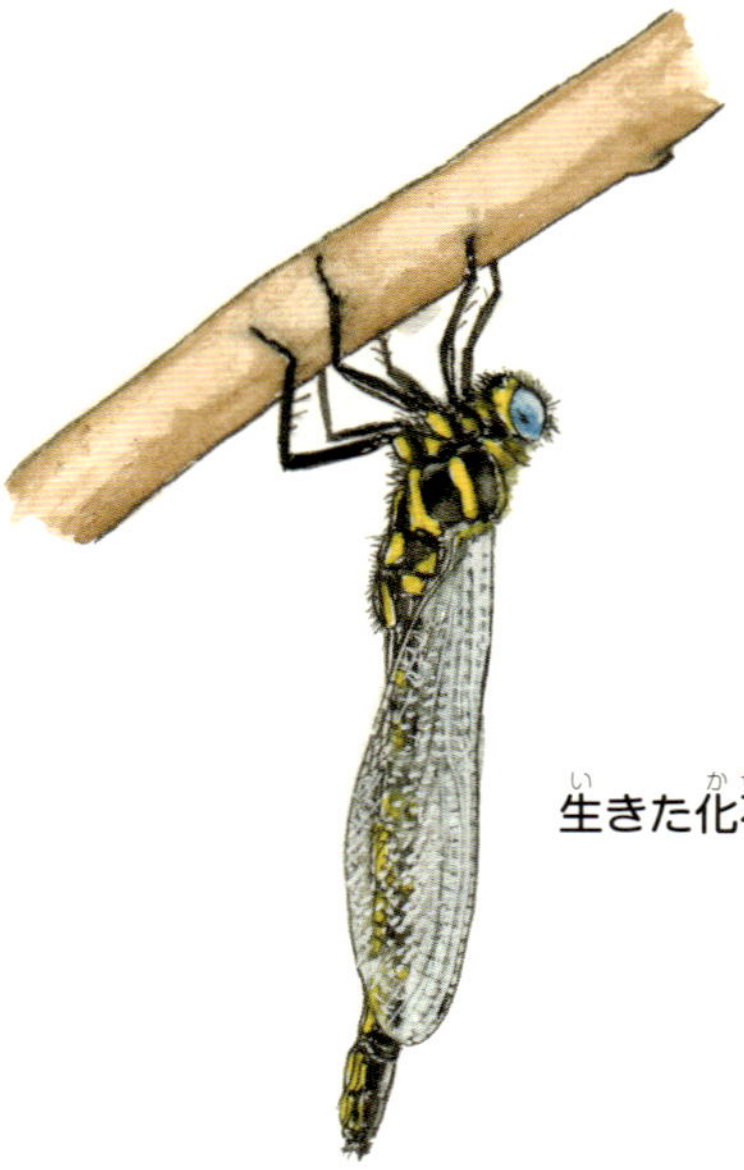

生《い》きた化石《かせき》「ムカシトンボ」

「生《い》きた化石《かせき》」と大《おお》むかしの巨大昆虫《きょだいこんちゅう》

大《おお》むかしに生《い》きていたときのすがたとかわらずに、いまも生《い》きつづけている生《い》きものを「生《い》きた化《か》石《せき》」という。昆虫《こんちゅう》では、ゴキブリ、シリアゲムシ、ガロアムシなどが生《い》きた化石《かせき》だ。いまとんでいるムカシトンボは、約《やく》1億《おく》9960万《まん》年《ねん》まえから1億《おく》4550万年《まんねん》まえのあいだに絶滅《ぜつめつ》したトンボの化石《かせき》によくにている。

昆虫《こんちゅう》の化石《かせき》のなかには、いま生《い》きているものの何倍《なんばい》、何十倍《なんじゅうばい》という大《おお》きなものも見《み》つかっている。たとえば、フランスや北《きた》アメリカで発見《はっけん》されたトンボの化石《かせき》は、開《かい》長《ちょう》（水平《すいへい》にひろげたはねの先《さき》から先《さき》までの長《なが》さ）がなんと70センチをこえていた。

世界《せかい》と日本《にほん》の虫《むし》いちばん

いま知《し》られているのは75万種類《まんしゅるい》くらいだが、知《し》られていないものをふくめると、地球上《ちきゅうじょう》には1000万種類《まんしゅるい》くらいの昆虫《こんちゅう》がいるかもしれないといわれている。たくさんの種類《しゅるい》の昆虫《こんちゅう》たちのなかで「世界一《せかいいち》」「日本一《にほんいち》」のものを見《み》てみよう。

世界《せかい》の大《おお》きな昆虫《こんちゅう》たち

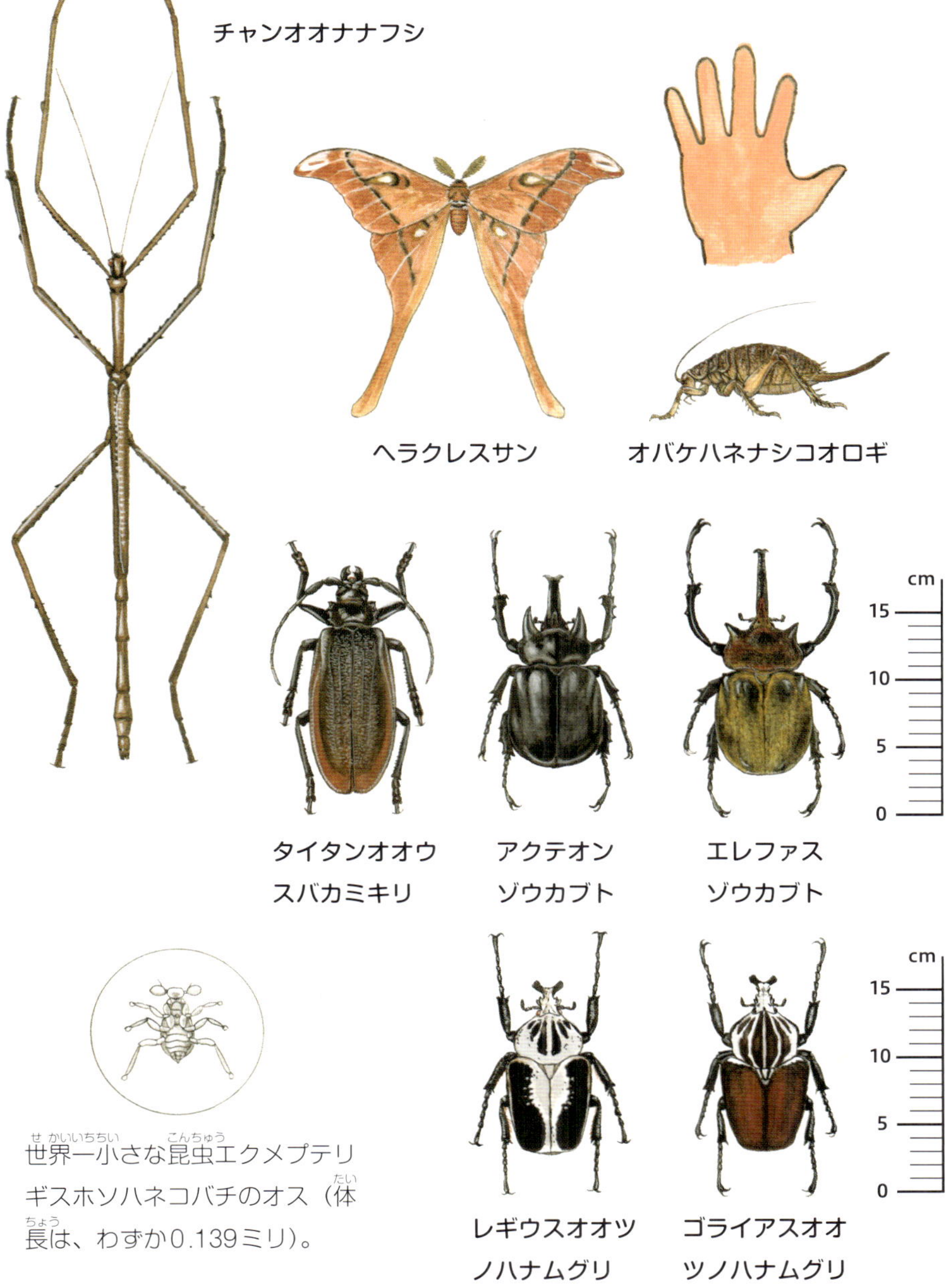

世界一《せかいいち》小《ちい》さな昆虫《こんちゅう》エクメプテリギスホソハネコバチのオス（体長《たいちょう》は、わずか0.139ミリ）。

世界《せかい》の虫《むし》いちばん！

いちばん重《おも》い昆虫《こんちゅう》は、オバケハネナシコオロギで70グラム以上《いじょう》もある。大《おお》きめのニワトリの卵《たまご》とおなじくらいだ。はねの大《おお》きさいちばんは、ヘラクレスサン。はねの面積《めんせき》が300平方《へいほう》センチもある。体長《たいちょう》いちばんは、37・5センチのチャンオオナナフシだ。

体《からだ》が大《おお》きい昆虫《こんちゅう》は、タイタンオオウスバカミキリをはじめ、アクテオンゾウカブト、エレファスゾウカブト、レギウスオオツノハナムグリ、ゴライアスオオツノハナムグリの5種《しゅ》。でも、このなかでどれがいちばん大《おお》きいかは、まだ決着《けっちゃく》がついていない。

いっぽう、いちばん小《ちい》さい昆虫《こんちゅう》はエクメプテリギスホソハネコバチのオスだ。

これが本物《ほんもの》の大《おお》きさ！ 日本《にほん》の大《おお》きな虫《むし》たち

ヨナグニサン
開長《かいちょう》
オス約《やく》185ミリメートル
メス約《やく》200ミリメートル

ヤンバルテナガコガネ
体長《たいちょう》
オス53〜63ミリメートル
メス48〜60ミリメートル

ヤエヤマツダナナフシ

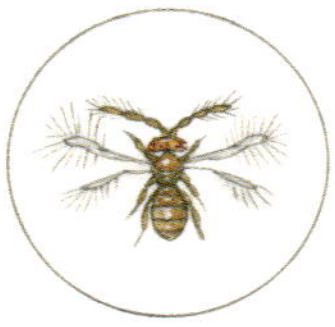

アザミウマタマゴバチ（メス）
（約《やく》50倍《ばい》に拡大《かくだい》）

日本《にほん》の虫《むし》いちばん

日本《にほん》でいちばん大《おお》きな昆虫《こんちゅう》は、カブトムシかな？ オオクワガタかな？ いや、1983年《ねん》に沖縄《おきなわ》県北部《けんほくぶ》で発見《はっけん》されたヤンバルテナガコガネが、重《おも》さも体《からだ》の大《おお》きさも日本一《にほんいち》だ。

いちばん大《おお》きなはねをもつのは、沖縄県《おきなわけん》の石垣島《いしがきじま》や西表島《いりおもてじま》、与那《よな》国島《ぐにじま》にすむヨナグニサンだ。

長《なが》さいちばんの昆虫《こんちゅう》は、ヤエヤマツダナナフシ。頭《あたま》の先《さき》からおしりの先《さき》までの体長《たいちょう》が12センチ、まえあしの先《さき》からうしろあしの先《さき》までなら17センチもある。

反対《はんたい》に、日本《にほん》でいちばん小《ちい》さな昆虫《こんちゅう》は、ハチのなかまのアザミウマタマゴバチのメスで、体長《たいちょう》はわずか0・2ミリだ。

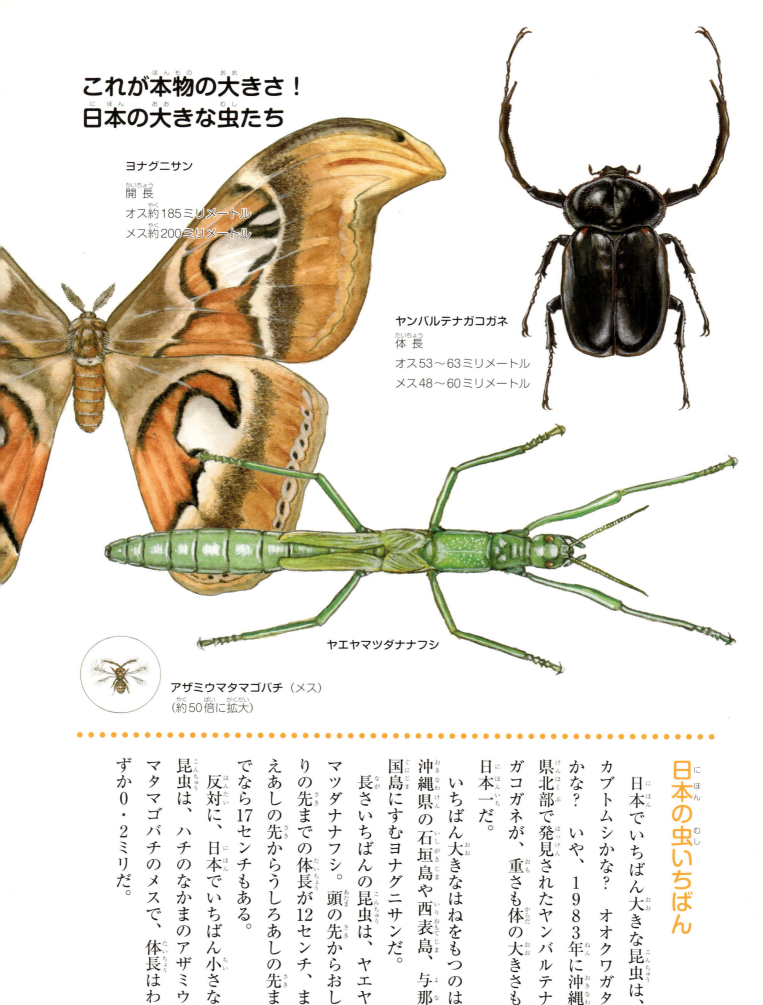

第《だい》2章《しょう》

昆虫《こんちゅう》の生活《せいかつ》

この章《しょう》に登場《とうじょう》するおもな昆虫《こんちゅう》

アワノメイガ　エンマコオロギ　ミイロトラカミキリ
アサギマダラ　コクヌストモドキ　オオスズメバチ
ニホンミツバチ　イラガセイボウ　クロオオアリ　ヤマトシロアリ

昆虫《こんちゅう》は植物《しょくぶつ》を食《た》べたり、動物《どうぶつ》を食《た》べたり、落《お》ち葉《ば》やフンを食《た》べたりして生《い》きている。

昆虫《こんちゅう》もいろいろなものを見《み》たり、においをかいだり、あじわったり、音《おと》をきいたりしている。

昆虫《こんちゅう》は移動《いどう》するために、あるいたり、とんだり、風《かぜ》や海《うみ》の力《ちから》をつかったりしている。

昆虫《こんちゅう》は敵《てき》から身《み》を守《まも》るために、かくれたり、みんなで力《ちから》をあわせて敵《てき》をやっつけたりする。

昆虫《こんちゅう》には葉《は》っぱや幹《みき》のなかや、ほかの生《い》きものの体《からだ》や巣《す》のなかにすんでいるものもいる。


草《くさ》むらにも、林《はやし》にも、水《みず》のなかにもさまざまな昆虫《こんちゅう》がいて、みな、さまざまな知恵《ちえ》をつかって生《い》きている。

この章《しょう》では昆虫《こんちゅう》の生活《せいかつ》をさらにくわしくみることで、昆虫《こんちゅう》をよりふかく知《し》ろう。

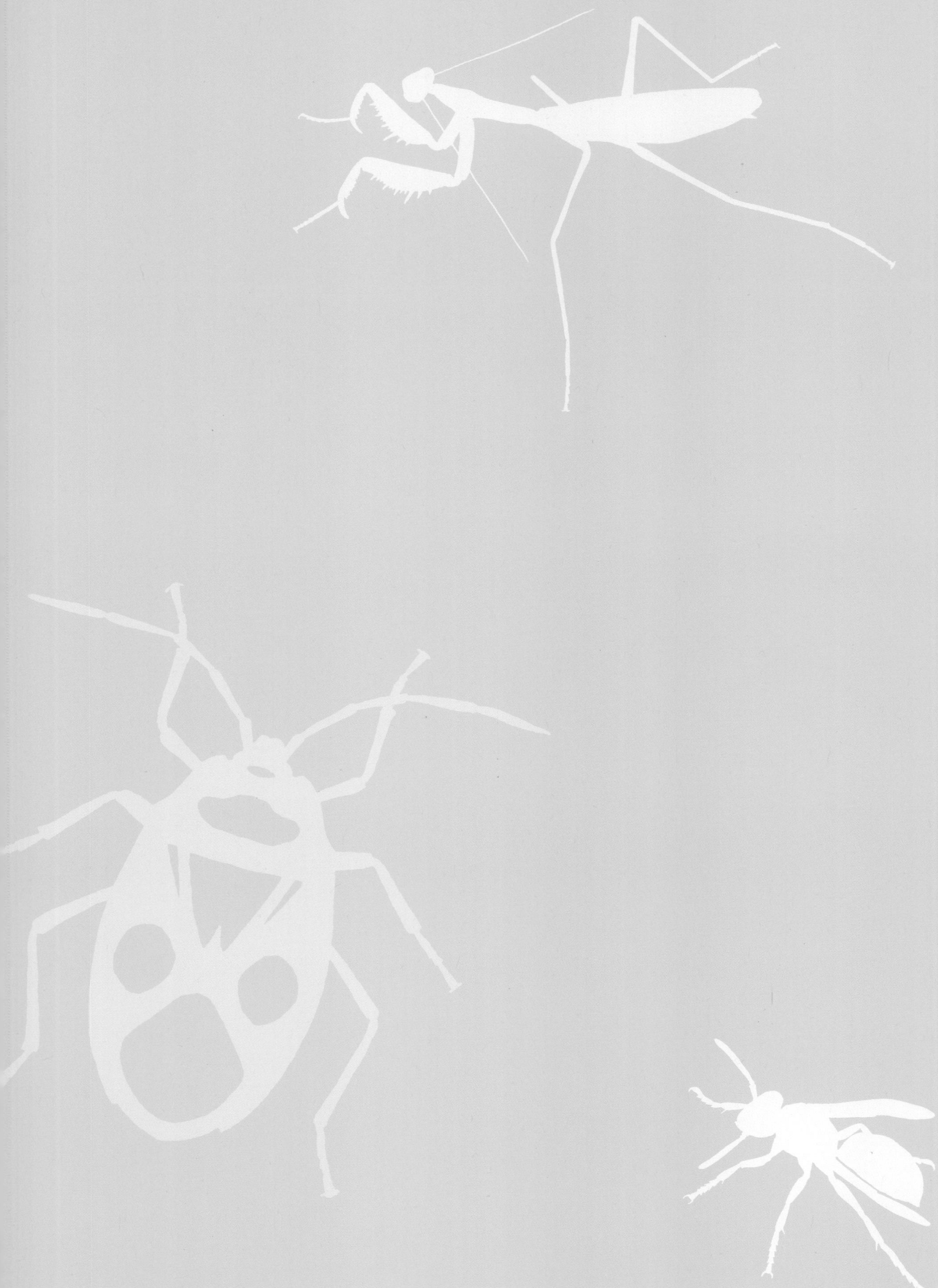

昆虫《こんちゅう》の食《た》べものと口《くち》のかたち

いろんな昆虫《こんちゅう》が、いろんなものを食《た》べている。食《た》べものによって、食《た》べかたや口《くち》のかたちもちがっている。

昆虫《こんちゅう》たちはいろんなものを食《た》べている

1 バッタを食《た》べるカマキリ
2 花粉《かふん》を食《た》べるハナムグリ
3 花《はな》のみつをすうチョウ
4 葉《は》のなかをもぐって食《た》べるハモグリバエの幼虫《ようちゅう》
5 葉《は》を食《た》べるガの幼虫《ようちゅう》
6 幹《みき》のなかを食《た》べるカミキリムシの幼虫《ようちゅう》
7 木《き》のしるをすうセミ
8 人間《にんげん》の血《ち》をすうカ
9 死《し》んだキリギリスをはこぶアリたち

昆虫《こんちゅう》はなにを食《た》べている？

春《はる》、さくらの木《き》にきれいな花《はな》がさくと、チョウがみつをすいにやってくる。若葉《わかば》がでてくると、毛《け》虫《むし》がその葉《は》っぱをモシャモシャ食《た》べている。夏休《なつやす》み、木《き》の幹《みき》には、あまいしるをすうカブトムシやクワガタムシがあつまってくる。

草《くさ》むらや地面《じめん》も見《み》てみよう。葉《は》っぱを食《た》べるバッタをねらっているのはカマキリだ。死《し》んだ虫《むし》をせっせとはこぶアリに、動物《どうぶつ》のフンのにおいでよってきたハエたち。見《み》ているうちに、カがうでにとまって血《ち》をすっている！　そう、昆《こん》虫《ちゅう》たちはそれぞれいろんなものをエサにして食《た》べて生《い》きているのだ。

昆虫《こんちゅう》たちの顔《かお》をよく見《み》てみよう。大《おお》きくわけると2種類《しゅるい》の口《くち》のかたちがあることに気《き》づいたかな？

昆虫《こんちゅう》の口《くち》のかたち

●チョウの頭部《とうぶ》

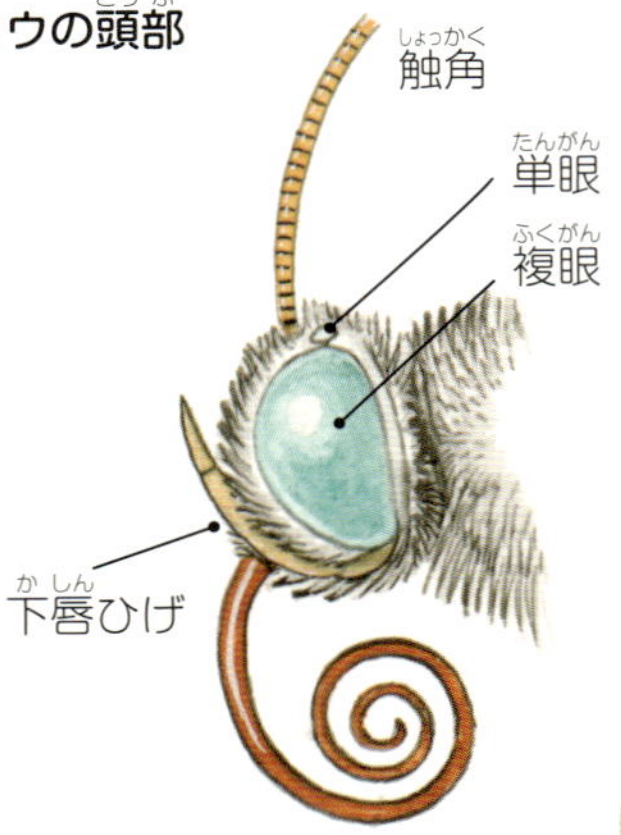
触角《しょっかく》
単眼《たんがん》
複眼《ふくがん》
下唇《かしん》ひげ

大《おお》あごや小《こ》あご、上唇《じょうしん》などが長《なが》くのびてストローのようになっている（口吻《こうふん》）。

ストローのような口吻《こうふん》を花《はな》にさしてみつをすうホシホウジャク。

●バッタの頭部《とうぶ》

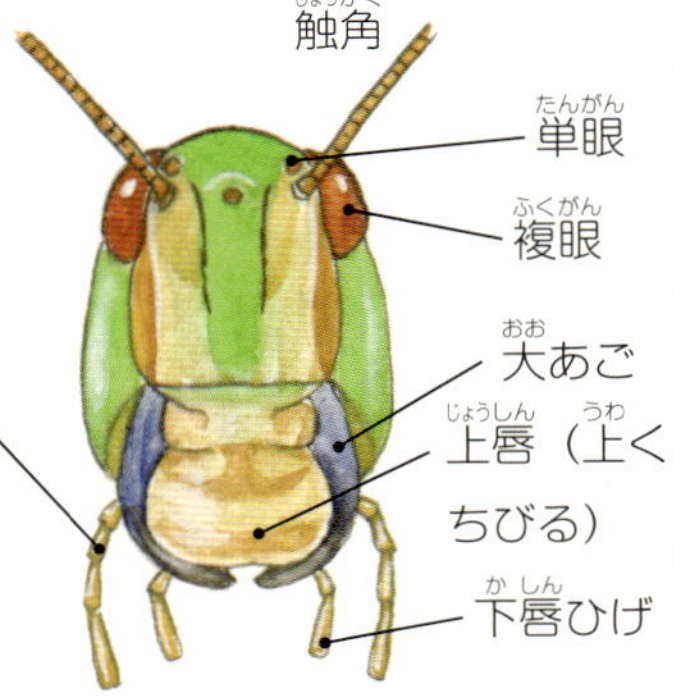
触角《しょっかく》
単眼《たんがん》
複眼《ふくがん》
大《おお》あごひげ
大《おお》あご
上唇《じょうしん》（上《うわ》くちびる）
下唇《かしん》ひげ

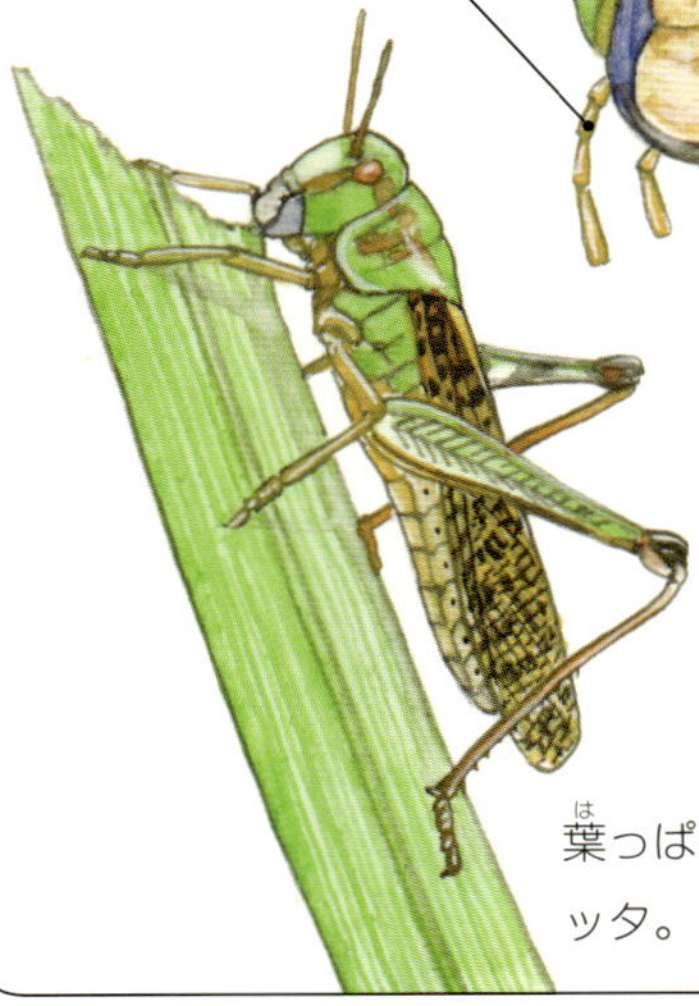

葉《は》っぱを食《た》べるトノサマバッタ。

●ミズギワカメムシの頭部《とうぶ》

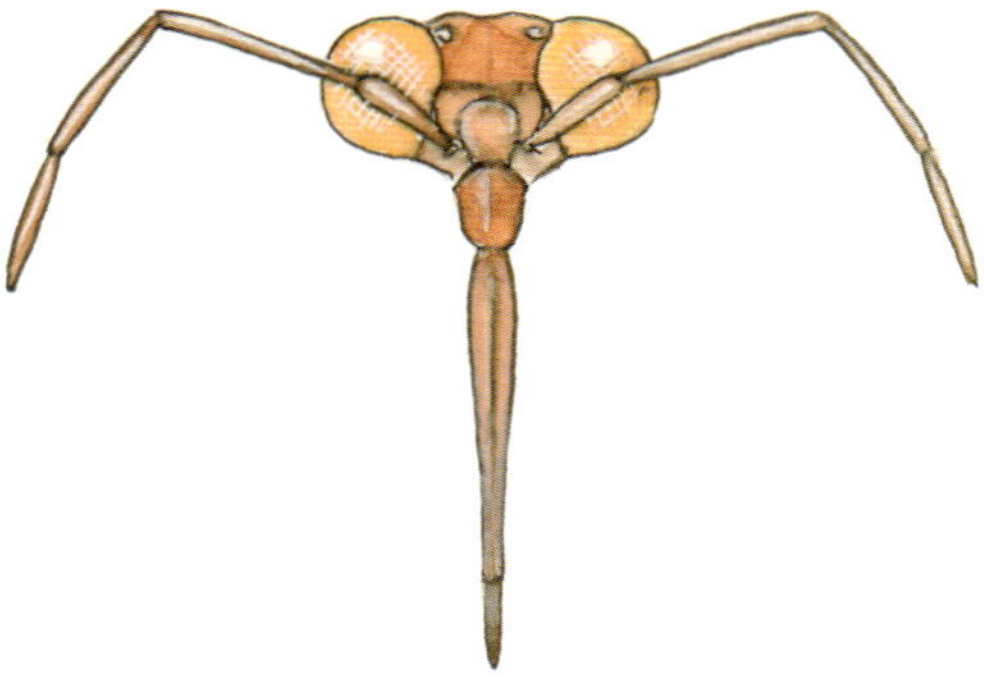

●トウキョウヒメハンミョウの頭部《とうぶ》

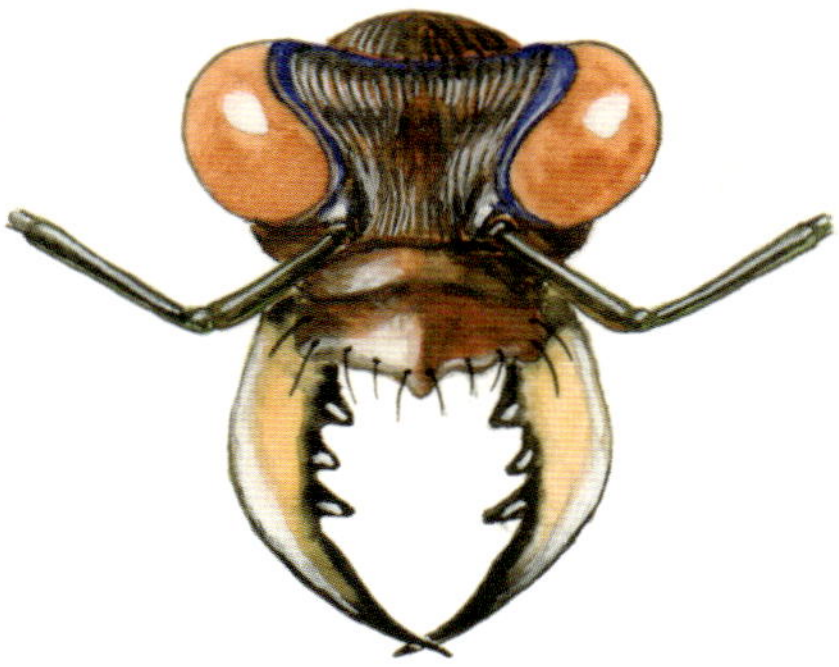

かむ口《くち》とすう口《くち》

口《くち》のかたちを見《み》れば、その昆虫《こんちゅう》がどんなものを食《た》べているかがだいたいわかる。たとえば草《くさ》を食《た》べるバッタと、花《はな》のみつをすうチョウでは、口《くち》のかたちがちがうのだ。

バッタやカマキリの口《くち》は、エサをかんで食《た》べるための「咀嚼口《そしゃくこう》」になっていて、ガジガジモグモグ、エサを食《た》べる。

チョウやカメムシの口《くち》は「吸収口《きゅうしゅうこう》」といい、まるでストローのようだ。花《はな》や木《き》の幹《みき》に吸収口《きゅうしゅうこう》をつきさして、上手《じょうず》にみつやしるをすう。

でも、みつをすうチョウは、幼《よう》虫《ちゅう》のときには、葉《は》っぱを食《た》べるはず？　そのとおり！　チョウの幼《よう》虫《ちゅう》は咀嚼口《そしゃくこう》で、さなぎのときに、吸収口《きゅうしゅうこう》になるのだ。

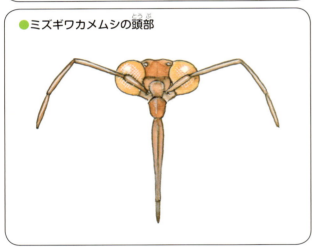

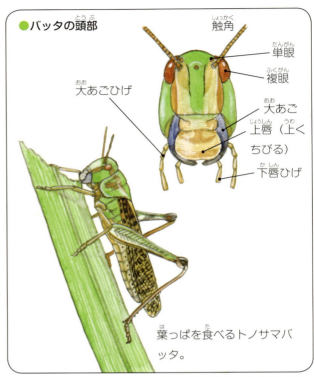

植物《しょくぶつ》を利用《りよう》する昆虫《こんちゅう》たち……植食性昆虫《しょくしょくせいこんちゅう》

昆虫《こんちゅう》たちが食《た》べるのは、植物《しょくぶつ》の葉《は》やくきだけではない。花《はな》や実《み》、根《ね》っこまで、植物《しょくぶつ》のいろんなところをエサにする昆虫《こんちゅう》たちがいる。

ウリハムシ
ウリ科《か》の植物《しょくぶつ》はにがい味《あじ》がする。ウリハムシは、エサの葉《は》を食《た》べるまえに、一度《いちど》葉《は》をかんでキズをつけてしおれさせ、にがい味《あじ》を出《だ》してから、にがくなくなった部分《ぶぶん》を食《た》べる。

オオゴマダラ
幼虫《ようちゅう》のとき、ほかの動物《どうぶつ》にとっては毒《どく》となるホウライカガミという植物《しょくぶつ》を食《た》べる。幼虫《ようちゅう》は体《からだ》のなかにこの毒《どく》をためることができるため鳥《とり》などに食《た》べられることがない。

昆虫《こんちゅう》VS植物《しょくぶつ》

植物《しょくぶつ》をエサにする昆虫《こんちゅう》はとても多《おお》い。

チョウやガの幼虫《ようちゅう》がついたキャベツは大《おお》きくならないことがある。カミキリムシが木《き》の幹《みき》を食《た》べてからしてしまうこともある。植物《しょくぶつ》にとってはたいへんなことだ。

でも、植物《しょくぶつ》だってだまってはいない。食《た》べられないように、昆虫《こんちゅう》がいやがる味《あじ》やにおいを出《だ》して、身《み》を守《まも》っている。

そして、昆虫《こんちゅう》たちも負《ま》けてはいない。ウリハムシはキュウリの葉《は》が好物《こうぶつ》だ。キュウリは、食《た》べられないようににがい味《あじ》をもっている。ウリハムシは、葉《は》をかじってしおれさせ、にがみを少《すく》なくして食《た》べている。

昆虫《こんちゅう》と植物《しょくぶつ》の知恵《ちえ》くらべだ。

●花《はな》のみつをすうミツバチと受《じゅ》粉《ふん》する花《はな》

ミツバチの体《からだ》には、茶色《ちゃいろ》の粒《つぶ》がたくさんあるおしべの花粉《かふん》がついている。ミツバチがみつをすっているときに動《うご》きまわるため、花粉《かふん》がめしべについて、「受粉《じゅふん》」する。

エノキの葉《は》などにつくられたエノキトガリタマバエの虫《むし》こぶ。

虫《むし》こぶのなかには、ハエの幼虫《ようちゅう》がはいっている。

昆虫《こんちゅう》&植物《しょくぶつ》

でも、昆虫《こんちゅう》と植物《しょくぶつ》はいつもなかがわるいわけではない。昆虫《こんちゅう》がいなければ植物《しょくぶつ》が生《い》きていけないこともある。

昆虫《こんちゅう》のたいせつな役割《やくわり》のひとつが「授粉《じゅふん》」だ。たとえば、花《はな》のみつをすっているハチの体《からだ》にたくさんの粉《こな》（花粉《かふん》）がついているのを見《み》たことがあるかもしれない。その粉《こな》が花《はな》のめしべにつくと、植物《しょくぶつ》は受粉《じゅふん》して実《み》をつけることができる。

タマバエやアブラムシのなかまは、植物《しょくぶつ》の葉《は》になる部分《ぶぶん》に「虫《むし》こぶ」という自分《じぶん》の家《いえ》をつくる。タマバエたちは虫《むし》こぶに守《まも》られ、なかを食《た》べて大《おお》きくなる。虫《むし》こぶは植物《しょくぶつ》には必要《ひつよう》ないが、葉《は》を食《た》べられるより、いいかもしれない。

動物《どうぶつ》を食《た》べる昆虫《こんちゅう》たち……肉食性昆虫《にくしょくせいこんちゅう》

ほかの昆虫《こんちゅう》を食《た》べる、肉食《にくしょく》の昆虫《こんちゅう》たちがいる。いったいどうやってエサをつかまえて食《た》べているのか、いくつか見《み》ていこう。

つかまえた！ 動物《どうぶつ》を食《た》べる昆虫《こんちゅう》

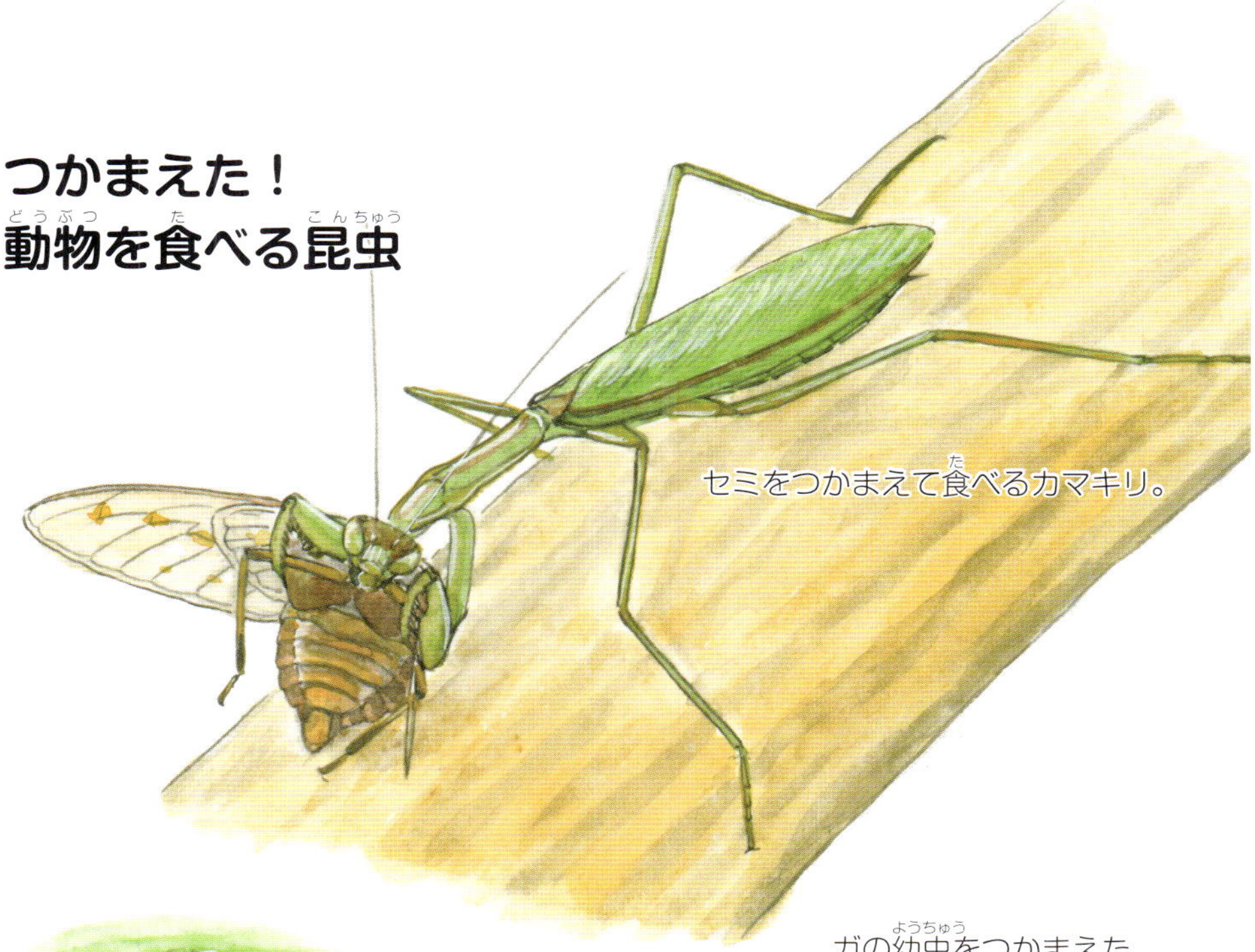

セミをつかまえて食《た》べるカマキリ。

アブラムシをつかまえて食《た》べるナナホシテントウの成虫《せいちゅう》。

ガの幼虫《ようちゅう》をつかまえたオオクチブトカメムシ。

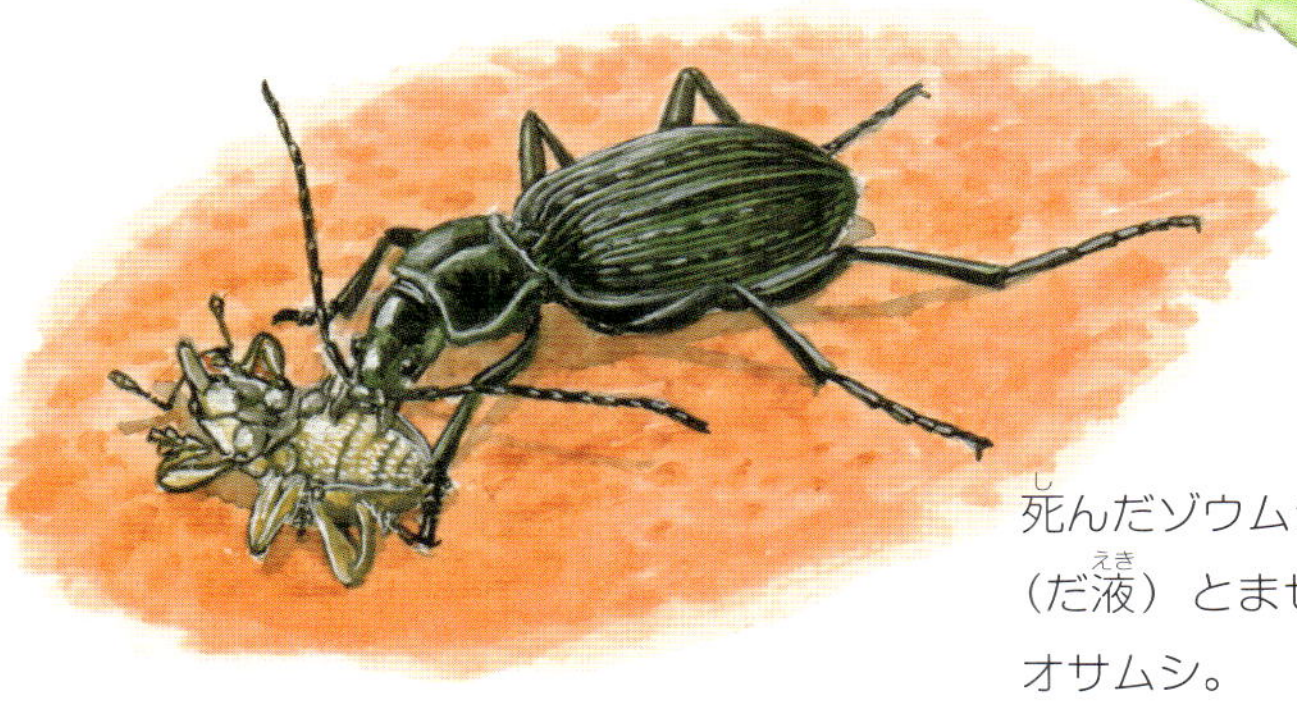

死《し》んだゾウムシをかみ、肉《にく》をツバ（だ液《えき》）とまぜてとかして食《た》べるオサムシ。

どうやって食《た》べる？

ほかの昆虫《こんちゅう》を食《た》べる肉食《にくしょく》の昆虫《こんちゅう》には、生《い》きた昆虫《こんちゅう》だけを食《た》べるものと、死《し》んだ昆虫《こんちゅう》も食《た》べるものがいる。たとえば、カマキリのなかまは生《い》きた昆虫《こんちゅう》しか食《た》べないが、オサムシ、ゴミムシなどは、生《い》きた昆虫《こんちゅう》でも死《し》んだ昆虫《こんちゅう》でも食《た》べる。このように、エサをつかまえて食《た》べることを「捕食《ほしょく》」という。

肉食《にくしょく》の昆虫《こんちゅう》のなかには、ほかの昆虫《こんちゅう》の体《からだ》の内部《ないぶ》に卵《たまご》をうむものがいる。卵《たまご》からかえって幼虫《ようちゅう》になると、その昆虫《こんちゅう》の体《からだ》をエサとして食《た》べる「寄生《きせい》」する昆虫《こんちゅう》だ。幼虫《ようちゅう》は、よそにエサをとりにいくことなく、またすんでいる昆虫《こんちゅう》にも知《し》られることなく、その昆虫《こんちゅう》の体《からだ》をうちがわから食《た》べる。

エサのつかまえかた

おいかける

トンボは、とびながらエサをおいかけてつかまえる。

まちぶせ

エサが近《ちか》くにくるまでじっとまっている。少《すこ》しずつ近《ちか》づいておそいかかることもある。

さがす

ガの幼虫《ようちゅう》を見《み》つけてつかまえるオオフタオビドロバチ。エサになる昆虫《こんちゅう》のフンなどのにおいを手《て》がかりにして、見《み》つけだす。

わな

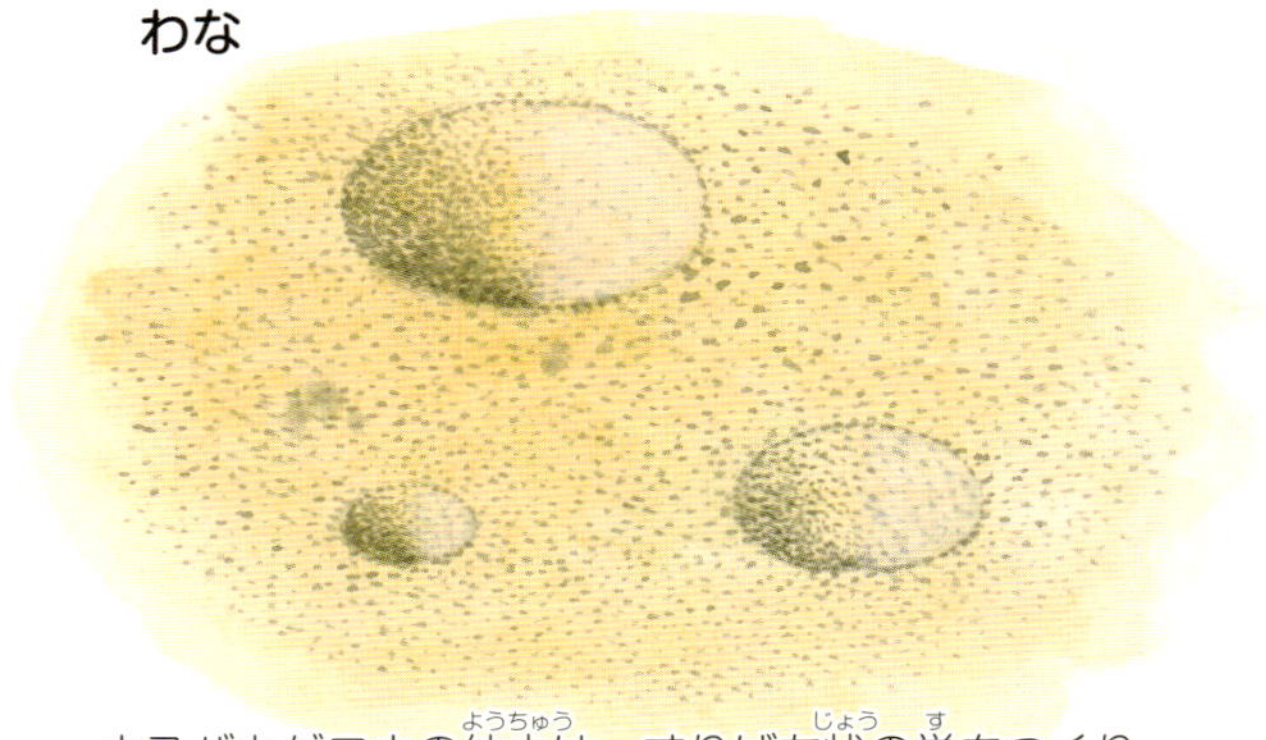

ウスバカゲロウの幼虫《ようちゅう》は、すりばち状《じょう》の巣《す》をつくり、落《お》ちてきたアリなどをつかまえて食《た》べる。

どうやってつかまえる?

ほかの昆虫《こんちゅう》をつかまえるには、4つの方法《ほうほう》がある。

1つ目《め》は、トンボやアブのように、ねらったえものを「おいかけて」つかまえる方法《ほうほう》。えものをしっかりつかまえるために、あしにはとげがある。

2つ目《め》は、テントウムシやアシナガバチのように、えもののにおいをかいで「さがす」方法《ほうほう》。

3つ目《め》は、「まちぶせ」。タガメは、えものが近《ちか》づきそうな場所《ばしょ》でじっとまっていて、えものがくるとすばやくつかまえる。

最後《さいご》は「わな」。アリジゴクとよばれるウスバカゲロウの幼虫《ようちゅう》は、地面《じめん》にすりばちのようなあなをほって、その底《そこ》でまち、あなに落《お》ちてくるアリをつかまえる。

落《お》ち葉《ば》、フン、死《し》がいを食《た》べる……分解者《ぶんかいしゃ》としての昆虫《こんちゅう》

動物《どうぶつ》のフンや動物《どうぶつ》の死《し》がいにあつまってくる虫《むし》って、なんとなくきたない！　でも、そんな虫《むし》たちは、とてもたいせつな役割《やくわり》をもっている。

かたづけ上手《じょうず》なおそうじ虫《むし》

くさったモモを食《た》べるハエ。

バッタの死《し》がいにあつまるアリ。

フンを食《た》べるオオセンチコガネ。
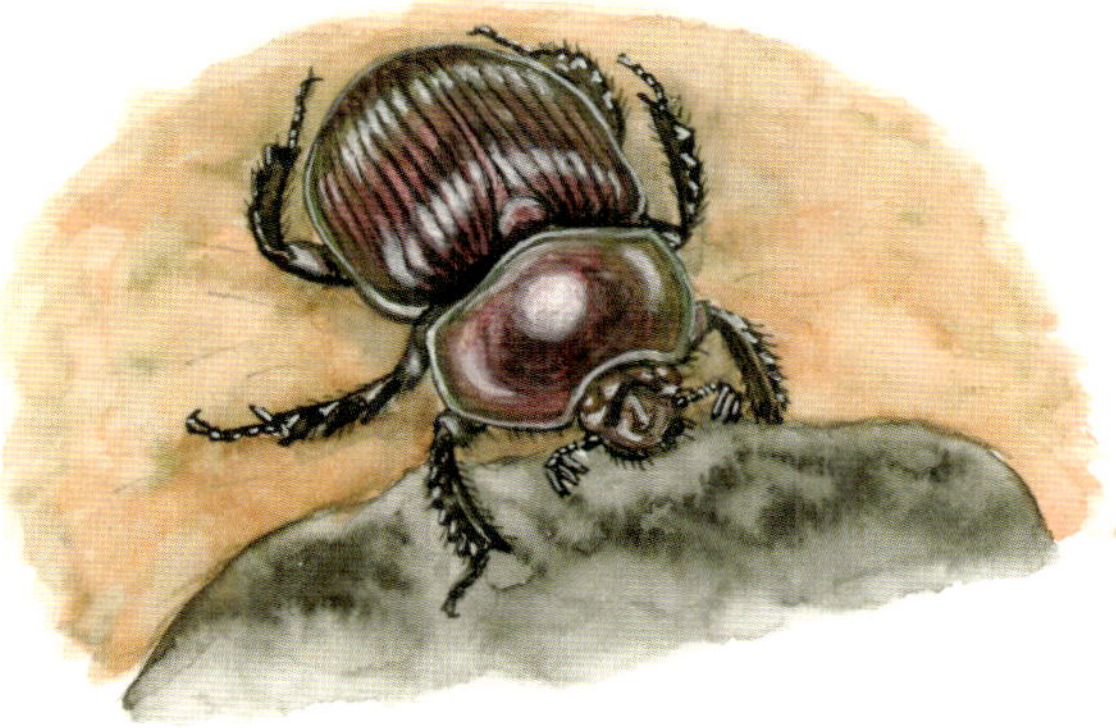

落《お》ち葉《ば》を食《た》べるダンゴムシ。

おそうじ虫《むし》、大活《だいかつ》やく！

牧場《ぼくじょう》にいるウシやヒツジは、草《くさ》を食《た》べてフンをする。でも、そのフンは、いつのまにかきえてなくなっている。森《もり》の木《き》の葉《は》っぱも、毎年《まいとし》落《お》ちていっぱいになるはずなのに、森《もり》はけっして落《お》ち葉《ば》の山《やま》にならない。なぜだろう？

答《こた》えは、ハエや糞虫《ふんちゅう》、昆虫《こんちゅう》ではないがダンゴムシなどの「おそうじ虫《むし》」が、フンや落《お》ち葉《ば》を食《た》べてきれいにしているからだ。動物《どうぶつ》のフンや動物《どうぶつ》の死《し》がいを食《た》べるハエは、そこに卵《たまご》をうみ、かえった幼《よう》虫《ちゅう》もフンや死《し》がいを食《た》べる。ダンゴムシは葉《は》っぱを食《た》べ、出《だ》したフンが土《つち》の栄養《えいよう》になる。この小《ちい》さなおそうじ虫《むし》を「分解者《ぶんかいしゃ》」といい、自然《しぜん》やわたしたち人間《にんげん》にとって、とてもたいせつな昆虫《こんちゅう》たちだ。

家《いえ》のなかでは おそうじ虫《むし》＝めいわく虫《むし》？

森《もり》のなかではだいじな「分解者《ぶんかいしゃ》」のおそうじ虫《むし》たち。でも、家《いえ》のなかにはいると……人間《にんげん》にとってはめいわく虫《むし》になってしまう。

●イガの幼虫《ようちゅう》

外《そと》では鳥《とり》の巣《す》にすんでいるイガが家《いえ》のなかにはいると、セーターなどに卵《たまご》をうんで、かえった幼虫《ようちゅう》がセーターを食《た》べてあなをあけてしまう。

●チャタテムシ

おかしのくずなどを食《た》べるが、本《ほん》のあいだやたたみのカビがはえた部分《ぶぶん》などにもたくさんいる。

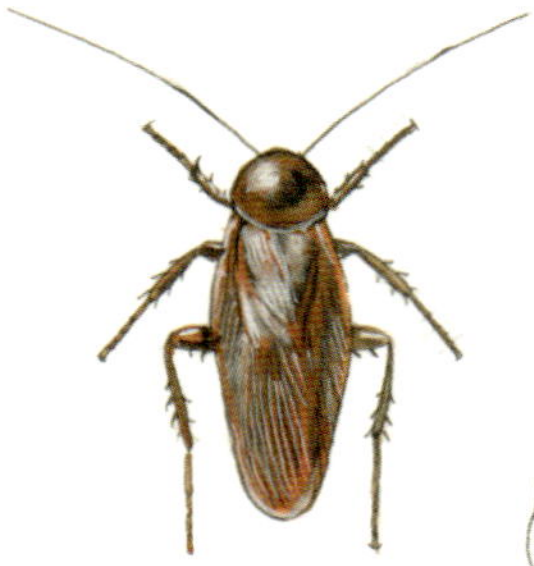

●ゴキブリのなかま

多《おお》くの人間《にんげん》にいちばんきらわれている昆《こん》虫《ちゅう》の王《おう》さま、ゴキブリ。家《いえ》のなかでは、台所《だいどころ》などで見《み》ることが多《おお》い。

おそうじ虫《むし》はめいわく虫《むし》？

森《もり》などにいるおそうじ虫《むし》のなかまは、家《いえ》のなかでも見《み》ることができる。たとえば、ゴキブリ。森《もり》のなかでは、フンや死《し》がいなどなんでも食《た》べる分解者《ぶんかいしゃ》だ。でも、家《いえ》のなかで台所《だいどころ》をすばやく走《はし》るすがたは、人間《にんげん》にとてもきらわれている。

たいせつにしていたセーターにまるいあながあいていてがっかりすることがある。それは、もともとヒツジの毛《け》や鳥《とり》の毛《け》を食《た》べるイガというガが、きみのセーターを食《た》べてしまったのだ。

森《もり》とちがって、家《いえ》のなかにあるものは、わたしたちがたいせつにしているもの。外《そと》ではいいおそうじ虫《むし》だが、家《いえ》のなかではわるい「めいわく虫《むし》」になることもある。

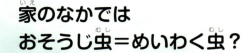

さまざまなコミュニケーション──「見《み》る」「かぐ」「あじわう」「きく」

昆虫《こんちゅう》も、いろんな光《ひかり》、におい、味《あじ》、音《おと》などがわかる。いろいろなものを見《み》たり、においをかいだり、あじわったり、きいたりしながら、昆虫《こんちゅう》たちは生《い》きている。

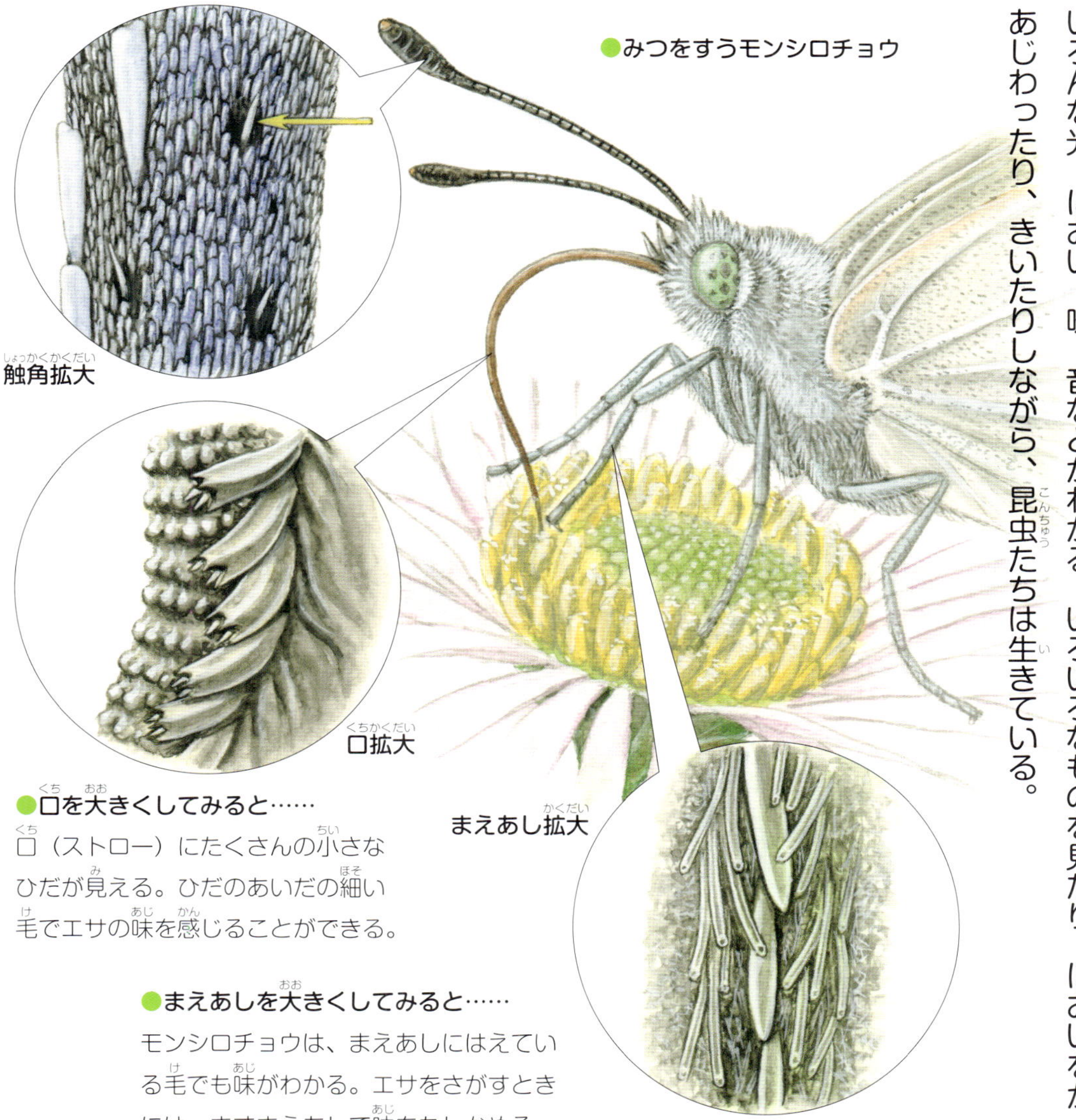

●触角《しょっかく》を大《おお》きくしてみると……
まるでうろこのようだ。このうろこのあいだの細《ほそ》いトゲのようなものでにおいをキャッチしている。

●口《くち》を大《おお》きくしてみると……
口《くち》（ストロー）にたくさんの小《ちい》さなひだが見《み》える。ひだのあいだの細《ほそ》い毛《け》でエサの味《あじ》を感《かん》じることができる。

●まえあしを大《おお》きくしてみると……
モンシロチョウは、まえあしにはえている毛《け》でも味《あじ》がわかる。エサをさがすときには、まずまえあしで味《あじ》をたしかめる。

食《た》べもののさがしかた

エサをさがすチョウは「あの花《はな》にはみつがあるぞ！」「これは食《た》べられないな」と、ちゃんとわかっている。それは、チョウが目《め》のまえにあるものを目《め》で見《み》て（視覚《しかく》）、頭《あたま》の上《うえ》にある触角《しょっかく》でにおいをかいだり（嗅覚《きゅうかく》）、まえあしにはえている毛《け》であじわったり（味覚《みかく》）して見《み》わけているからだ。チョウの成虫《せいちゅう》は目《め》がよくて、色《いろ》や明《あか》るさも見《み》わけられる。音《おと》をきくことができる（聴覚《ちょうかく》）チョウもいる。

チョウは、体《からだ》のいろんなところをつかって、エサをさがしたり、結婚相手《けっこんあいて》を見《み》つけたりもする。

母《はは》も子《こ》もエサを見《み》わける

チョウは、親子《おやこ》ともに食《た》べものを見《み》わけることができる。

卵《たまご》をうむ場所《ばしょ》をさがす母《はは》チョウ

①目《め》で色《いろ》やかたちを見《み》て、植物《しょくぶつ》に近《ちか》づく（視《し》覚《かく》）

②触角《しょっかく》で植物《しょくぶつ》のにおいをかぎ（嗅覚《きゅうかく》）、植物《しょくぶつ》にとまると、まえあしの毛《け》のような部分《ぶぶん》で味見《あじみ》をする（味覚《みかく》）

③まちがいないとたしかめたら、最後《さいご》におしりを葉《は》にくっつけて卵《たまご》をうむ

●エサの葉《は》っぱを食《た》べるカラスアゲハの幼虫《ようちゅう》

卵《たまご》からかえった幼虫《ようちゅう》は、食《た》べられるエサかどうかを触角《しょっかく》や口《くち》でたしかめてから、食《た》べる。

●正面《しょうめん》から見《み》た幼虫《ようちゅう》

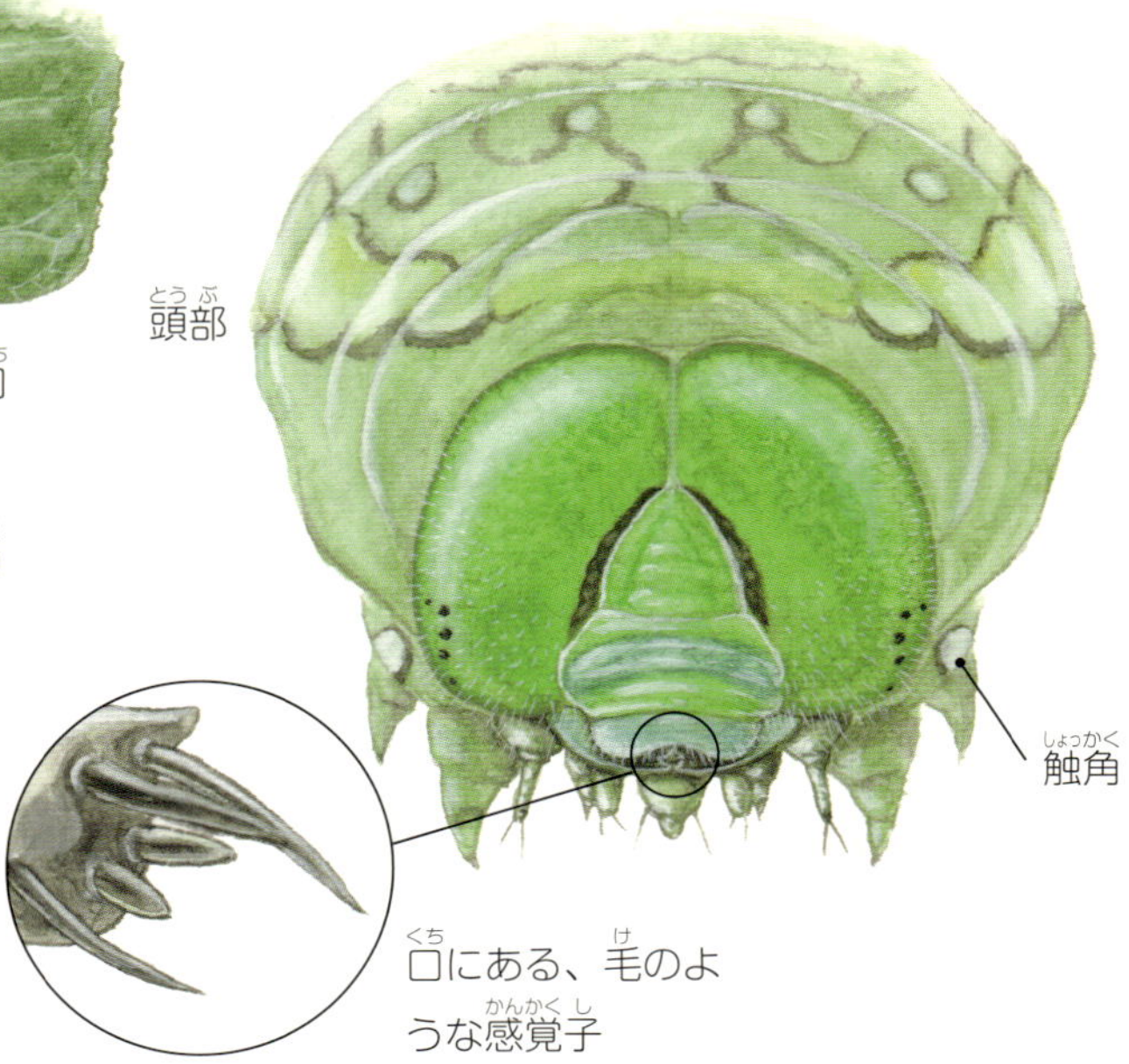

口《くち》にある、毛《け》のような感覚子《かんかくし》

チョウの幼虫《ようちゅう》は、種《しゅ》によってエサがきまっている。たとえばモンシロチョウはキャベツや菜《な》の花《はな》を、アゲハチョウはミカンやサンショウを、ジャコウアゲハはウマノスズクサという植物《しょくぶつ》を食《た》べる。

母《はは》チョウは、こどものエサになる植物《しょくぶつ》をまちがえることなく、いろいろな感覚《かんかく》をつかって（目《め》で見《み》て、においをかいで）見《み》つけだし、最後《さいご》に味見《あじみ》をしてからそこに卵《たまご》をうむ。母《はは》チョウは、こうすることで自分《じぶん》のこどもに食《た》べるものを知《し》らせているのだ。

卵《たまご》からかえった幼虫《ようちゅう》は、自分《じぶん》のエサかどうか触角《しょっかく》でにおいをかぎわけ、口《くち》にある毛《け》のようなもの（感覚子《かんかくし》）で味見《あじみ》をする。そして、自分《じぶん》のエサにまちがいないとわかった場合《ばあい》は、それを食《た》べて大《おお》きくなる。

いろいろな音《おと》をきく

春《はる》から秋《あき》にかけて、草《くさ》むらやこかげから、虫《むし》たちのいろんな声《こえ》（音《おと》）がきこえてくる。いったい、だれとなんのお話《はなし》をしているのかな。

アワノメイガのオス（右《みぎ》）は小《ちい》さな音《おと》（超音波《ちょうおんぱ》）を出《だ》してメス（左《ひだり》）と交尾《こうび》する。

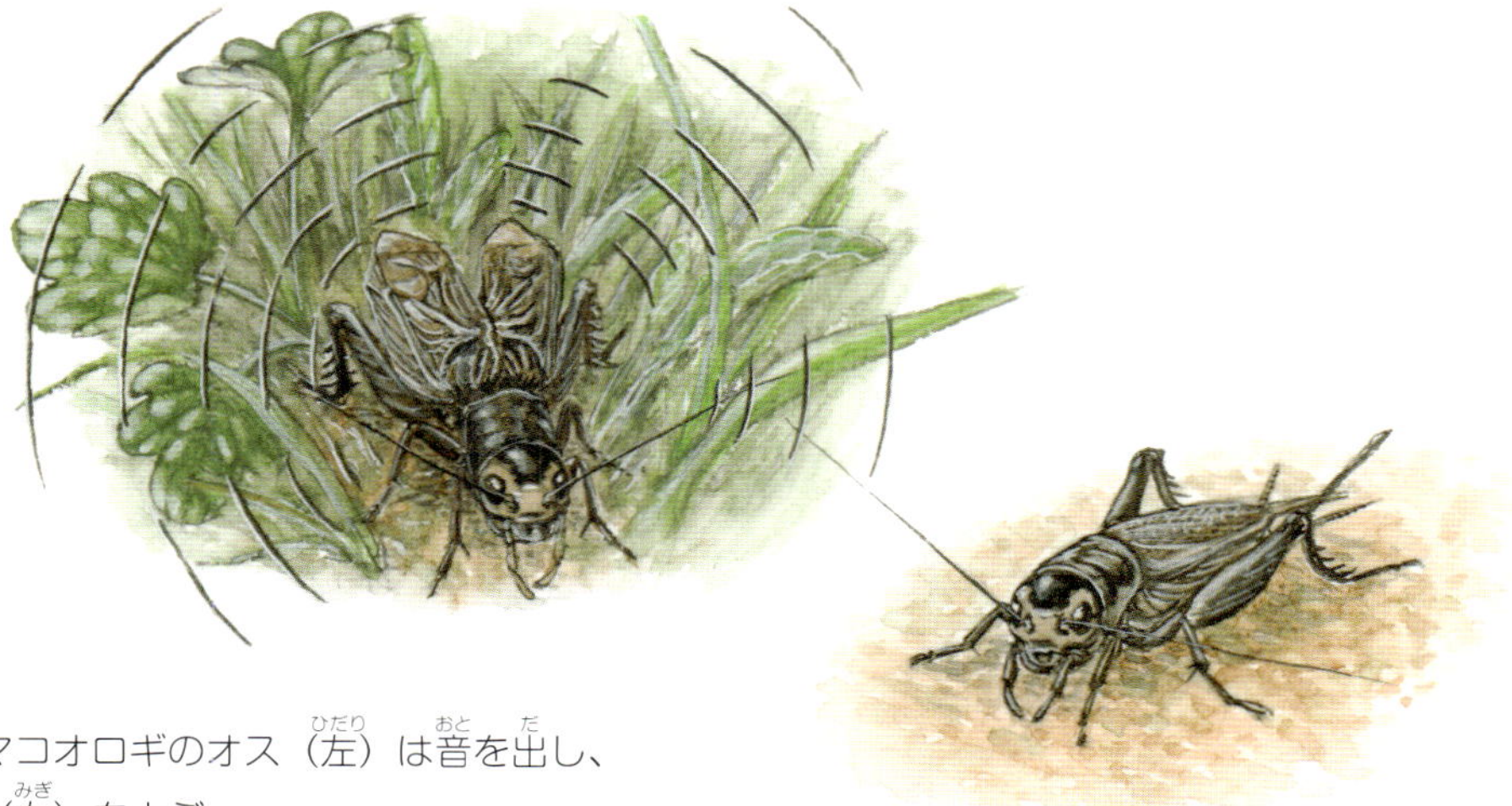

エンマコオロギのオス（左《ひだり》）は音《おと》を出《だ》し、メス（右《みぎ》）をよぶ。

ぼくの声《こえ》をきいて！

昆虫《こんちゅう》にとって「音《おと》」はとてもだいじだ。

昆虫《こんちゅう》のオスは、音《おと》をつかってメスをよぶことが多《おお》い。秋《あき》になくエンマコオロギのオスは「コロコロリー」というきれいな音《おと》で、はなれているメスをよぶ。夏《なつ》に「ミーン、ミーン」と大《おお》きな音《おと》でなくセミの声《こえ》も、メスをよぶためだ。

アワノメイガのオスは、メスに「ぼくはここにいるよ！」と知《し》らせるときには、小《ちい》さな音《おと》（超音波《ちょうおんぱ》）を出《だ》す。はねを動《うご》かして胸《むね》にあてて出《だ》すこの小《ちい》さな音《おと》は、近《ちか》くにいるメスにしかきこえない。こうすることで、ガを食《た》べる天敵《てんてき》のコウモリにも、ライバルのオスにも気《き》づかれずにメスに声《こえ》がつたわり、交尾《こうび》ができる。

音《おと》で身《み》を守《まも》る昆虫《こんちゅう》たち

●カミキリムシ

天敵《てんてき》の鳥《とり》などが木《き》にとまると、そのあし音《おと》が木《き》につたわる。カミキリムシはその音《おと》をあしできいて、じっとしているかにげる。

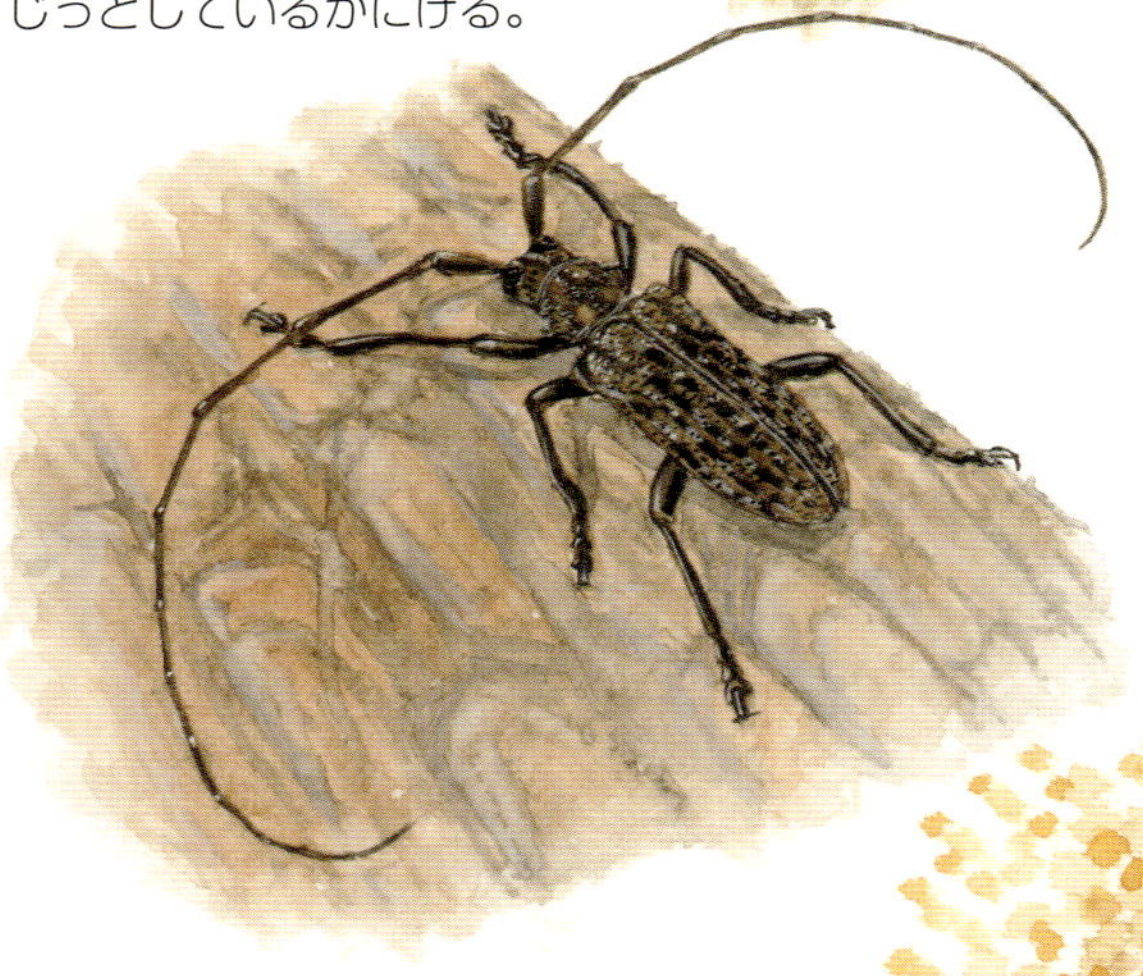

●ヤガの幼虫《ようちゅう》

ブンブンブン……ハチのとぶ音《おと》がきこえてきた。ヤガの幼虫《ようちゅう》は、エサを食《た》べることも動《うご》くこともやめて、ハチが通《とお》りすぎるのをまつ。

●カブトムシのさなぎと幼虫《ようちゅう》

カブトムシのさなぎ（右《みぎ》）は土《つち》のなかで音《おと》を出《だ》す。この音《おと》をきくと、まわりにいる幼虫《ようちゅう》（左《ひだり》）はさなぎに近《ちか》づかない。

音《おと》で敵《てき》やなかまを知《し》る

昆虫《こんちゅう》は、身《み》を守《まも》るためにいつも、まわりの音《おと》をしっかりきいている。ヤガの幼虫《ようちゅう》は、むねにある毛《け》（感覚子《かんかくし》）で音《おと》をきく。天敵《てんてき》のハチが「ブンブン」ととんでくる音《おと》をきくと、そこでじっとして、ハチに見《み》つからないようにする。

カミキリムシは、木《き》につたわる音《おと》をあしできくことができる。敵《てき》のあし音《おと》をきいたカミキリムシは、じっととまったり、木《き》から落《お》ちてにげたりすることができる。

なかまどうしの音《おと》もきく。カブトムシのさなぎは、土《つち》のなかのへやで動《うご》いて音《おと》を出《だ》す。これをカブトムシの幼虫《ようちゅう》がきくと、幼虫《ようちゅう》はさなぎに近《ちか》づかない。だから、なかまどうし、土《つち》のなかでぶつからずにすむ。

昆虫《こんちゅう》が操縦《そうじゅう》するロボット

トンボがスイスイ空《そら》をとぶ。アリが垂直《すいちょく》なかべをスタスタ歩《ある》いている。いったいどうやって？ よ～く観察《かんさつ》して、昆虫《こんちゅう》みたいなロボットをつくろう！

昆虫《こんちゅう》が歩《ある》くしくみ

昆虫《こんちゅう》は6本《ぼん》のあしで歩《ある》くが、そのうちの3本《ぼん》のあしはいつも地面《じめん》について体《からだ》をささえている。これを「3足歩行《そくほこう》」という。

4歩目《ほめ》	左《ひだり》まえあし ○	● 右《みぎ》まえあし	
	左《ひだり》なかあし ●	○ 右《みぎ》なかあし	
	左《ひだり》うしろあし ○	● 右《みぎ》うしろあし	
3歩目《ほめ》	●	○	
	○	●	
	●	○	
2歩目《ほめ》	○	●	
	●	○	
	○	●	
1歩目《ほめ》	●	○	
	○	●	
	●	○	

○：地面《じめん》からはなれている
●：地面《じめん》についている

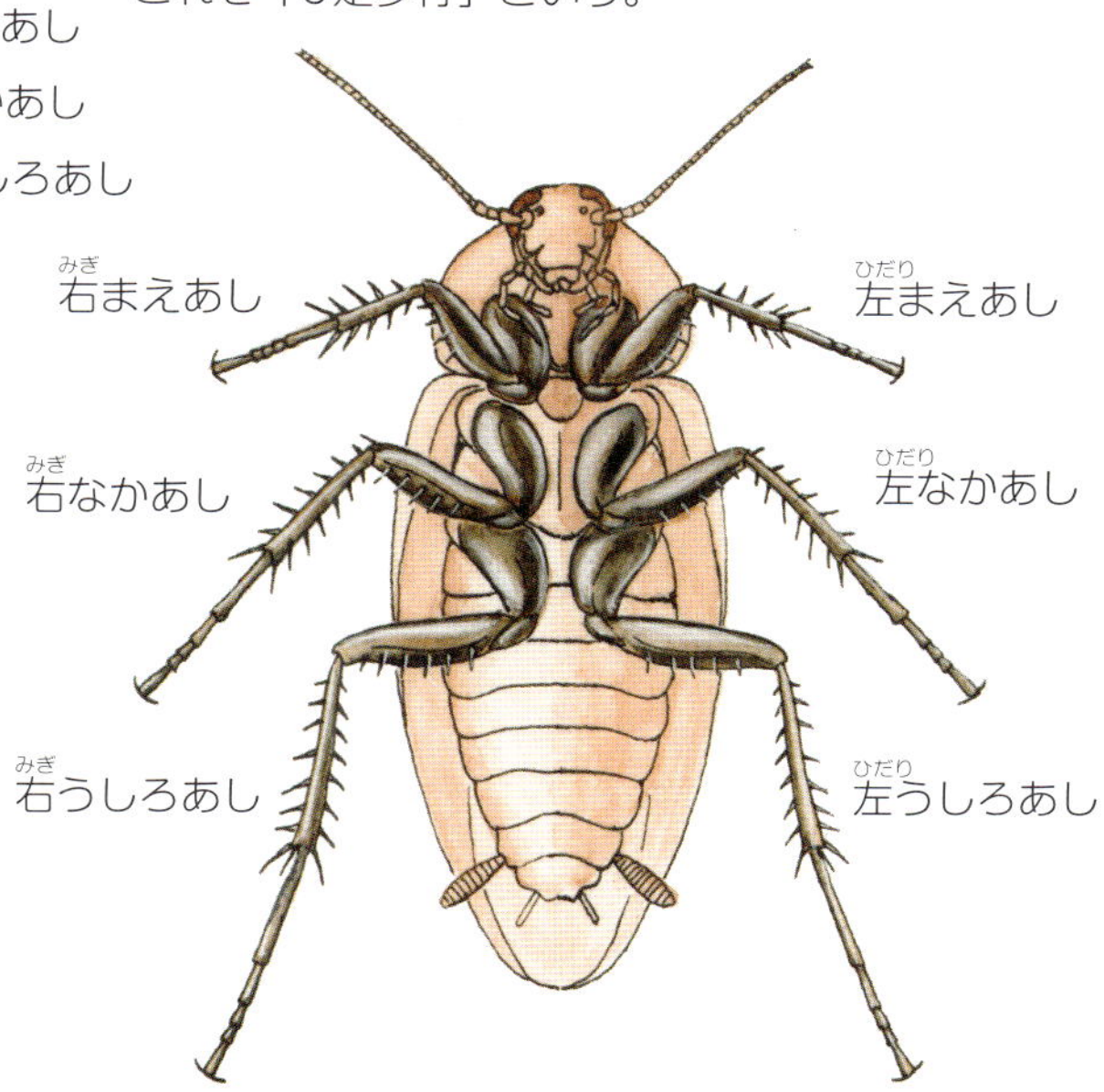
右《みぎ》まえあし
左《ひだり》まえあし
右《みぎ》なかあし
左《ひだり》なかあし
右《みぎ》うしろあし
左《ひだり》うしろあし

昆虫《こんちゅう》がはばたくしくみ

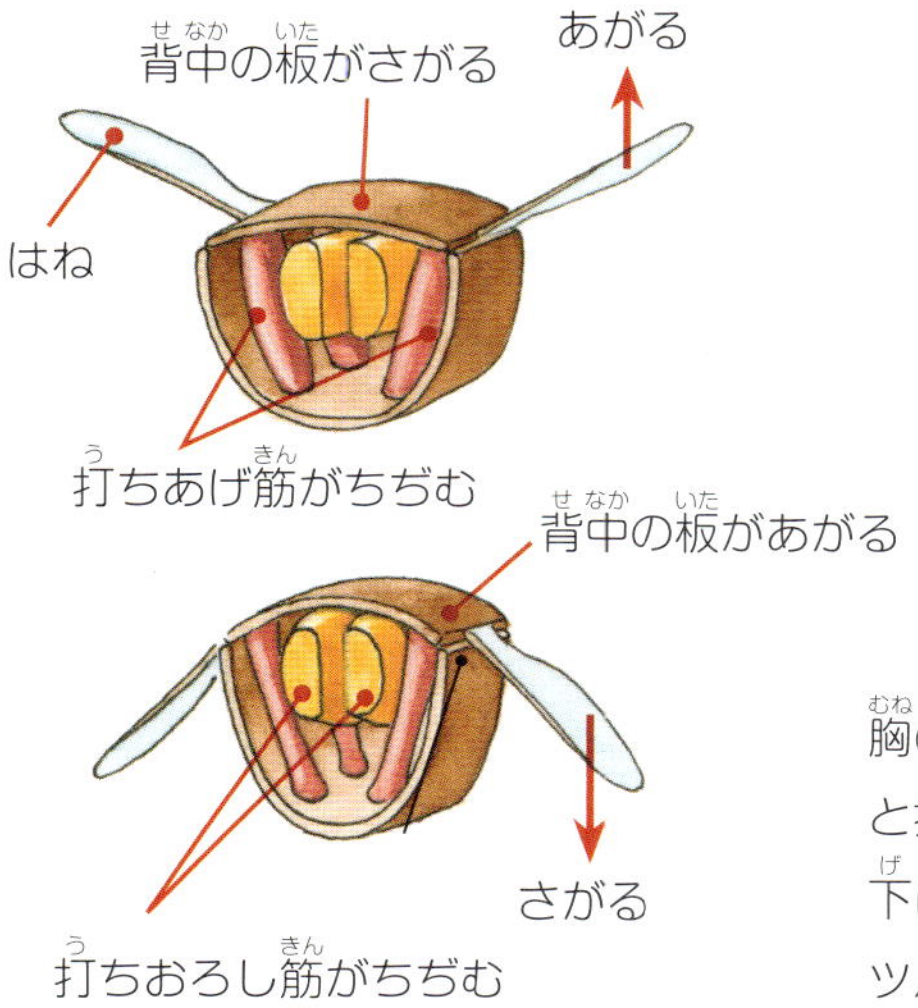
背中《せなか》の板《いた》がさがる
あがる
はね
打《う》ちあげ筋《きん》がちぢむ
背中《せなか》の板《いた》があがる
さがる
打《う》ちおろし筋《きん》がちぢむ

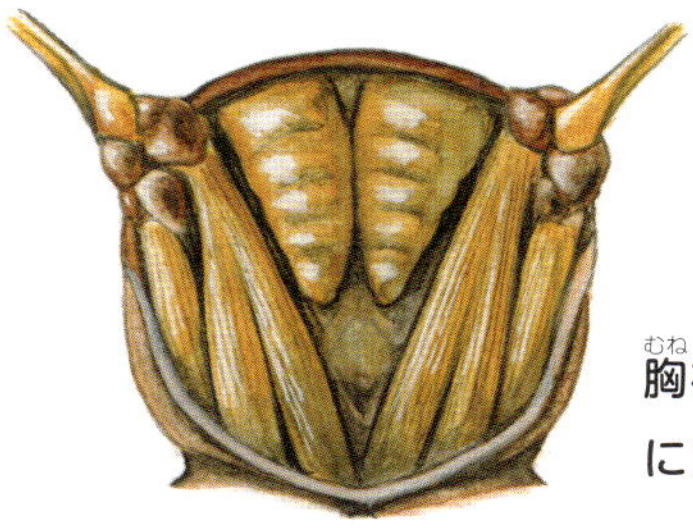

胸《むね》を輪切《わぎ》りにした図《ず》

胸《むね》の背《せ》と腹《はら》をつなぐ2種類《しゅるい》の筋肉《きんにく》（打《う》ちおろし筋《きん》と打《う》ちあげ筋《きん》）が交互《こうご》にちぢんで、背中《せなか》の板《いた》が上下《じょうげ》に動《うご》くことで、はねが上下《じょうげ》に動《うご》く。たとえばミツバチは、1秒間《びょうかん》に250回《かい》もはねを上下《じょうげ》させる。

どうやって歩《ある》くの？ とぶの？

昆虫《こんちゅう》の体《からだ》は頭《あたま》、胸《むね》、腹《はら》にわかれ、胸《むね》には6本《ぼん》のあしと4枚《まい》のはねがある。昆虫《こんちゅう》の左《ひだり》のまえあしとうしろあしが地面《じめん》についているとき、左《ひだり》のなかあしは空中《くうちゅう》にういている。このときには、右《みぎ》のなかあしは地《じ》面《めん》についていて、右《みぎ》のまえあしとうしろあしは空中《くうちゅう》にある。この組《く》みあわせを左右《さゆう》でいれかえながら、いつも3本《ぼん》のあしで体《からだ》をささえて歩《ある》く。これを「3足歩行《そくほこう》」という。

チョウやガがとぶとき、左右《さゆう》にある筋肉《きんにく》（打《う》ちあげ筋《きん》）がちぢむと、背中《せなか》の板《いた》がさがり、はねがあがる。胸《むね》のまんなかの筋肉《きんにく》（打《う》ちおろし筋《きん》）がちぢむと、背中《せなか》の板《いた》がもちあがり、はねはさがる。

昆虫《こんちゅう》が操縦《そうじゅう》するロボット

ボールの上《うえ》にのったカイコガが歩《ある》くと、ボールがまわる。ボールの回転《かいてん》どおりにロボットを動《うご》かすことで、カイコガが動《うご》いたのとおなじようにロボットが動《うご》く。

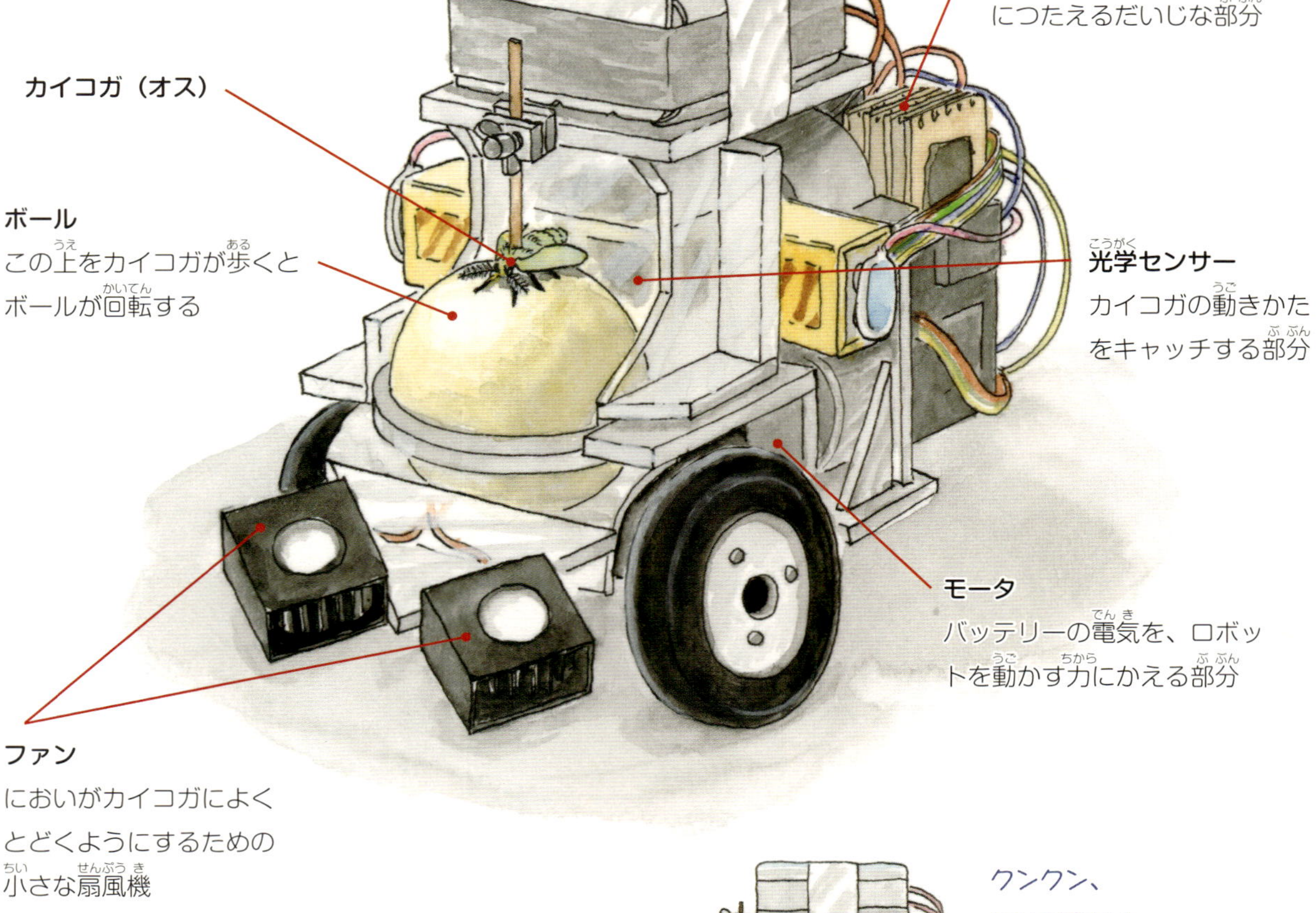

バッテリー
ロボットを動《うご》かすための電池《でんち》
プロセッシングユニット
カイコガの動《うご》きをモータにつたえるだいじな部分《ぶぶん》
カイコガ（オス）
ボール
この上《うえ》をカイコガが歩《ある》くとボールが回転《かいてん》する
光学《こうがく》センサー
カイコガの動《うご》きかたをキャッチする部分《ぶぶん》
モータ
バッテリーの電気《でんき》を、ロボットを動《うご》かす力《ちから》にかえる部分《ぶぶん》
ファン
においがカイコガによくとどくようにするための小《ちい》さな扇風機《せんぷうき》

クンクン、
いいにおい！
まって〜！

カイコガロボットでにおいをキャッチ！

昆虫《こんちゅう》は、歩《ある》いたりとんだりしながら結婚相手《けっこんあいて》をさがす。たとえばオスのガは、メスがもつ特別《とくべつ》なにおい（フェロモン）をかぎながら、メスをさがす。

このとくちょうをいかして、カイコガが自分《じぶん》で操縦《そうじゅう》するロボットをつくった。カイコガは、ロボットを操縦《そうじゅう》してにおいのもとをさがし、みごとにメスをさがしあてた。

じつは、最新《さいしん》のロボットでも、ガのように遠《とお》くにあるにおいをキャッチしてどこからにおいがするかをさがしだすことは、まだできない。でもいつかそんなロボットが誕生《たんじょう》し、地震《じしん》などでこわれた建《たて》物《もの》にとじこめられた人《ひと》をたすけられるようになるかもしれない。

小《ちい》さな昆虫《こんちゅう》の大《おお》きな旅《たび》

ひろい太平洋《たいへいよう》にうかぶ小《ちい》さな島《しま》じまにも、昆虫《こんちゅう》はすんでいる。そんな遠《とお》いところまで、どうやってたどりつけたのだろうか。長《なが》いあいだには、奇跡《きせき》がおこることもある。

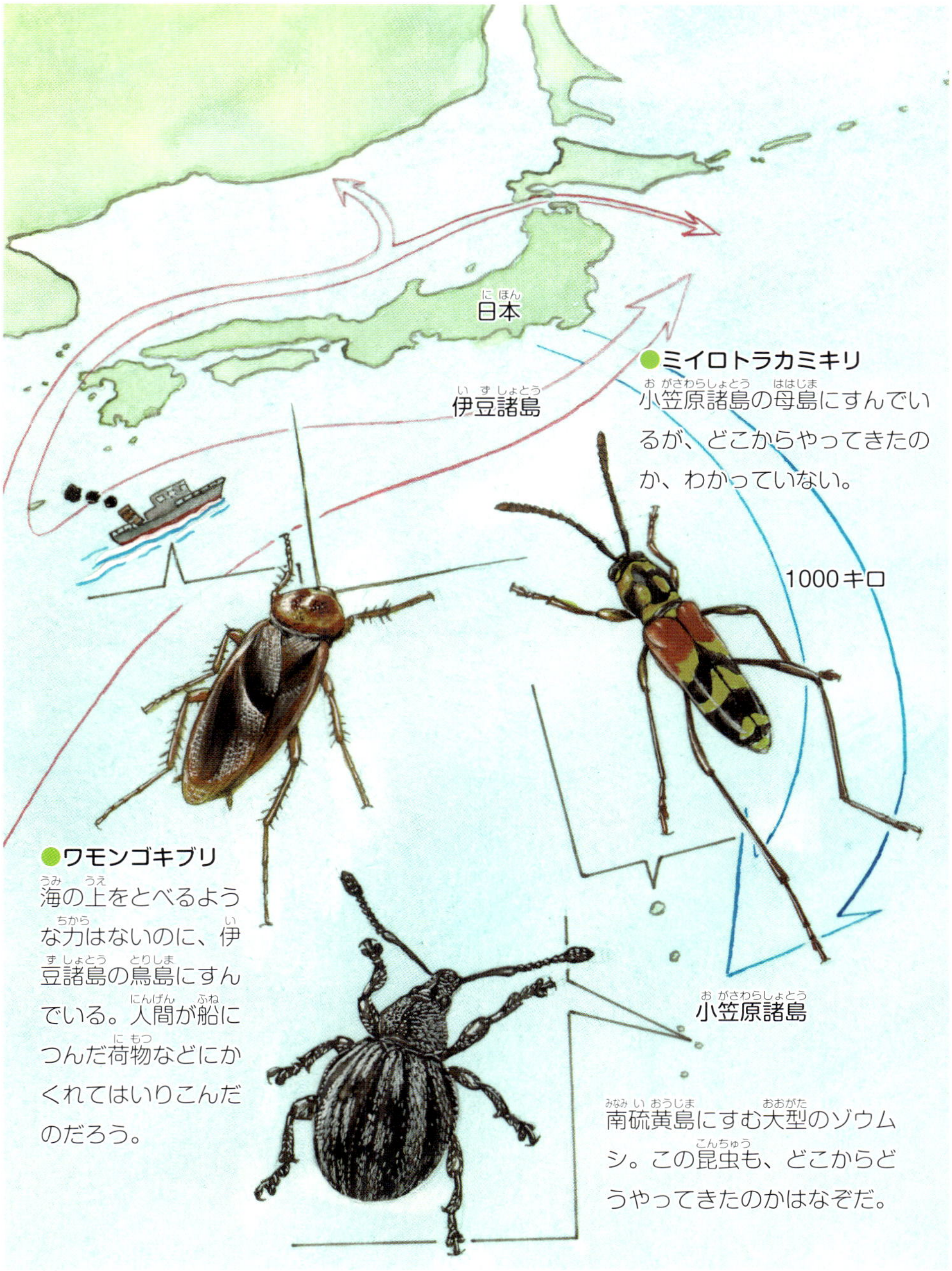
日本《にほん》
伊豆諸島《いずしょとう》
●ミイロトラカミキリ
小笠原諸島《おがさわらしょとう》の母島《ははじま》にすんでいるが、どこからやってきたのか、わかっていない。
1000キロ
●ワモンゴキブリ
海《うみ》の上《うえ》をとべるような力《ちから》はないのに、伊《い》豆諸島《ずしょとう》の鳥島《とりしま》にすんでいる。人間《にんげん》が船《ふね》につんだ荷物《にもつ》などにかくれてはいりこんだのだろう。
小笠原諸島《おがさわらしょとう》
南硫黄島《みなみいおうじま》にすむ大型《おおがた》のゾウムシ。この昆虫《こんちゅう》も、どこからどうやってきたのかはなぞだ。

風《かぜ》や海《うみ》の水《みず》にはこばれて

いくらはねがあるといっても、昆虫《こんちゅう》がひろい海《うみ》をわたって小《ちい》さな島《しま》までいくのはたいへんだ。運《うん》よくついたとしても、そこで子《こ》や孫《まご》をのこし、生《い》きていけるのは、ほんとうに少《すこ》ししかいないだろう。

でも、東京《とうきょう》から1000キロもはなれた小笠原諸島《おがさわらしょとう》にも、たくさんの昆虫《こんちゅう》がすんでいる。何万年《なんまんねん》ものあいだには、そこにたどりついて新《あたら》しく生活《せいかつ》できたという奇跡《きせき》がおこったからだ。

奇跡《きせき》のひとつは風《かぜ》の力《ちから》。季節風《きせつふう》や台風《たいふう》にはこばれてしまえば、それこそひとっとび。たとえば1時《じ》間《かん》に30キロすすむ風《かぜ》にのれば、たった1日半《にちはん》で1000キロ以上《いじょう》もとんでいけることになる。

つぎに海流《かいりゅう》（海水《かいすい》のながれ）の

長《なが》い長《なが》い旅《たび》をする昆虫《こんちゅう》たち

遠《とお》い国《くに》にすんでいた昆虫《こんちゅう》たちが、風《かぜ》や海《うみ》のながれに偶然《ぐうぜん》はこばれて、日本《にほん》にやってくることがある。また、人間《にんげん》といっしょに移動《いどう》してきたものは「外来生物《がいらいせいぶつ》」とよばれる。

●リュウキュウムラサキ

台湾《たいわん》やフィリピンより南《みなみ》にすんでいるが、台風《たいふう》や「偏西風《へんせいふう》」という西風《にしかぜ》にのって日本《にほん》にやってくることがある。

●流木《りゅうぼく》のなかの幼虫《ようちゅう》

昆虫《こんちゅう》たちが、木《き》の幹《みき》やヤシの実《み》のなかにもぐりこみ、「黒潮《くろしお》」などの海《うみ》のながれにのって遠《とお》くへとはこばれる。

力《ちから》。木《き》の幹《みき》のなかにはいったままながされれば、遠《とお》いところまではこばれることもある。

ほんとうにめったにないことだけど、小笠原《おがさわら》の昆虫《こんちゅう》たちはそうして島《しま》にすみついたのかもしれない。

人間《にんげん》といっしょに

昆虫《こんちゅう》が風《かぜ》や海《うみ》の水《みず》によって遠《とお》いところにはこばれるのは、ほんとうに奇跡《きせき》だ。でも、人間《にんげん》は船《ふね》や飛《ひ》行機《こうき》にのれば、いきたいところにいける。小《ちい》さな昆虫《こんちゅう》は、人間《にんげん》が食《た》べる食料《しょくりょう》などにもぐりこんで、いっしょに旅《たび》してしまう。そうして、人間《にんげん》といっしょにたどりついたものを「外来生物《がいらいせいぶつ》」という。

人間《にんげん》のいくところにはどこでも、外来生物《がいらいせいぶつ》が見《み》つかる。そのなかでいちばん多《おお》いのが昆虫《こんちゅう》だ。

毎年《まいとし》の長《なが》い旅《たび》はなんのため？

きまった時期《じき》になると、つぎつぎと遠《とお》いところにいってしまうトンボやチョウがいる。日本《にほん》の南《みなみ》から北《きた》までとんだり、なかには海外《かいがい》まで旅《たび》するものもいる。

無数《むすう》に空《そら》をとびかう、ウスバキトンボ。

●ウラナミシジミ
このチョウも、春《はる》から秋《あき》に北《きた》をめざしてとんでいく。さむさに弱《よわ》く、東北地《とうほくち》方《ほう》などでは冬《ふゆ》をこすことができない。

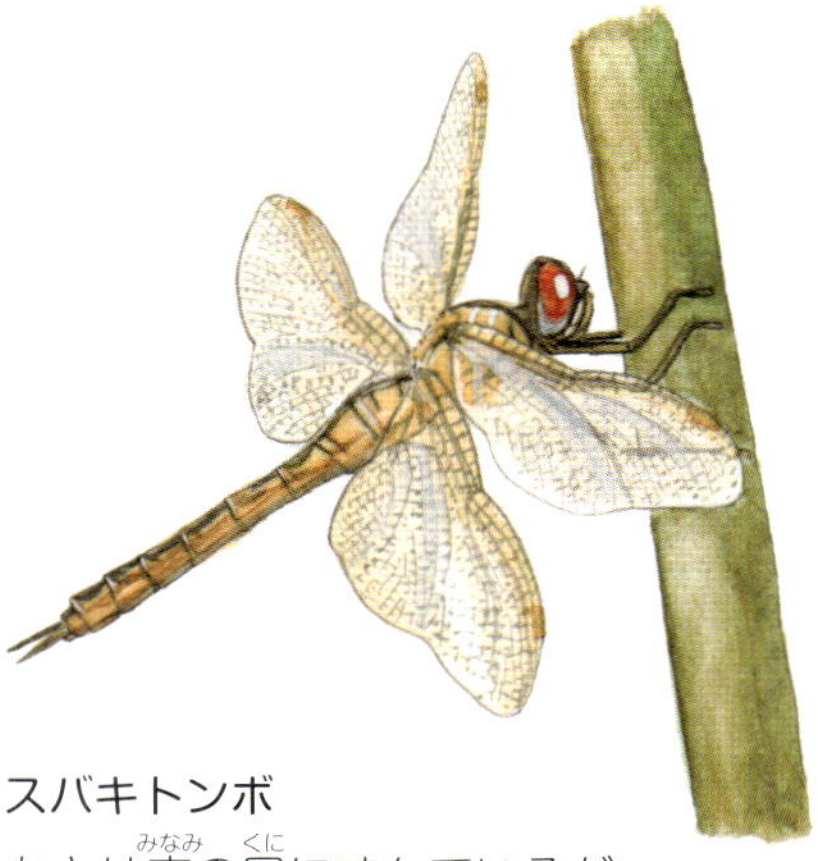
●ウスバキトンボ
もともとは南《みなみ》の国《くに》にすんでいるが、春《はる》になると北《きた》をめざして旅《たび》をする。

つぎつぎと遠《とお》くをめざす

昆虫《こんちゅう》のなかには、毎年《まいとし》きまった時期《じき》になると長《なが》い旅《たび》に出《で》るものたちがいる。まるでみんなできめたかのように、いっせいにとんでいく。

南《みなみ》の国《くに》にすむウスバキトンボは、春《はる》になると日本《にほん》の九州《きゅうしゅう》・沖縄地方《おきなわちほう》にやってきて卵《たまご》をうむ。そこでそだつ子《こ》たちは、さらに北《きた》をめざすために卵《たまご》をうむ。

こうしてだんだんと北《きた》へすすみ、お盆《ぼん》のころには東北地方《とうほくちほう》でも見《み》ることができるが、秋《あき》のおわりころまでにはさむさで全部《ぜんぶ》死《し》んでしまう。それなのに、つぎの春《はる》には、また新《あたら》しく北《きた》をめざして旅《たび》に出《で》る。

アサギマダラも、長《なが》い旅《たび》に出《で》る。春《はる》から夏《なつ》にかけては、ウスバキトンボの旅《たび》とおなじように、親《おや》から

アサギマダラ地図《ちず》

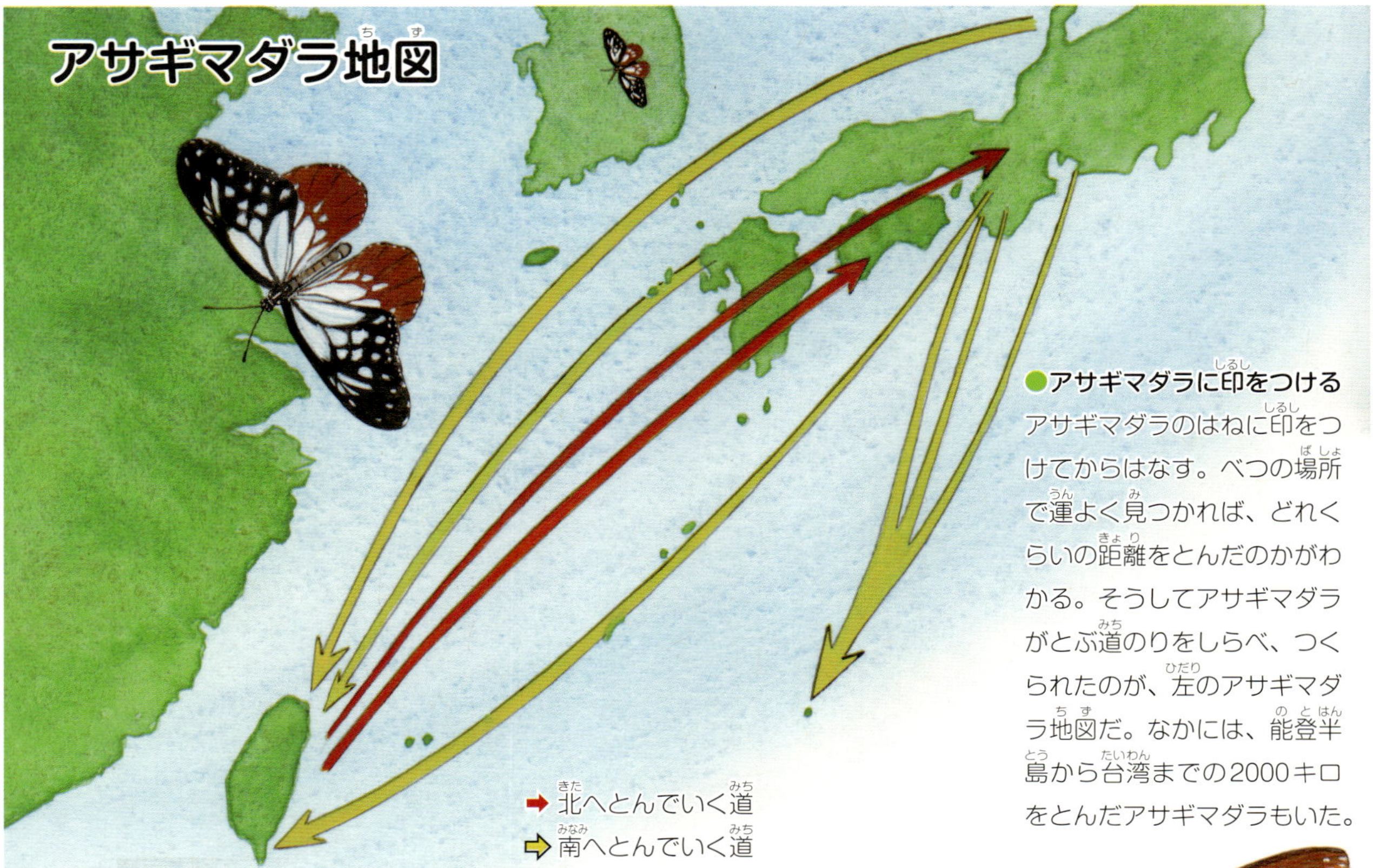

●アサギマダラに印《しるし》をつける
アサギマダラのはねに印《しるし》をつけてからはなす。べつの場所《ばしょ》で運《うん》よく見《み》つかれば、どれくらいの距離《きょり》をとんだのかがわかる。そうしてアサギマダラがとぶ道《みち》のりをしらべ、つくられたのが、左《ひだり》のアサギマダラ地図《ちず》だ。なかには、能登半《のとはん》島《とう》から台湾《たいわん》までの2000キロをとんだアサギマダラもいた。

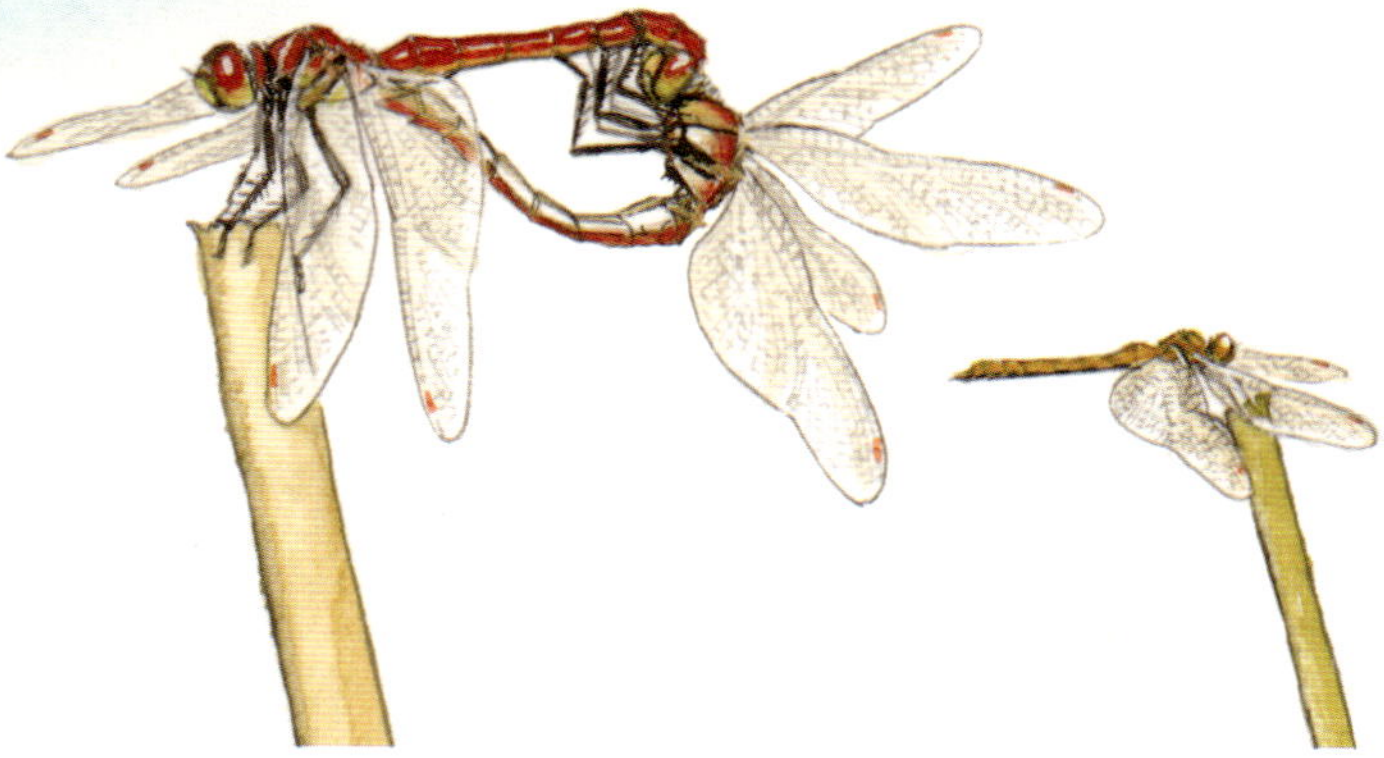

●あつさに弱《よわ》いアキアカネ
夏《なつ》に高原《こうげん》で見《み》られるアキアカネは、まだ赤《あか》く色《いろ》づいていない（右《みぎ》）。秋《あき》には赤《あか》く色《いろ》づき、田《た》んぼなどにおりてきて交尾《こうび》する（左《ひだり》）。

子《こ》、孫《まご》へとリレーしながら、南《みなみ》から北《きた》をめざしてとんでいく。そして秋《あき》になると、北《きた》にいたものたちは、南《みなみ》へ西《にし》へととんでもどってくる。その距離《きょり》は2000キロ以上《いじょう》にもなることがある。

アキアカネとノシメトンボは夏《なつ》のあつさがにがてのようだ。梅雨《つゆ》のころに田《た》んぼで成虫《せいちゅう》になり、その多《おお》くが遠《とお》くに旅《たび》に出《で》る。あつい夏《なつ》には、すずしい高原《こうげん》や山《やま》ですごし、秋《あき》になるとどこかの田《た》んぼへともどってきて、交尾《こうび》して卵《たまご》をうむ。毎年《まいとし》、この生活《せいかつ》をくりかえすのだ。

アサギマダラも、春《はる》になるとあつすぎないところをさがしながら北《きた》にむかう。秋《あき》には、さむすぎず、冬《ふゆ》でも幼虫《ようちゅう》が食《た》べるエサの植物《しょくぶつ》がかれない場所《ばしょ》をさがすために、南《みなみ》へ旅《たび》すると考《かんが》えられている。

かくれる・まねる

小《ちい》さな昆虫《こんちゅう》たちは、大《おお》きな昆虫《こんちゅう》や鳥《とり》に食《た》べられないように、自分《じぶん》の体《からだ》の色《いろ》やかたちまでかえて、敵《てき》に見《み》つからないようにしている。

わたしはどこにいるでしょう？

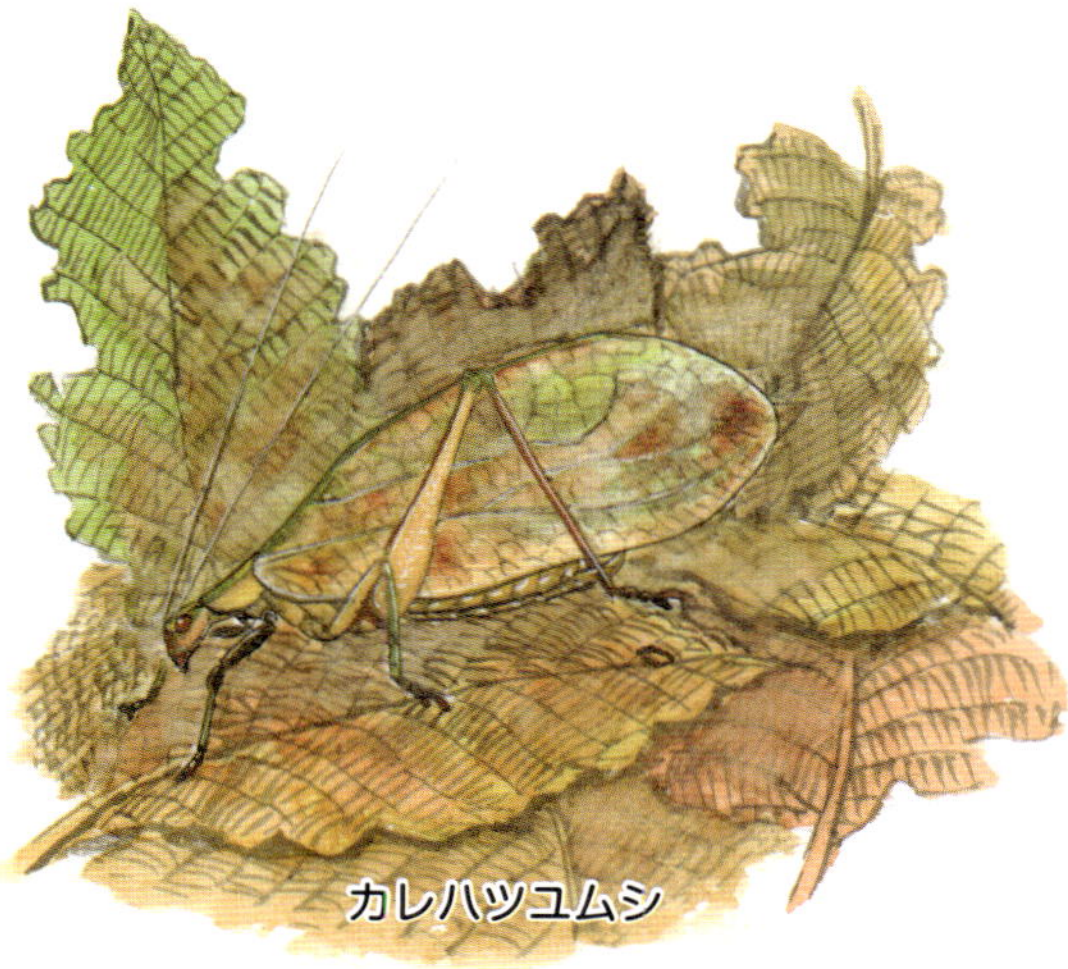
カレハツユムシ

ショウリョウバッタ

葉《は》っぱじゃないの?!
葉《は》の葉脈《ようみゃく》（すじ）までそっくりのコノハチョウ。

この葉《は》がくれの術《じゅつ》

体《からだ》が緑色《みどりいろ》のバッタは、おなじような緑色《みどりいろ》の草《くさ》の上《うえ》にいると、どこにいるかわからない。かれ葉《は》の上《うえ》にいる茶色《ちゃいろ》いバッタも見《み》つけにくい。このように、まわりの色《いろ》とおなじような体《からだ》の色《いろ》にして、敵《てき》などからかくれることを「隠蔽《いんぺい》」という。

コノハチョウのはねは、まるでかれ葉《は》のようだ。木《き》の枝《えだ》に、頭《あたま》を下《した》むきにしてとまることで、本物《ほんもの》のかれ葉《は》が枝《えだ》についているように見《み》える。これには、天敵《てんてき》の鳥《とり》さえ見《み》わけがつかないこともあるようだ。体《からだ》の色《いろ》だけではなく、かくれかたなども工夫《くふう》して、昆虫《こんちゅう》たちは敵《てき》から身《み》を守《まも》っている。

まるで忍者《にんじゃ》が身《み》をかくす「この葉《は》がくれの術《じゅつ》」のようだ。

花《はな》じゃないの？!

エサをつかまえたハナカマキリ。まるで花《はな》のようなハナカマキリに、チョウは気《き》づくことができなかったようだ。

●ハナカマキリ
あしの一部《いちぶ》が花《はな》びらのようなかたちになっている。

アリのようでアリでない…

あれ〜？　ぼくのなかまかな……。なんかちがうような気《き》がするけど〜。

●アリのまねをしたキリギリスの幼虫《ようちゅう》

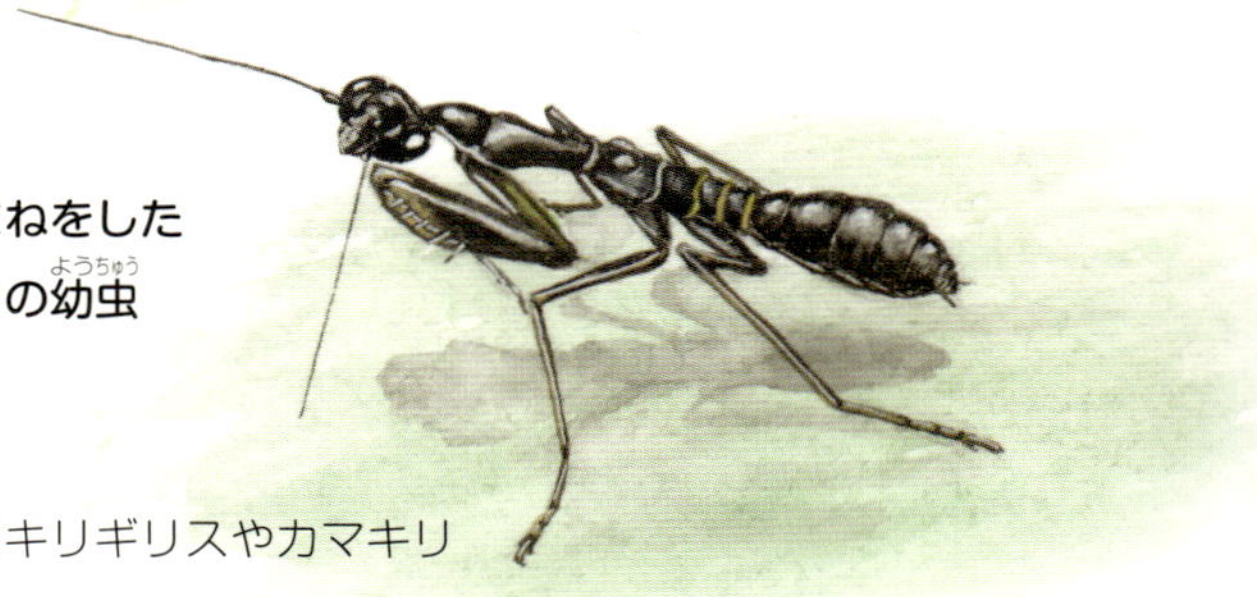

●アリのまねをしたカマキリの幼虫《ようちゅう》

成虫《せいちゅう》は、よく見《み》るキリギリスやカマキリのようになる。

どちらがほんもの?!

かくれるのがうまいのは、成虫《せいちゅう》だけではない。ガの幼虫《ようちゅう》のシャクトリムシは、木《き》の枝《えだ》をまねる。ハナカマキリの幼虫《ようちゅう》はもっとすごい。まるでランの花《はな》のようだ。花《はな》の上《うえ》でじっとしていると、天敵《てんてき》に見《み》つかりにくいだけでなく、エサになる昆虫《こんちゅう》にも気《き》づかれにくい。

それに、ハナカマキリはエサのひとつのミツバチがすきなにおいを出《だ》していることもわかった。

鳥《とり》がにがてなドクチョウにそっくりなシロチョウのなかまや、多《おお》くの昆虫《こんちゅう》が天敵《てんてき》とするアリをまねるものもいる。このように、ほかの生《い》きものをまねることを「擬《ぎ》態《たい》」という。隠蔽《いんぺい》や擬態《ぎたい》がうまくできる昆虫《こんちゅう》が、生《い》きのびてこどもをのこすことができるのだ。

死《し》んだふり

わたしは死《し》んでますよ～。ここにいませんよ～。動《うご》かないことは、敵《てき》からにげて生《い》きのびるための必殺技《ひっさつわざ》だ。

●「死《し》んだふり」をするチョウ

●マダラアシゾウムシ

地面《じめん》に落《お》ちて死《し》んだふりをするマダラアシゾウムシ。

死《し》ぬほどびっくりした?!

昆虫《こんちゅう》をつかまえようとすると、葉《は》っぱから地面《じめん》に落《お》ちて、死《し》んだように動《うご》かなくなることがある。生《い》きものが、なにかあぶないと感《かん》じたときに動《うご》かなくなることを「擬死《ぎし》（死《し》んだふり）」という。

死《し》んだふりのやりかたは、いろいろだ。ゾウムシなどの甲虫《こうちゅう》やハチのなかまなら、あしをギュッと体《からだ》のほうにおりまげてかたくなる。アリモドキゾウムシ、ナナフシ、カマキリなどは、あしや触角《しょっかく》をピンとのばして動《うご》かない。コオロギ、セミのようにそのままかたまって動《うご》かなくなるものもいる。

おもしろいのは、アズキゾウムシという甲虫《こうちゅう》だ。とぶのが上手《じょうず》なアズキゾウムシは死《し》んだふりをしにくく、下手《へた》なものは死《し》んだふり

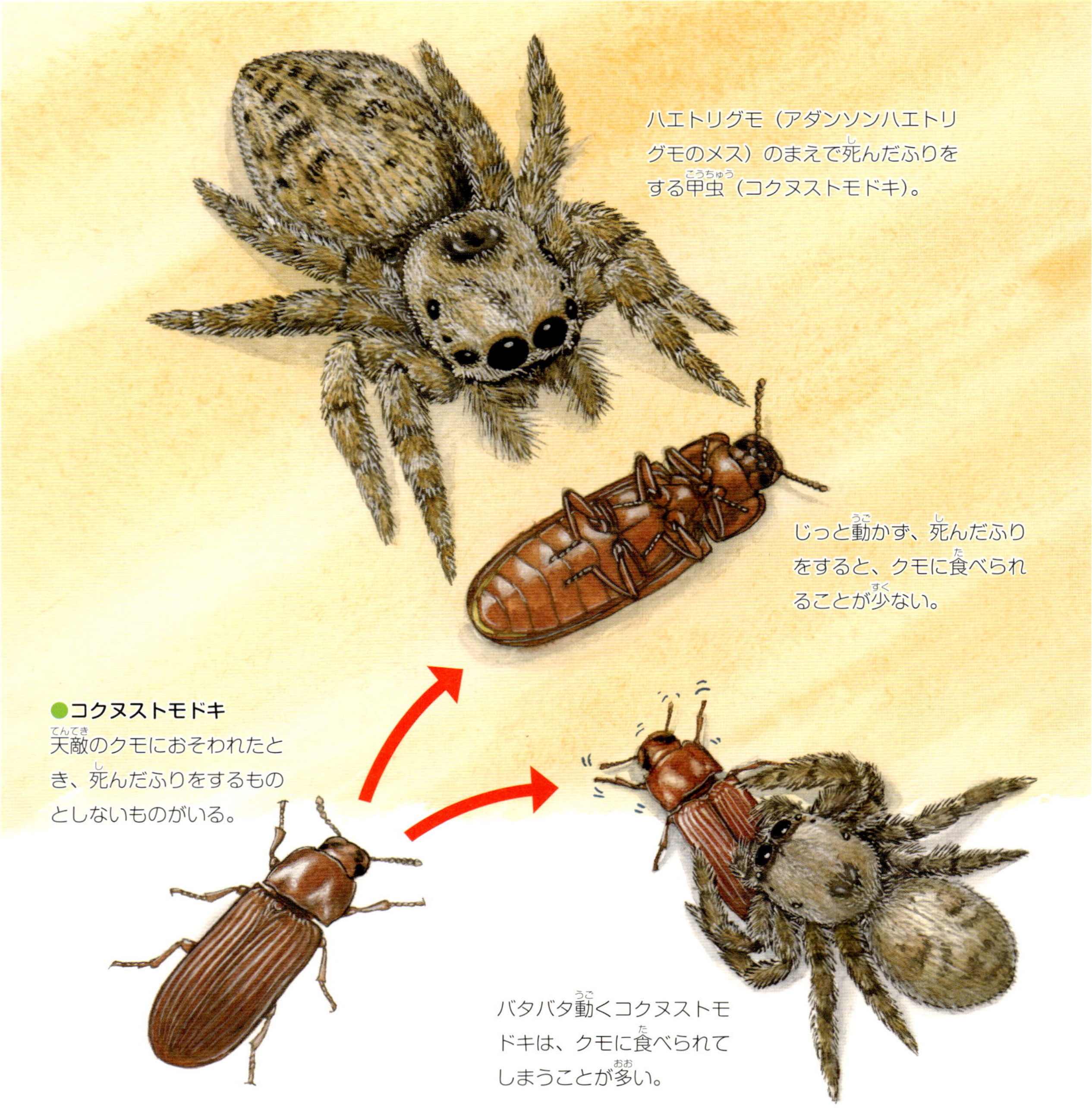
ハエトリグモ（アダンソンハエトリグモのメス）のまえで死《し》んだふりをする甲虫《こうちゅう》（コクヌストモドキ）。
じっと動《うご》かず、死《し》んだふりをすると、クモに食《た》べられることが少《すく》ない。
●コクヌストモドキ
天敵《てんてき》のクモにおそわれたとき、死《し》んだふりをするものとしないものがいる。
バタバタ動《うご》くコクヌストモドキは、クモに食《た》べられてしまうことが多《おお》い。

をしやすい。うまくとんでにげられないぶん、死《し》んだふりがうまくなったということかもしれない。

死《し》にものぐるいで生《い》きる

死《し》んだふりが、生《い》きのこるために役《やく》にたっていることは、コクヌストモドキという甲虫《こうちゅう》とその天敵《てんてき》のハエトリグモを観察《かんさつ》してみればわかる。

　コクヌストモドキは、ハエトリグモにおそわれたときに動《うご》かなくなるものと、おそわれても動《うご》くものがいる。しらべてみると、動《うご》かなくなるもののほうが、動《うご》くものよりクモに食《た》べられてしまうことが少《すく》なかった。

　死《し》んだふりは、自分《じぶん》が動《うご》かないことで、敵《てき》の目《め》をほかの動《うご》くものにむける作戦《さくせん》だ。生《い》きのびるための必殺技《ひっさつわざ》といえる。

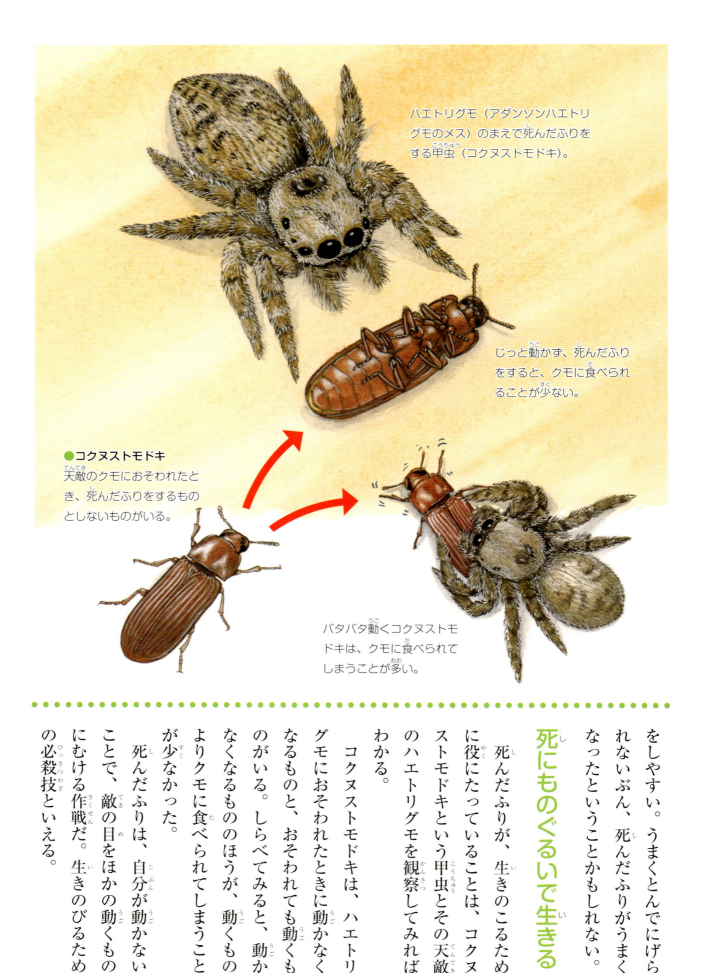

力《ちから》をあわせて敵《てき》をやっつける

ニホンミツバチから見《み》ると、オオスズメバチは4倍《ばい》も大《おお》きい巨大《きょだい》な敵《てき》。この敵《てき》がやってくると巣《す》にさそいこみ、みんなでつつみこんで、熱《ねつ》でむしころしてしまう。

1 樹《き》の洞《ほら》に巣《す》をつくるニホンミツバチのところにとんできた、オオスズメバチの偵察《ていさつ》バチ。

敵《てき》のにおいをキャッチ！なかまに知《し》らせる

秋《あき》になると、オオスズメバチは集団《しゅうだん》でニホンミツバチの巣《す》をおそう。エサになる幼虫《ようちゅう》やさなぎをうばうためだ。

まずえものの巣《す》のようすを見《み》にいくのは、オオスズメバチの偵察《ていさつ》バチ。偵察《ていさつ》バチがやってくると、ニホンミツバチの門番《もんばん》は、その特《とく》別《べつ》な体《からだ》のにおいを感《かん》じとって巣《す》のなかにいるなかまのはたらきバチに知《し》らせる。知《し》らせをうけたなかまは、偵察《ていさつ》バチを巣《す》のなかにさそいこみ、まちぶせする。300〜500匹《ぴき》のハチが敵《てき》をとりかこんでなかにとじこめ、蜂球《ほうきゅう》（ボールのようなかたまり）になる。

このとき、敵《てき》をやっつけるのに、おしりの針《はり》はつかわない。むしぶ

2オオスズメバチの偵察《ていさつ》バチがやってくると、巣《す》のなかにさそいこむ。
3たくさんのはたらきバチがとりかこむ。
4体《からだ》をよせあってボールのようなかたまり（蜂球《ほうきゅう》）になり、胸《むね》の筋肉《きんにく》をふるわせて熱《ねつ》を出《だ》す。
5スズメバチが熱《ねつ》で死《し》んでしまうと蜂球《ほうきゅう》は解散《かいさん》する。

ろのようなボールのなかでスズメバチをむしころしてしまうのだ。

48度《ど》の協力《きょうりょく》作《さ》業《ぎょう》

集《あつ》まってボールのようになるはたらきバチはみんなメスで、おなじ女王《じょおう》バチから生《う》まれた姉妹《しまい》だ。

おしくらまんじゅうのように体《からだ》をかたくよせあい、胸《むね》の筋肉《きんにく》をふるわせて熱《ねつ》を出《だ》す。このとき、ボールのなかの温度《おんど》は最高《さいこう》で48度《ど》にもなる。スズメバチは45度《ど》で死《し》ぬが、ミツバチは50度《ど》までたえられる。48度《ど》は、スズメバチが死《し》んでミツバチは死《し》なない温度《おんど》だ。

メスのはたらきバチは、長《なが》い時《じ》間《かん》をかけて進化《しんか》しながら、たくさん集《あつ》まることでスズメバチという大《おお》きな敵《てき》をやっつける方法《ほうほう》を身《み》につけた。これは、ニホンミツバチがもっているみごとな戦術《せんじゅつ》だ。

天敵《てんてき》のアリをよせつけない、アシナガバチの知恵《ちえ》

大《おお》きな巣《す》をつくり、さされるといたいアシナガバチにも、天敵《てんてき》がいる。卵《たまご》や幼虫《ようちゅう》をねらってくるアリだ。お母《かあ》さんバチは、いろんな知恵《ちえ》をつかってこどもたちを守《まも》る。

なにがなんでもこどもたちを守《まも》ってみせる！ 近《ちか》づいたらしょうちしないわよ!!
ぼくたちだって生《い》きるのに必死《ひっし》なんだ！ おいしいハチの子《こ》をぜったい食《た》べたい！ 食《た》べたい！

軒下《のきした》のすみにつくられた、アシナガバチの巣《す》。

落《お》ちたアシナガバチの巣《す》と、なかの卵《たまご》や幼虫《ようちゅう》を食《た》べるアリ。

天敵《てんてき》のアリたち

アシナガバチの女王《じょおう》バチ

たくさんある お母《かあ》さんバチのしごと

家《いえ》の屋根《やね》の軒下《のきした》に、大《おお》きなアシナガバチの巣《す》を発見《はっけん》！ 巣《す》は、夏《なつ》から秋《あき》にかけてどんどん大《おお》きくなる。ときには、巣《す》にいるアシナガバチが自分《じぶん》の身《み》を守《まも》るために、人《ひと》をさしてくることもある。

この大《おお》きな巣《す》は、春《はる》から1匹《ぴき》の女王《じょおう》バチによってつくられていく。はたらきバチが生《う》まれるまでは、巣《す》づくり、エサあつめなど、すべてを自分《じぶん》だけでやらなくてはならない。

卵《たまご》をうんだらそれでおわりというわけではない。じつは、つぎにもっとたいへんなことがまっているのだ。それは、大勢《おおぜい》で巣《す》をおそってくる天敵《てんてき》のアリからこどもたちを守《まも》ること。

こどもたちを守《まも》るためのいろいろな知恵《ちえ》

キアシナガバチの巣《す》をささえる柱《はしら》（矢印《やじるし》）。とても細《ほそ》くて、アリに見《み》つけられにくい。

巣《す》の柱《はしら》の部分《ぶぶん》を触角《しょっかく》ではさみこんでいるアシナガバチ。触角《しょっかく》にふれたものをやっつける。

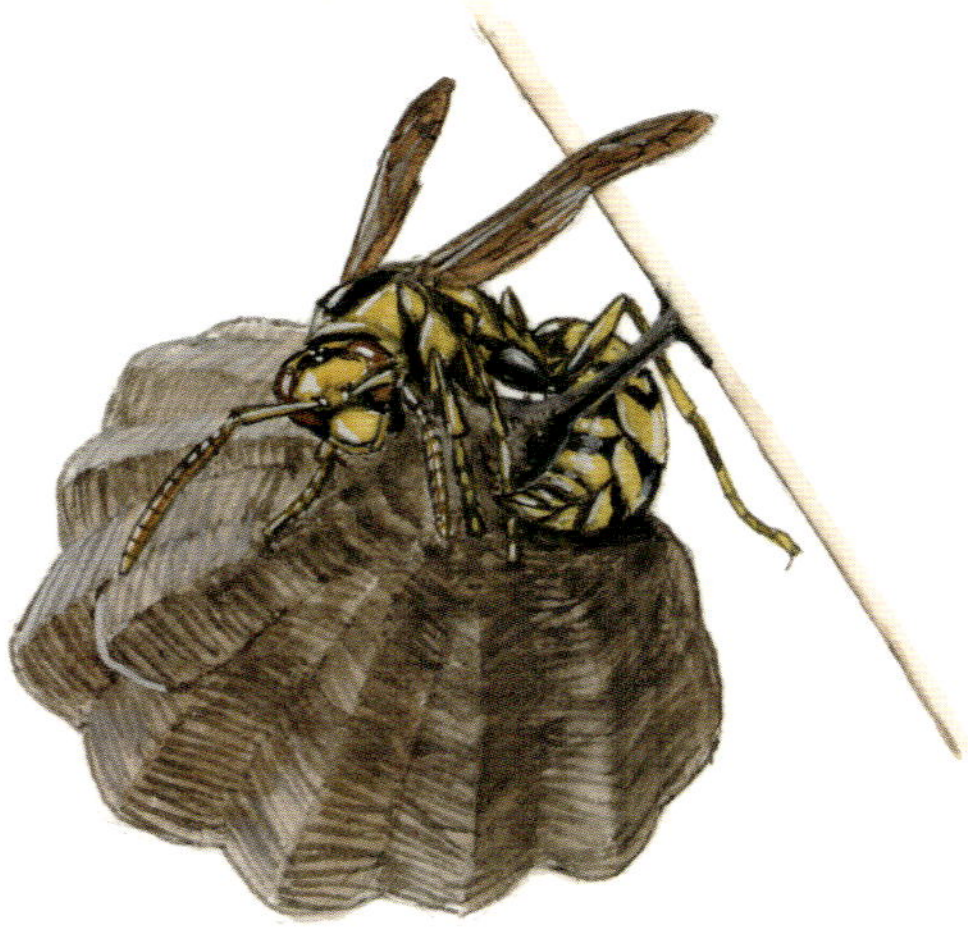

外《そと》に出《で》るまえに、おしりを巣《す》の柱《はしら》にこすりつける。アリのきらいなにおいがついて、アリがよってこない。

くやしいが、かんぺきな守《まも》りだな！ これじゃあ巣《す》にはちっとも近《ちか》づけないぜ……
ムリムリ〜

天敵《てんてき》のアリたち

こどもを守《まも》るお母《かあ》さんバチの知恵《ちえ》

では、アシナガバチの女王《じょおう》バチ（お母《かあ》さんバチ）は、どうやってアリから巣《す》を守《まも》るのだろう？

まず、天井《てんじょう》からぶらさがる巣《す》の柱《はしら》は、アリが見《み》つけにくいくらい細《ほそ》くつくる。巣《す》は重《おも》たいけれど、柱《はしら》はとてもじょうぶだ。

夜《よる》には、女王《じょおう》バチはその柱《はしら》を2本《ほん》の触角《しょっかく》ではさんで休《やす》む。もしもアリが柱《はしら》をわたろうとしたら、触《しょっ》角《かく》で気《き》づいてすぐにやっつけることができる。

女王《じょおう》バチが外《そと》に出《で》るときには、出《で》かけるまえにおしりを柱《はしら》にすりつける。このとき、柱《はしら》にはアリがきらいなにおいがつけられる。

アシナガバチの女王《じょおう》バチは、こどもを守《まも》るのに必死《ひっし》だ。

葉《は》や幹《みき》のなかにすむ昆虫《こんちゅう》（潜葉性《せんようせい》、潜孔性《せんこうせい》）

植物《しょくぶつ》を食《た》べる昆虫《こんちゅう》にとって、外《そと》の世界《せかい》は敵《てき》がいっぱいだ。でも、エサの植物《しょくぶつ》のなかにもぐりこむと、敵《てき》からも守《まも》られるし、それがエサのいっぱいつまった家《いえ》になる。

“絵《え》かき虫《むし》”による「なぞの絵《え》」

●絵《え》のかきかた

ミカンの葉《は》にもぐりこんでいるミカンハモグリガ（上《うえ》）が葉《は》のなかを食《た》べすすんでいくと、そのあとが「絵《え》」になる。

ミカンハモグリガの成虫《せいちゅう》

葉《は》っぱにえがかれたなぞの絵《え》

葉《は》っぱに、ぐるぐるぐにゃぐにゃもようの線《せん》があるのを見《み》たことがあるだろうか？　まるで、ナスカの「地上絵《ちじょうえ》」のようにふしぎなもようだ。それは〝絵《え》かき虫《むし》〟とよばれる虫《むし》たちの作品《さくひん》かもしれない。もしそうなら、よく観察《かんさつ》してみよう。絵《え》かき虫《むし》が葉《は》っぱの表《おもて》のかたくて透明《とうめい》な細胞《さいぼう》の下《した》にもぐって、そこにある緑色《みどりいろ》の葉肉《ようにく》を食《た》べたことがわかる。

この線《せん》は〝絵《え》かき虫《むし》〟が食《た》べてできたトンネルだ。だから、その線《せん》をたどると、最後《さいご》には〝絵《え》かき虫《むし》〟を見《み》つけることができる。その正体《しょうたい》は、小《ちい》さなハエやガの幼虫《ようちゅう》が多《おお》い。幼虫《ようちゅう》は、成虫《せいちゅう》になるとそこからとびだしていく。

木《き》のなかにすむ昆虫《こんちゅう》たち

木《き》の幹《みき》を食《た》べるゴマダラカミキリの幼虫《ようちゅう》。

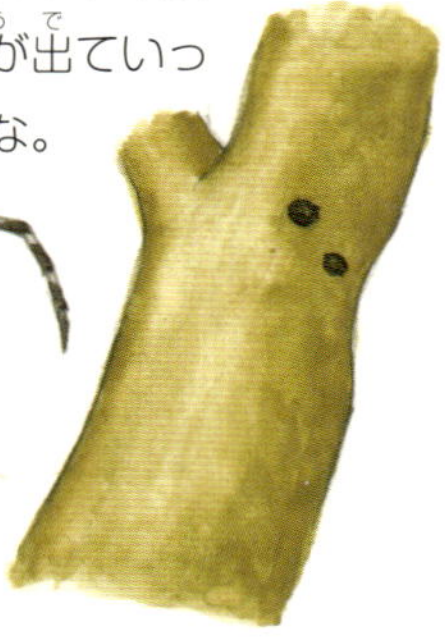

ゴマダラカミキリの成《せい》虫《ちゅう》と、成虫《せいちゅう》が出《で》ていったあとのあな。

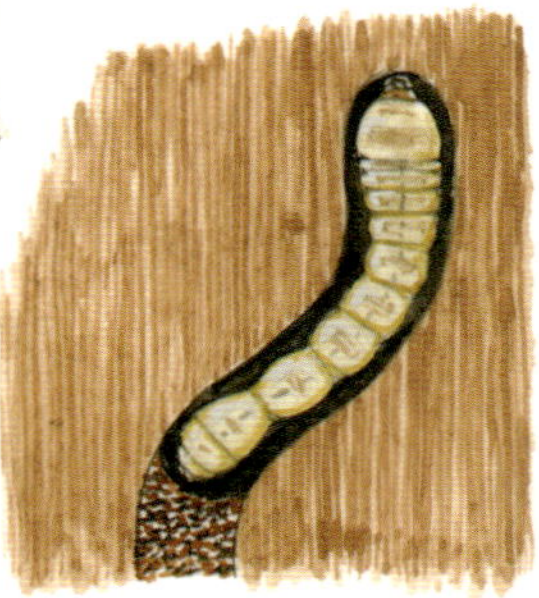

ヤマトタマムシの成虫《せいちゅう》

ケヤキの幹《みき》から脱出《だっしゅつ》するヤマトタマムシ。

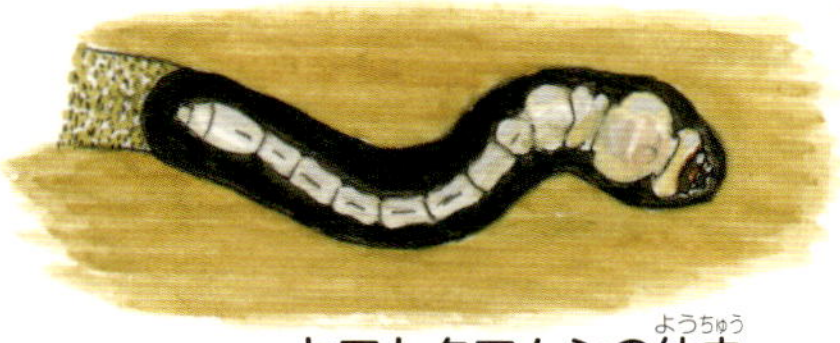

ヤマトタマムシの幼虫《ようちゅう》

甲虫《こうちゅう》だけでなく、ガにも木《き》を食《た》べてそだつものがいる。

コスカシバの成虫《せいちゅう》

サクラの幹《みき》から体《からだ》を出《だ》したコスカシバのさなぎ。

コスカシバの幼虫《ようちゅう》

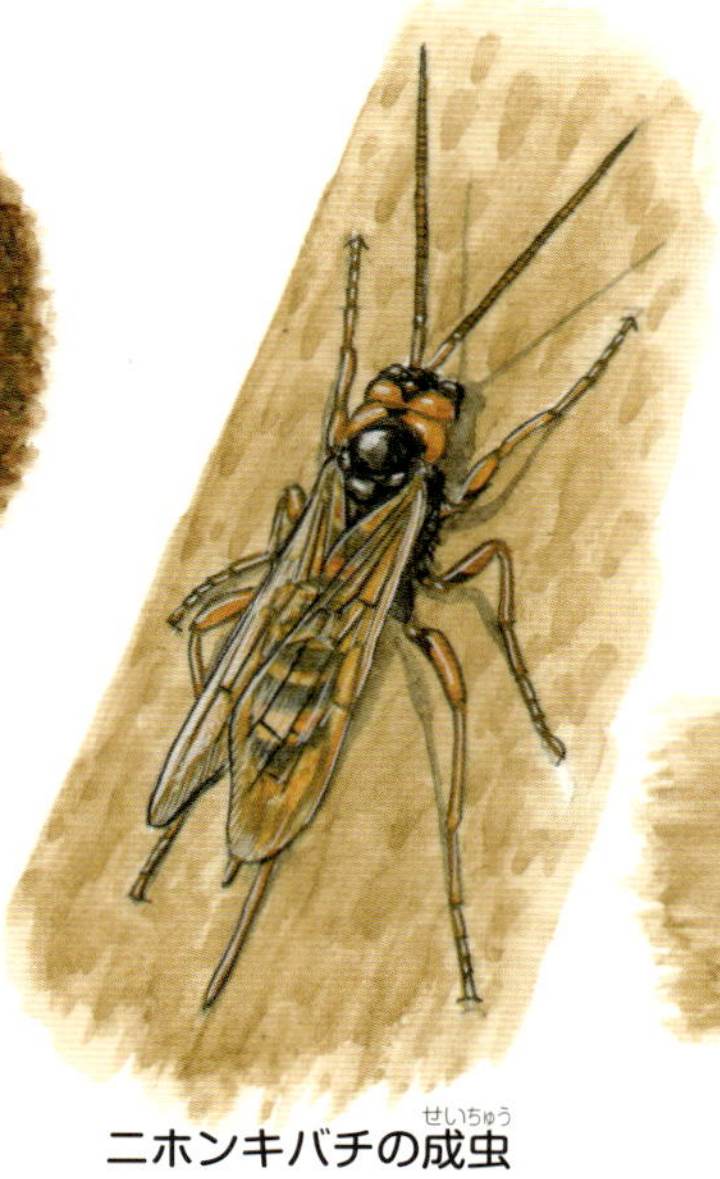

ニホンキバチの成虫《せいちゅう》

ニホンキバチが卵《たまご》といっしょにうみこむ菌《きん》は、星型《ほしがた》に木《き》を変色《へんしょく》させる。

変色《へんしょく》した木《き》を食《た》べるニホンキバチの幼虫《ようちゅう》。

木《き》の幹《みき》は虫《むし》のお城《しろ》？

かたい木《き》の幹《みき》をエサにしている昆虫《こんちゅう》もいる。木《き》の皮《かわ》を見《み》てみよう。小《ちい》さなあながあいていれば、それはなかにいた幼虫《ようちゅう》が成虫《せいちゅう》になって出《で》てきたあとかもしれない。

キクイムシやカミキリムシなどは、木《き》の幹《みき》を食《た》べる。人間《にんげん》にとっては、害虫《がいちゅう》だ。でも、木《き》のなかでくらす虫《むし》は、じつはとても多《おお》い。たとえば、夏《なつ》に桜《さくら》の幹《みき》から茶色《ちゃいろ》いさなぎがピュッとつきだしてくる。この成虫《せいちゅう》は、コスカシバというハチそっくりのガだ。木《き》を食《た》べるからキバチという名《な》まえのハチもいる。

そんな虫《むし》たちが出《で》ていったあとのあなは、アリなどの小《ちい》さな昆虫《こんちゅう》にとって安全《あんぜん》で快適《かいてき》な、お城《しろ》のようなすみかとなる。

寄生《きせい》する昆虫《こんちゅう》　ほかの生《い》きものの体《からだ》のなかでくらすしくみ

ほかの生《い》きものの体《からだ》のなかにはいりこんで生《い》きている「寄生《きせい》する虫《むし》」。どうやってはいるの？　息《いき》はできるの？　寄生《きせい》する虫《むし》の、ちょっとこわくてびっくりする生《い》きかたを見《み》よう。

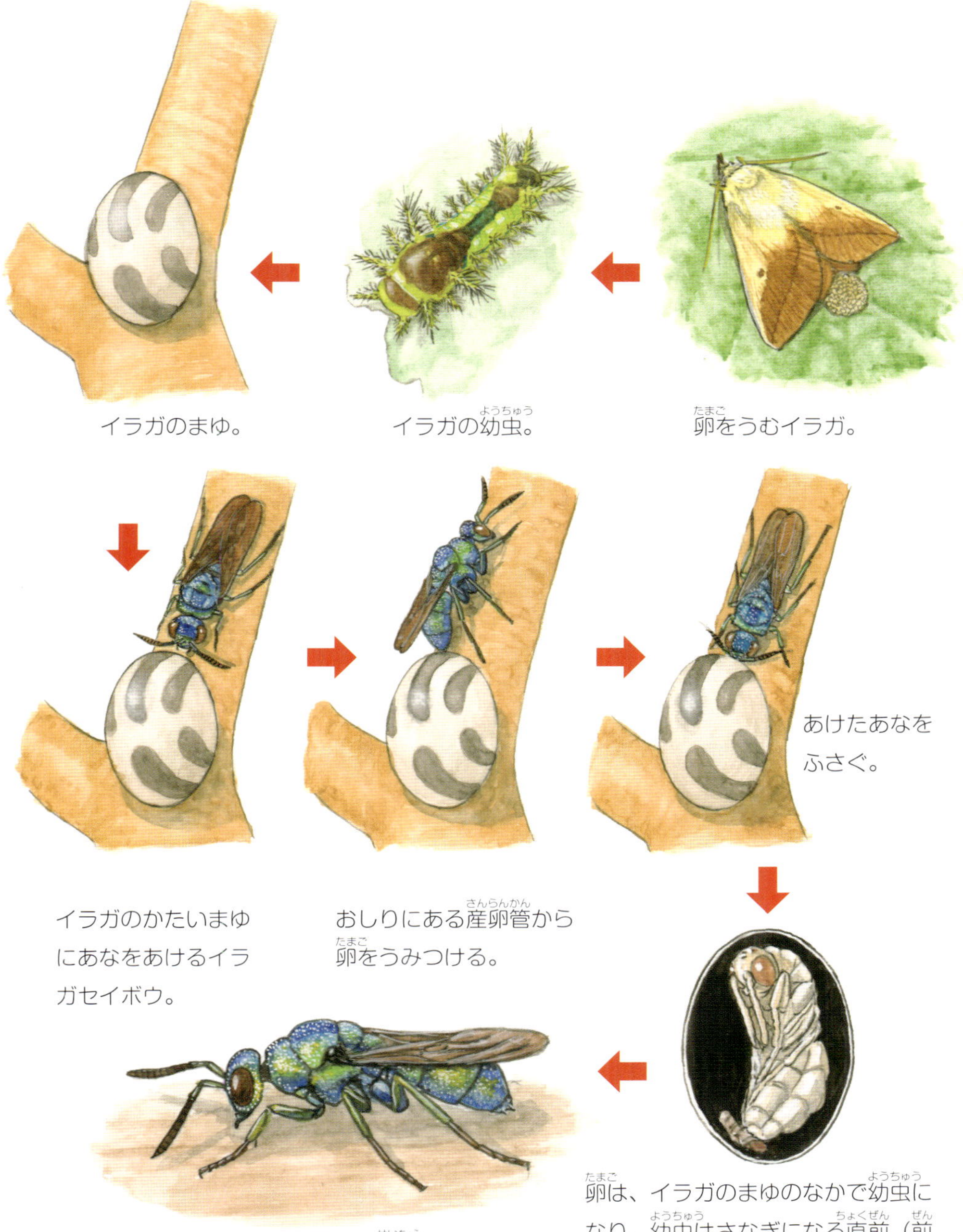

卵《たまご》をうむイラガ。

イラガの幼虫《ようちゅう》。

イラガのまゆ。

イラガのかたいまゆにあなをあけるイラガセイボウ。

おしりにある産卵管《さんらんかん》から卵《たまご》をうみつける。

あけたあなをふさぐ。

卵《たまご》は、イラガのまゆのなかで幼虫《ようちゅう》になり、幼虫《ようちゅう》はさなぎになる直前《ちょくぜん》（前《ぜん》蛹《よう》）のイラガを食《た》べて大《おお》きくなる。

イラガセイボウの成虫《せいちゅう》

虫《むし》が虫《むし》をねらっている

チョウの幼虫《ようちゅう》をかっていたはずなのに、気《き》がついたら虫《むし》カゴのなかにいるのはハチやハエで、がっかりしたという経験《けいけん》があるかもしれない。このハチやハエは「寄生《きせい》する虫《むし》」で、チョウの幼虫《ようちゅう》の体《からだ》に卵《たまご》をうみつけて、かえった幼虫《ようちゅう》がチョウの幼虫《ようちゅう》の体《からだ》をエサとして食《た》べてしまったのだ。

長《なが》い産卵管《さんらんかん》で、遠《とお》くからほかの虫《むし》に卵《たまご》を注射《ちゅうしゃ》するハチや、葉《は》っぱにうみつけた卵《たまご》を葉《は》っぱごと幼虫《ようちゅう》に食《た》べさせて、おなかのなかを食《く》いあらすハエがいる。カマキリの卵《たまご》や、カチカチにかたいイラガのまゆも、それだけをねらう虫《むし》がいる。

寄生《きせい》する虫《むし》たちは、いつもほかの虫《むし》をねらっている。

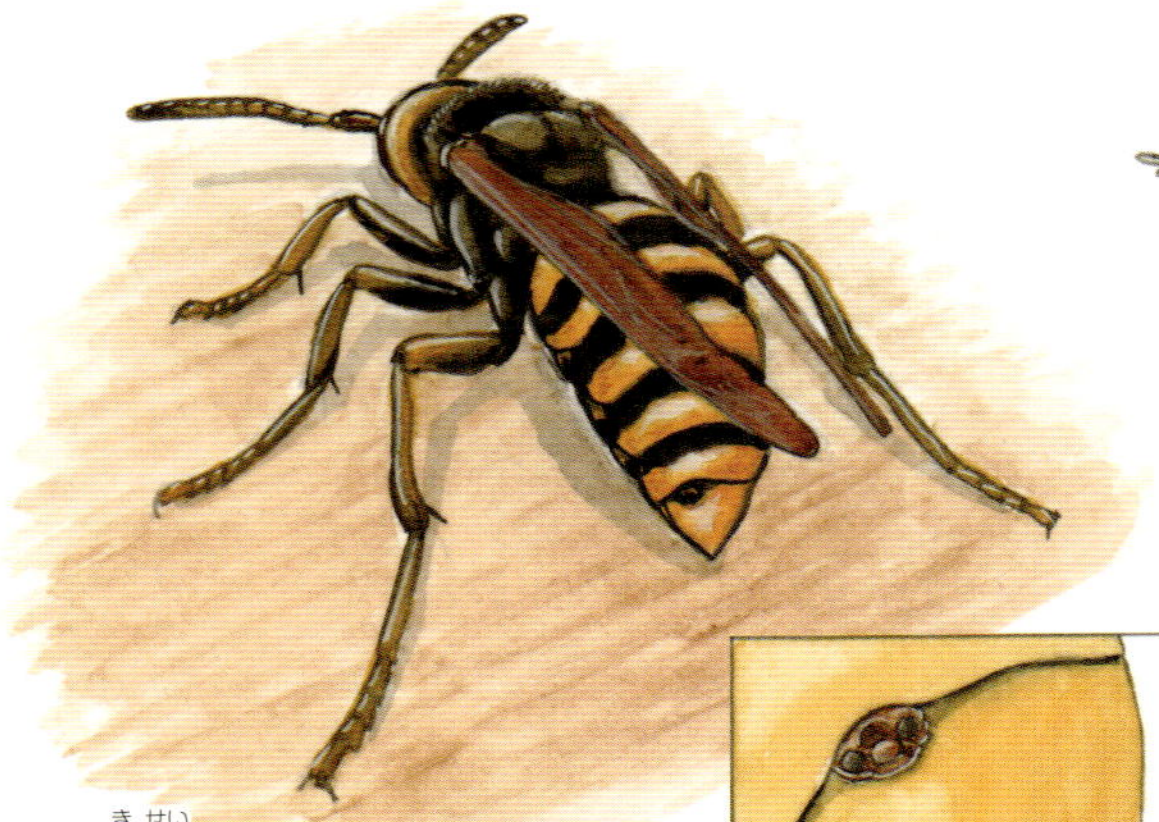

寄生《きせい》したスズメバチのおなかからのぞくネジレバネのメス。

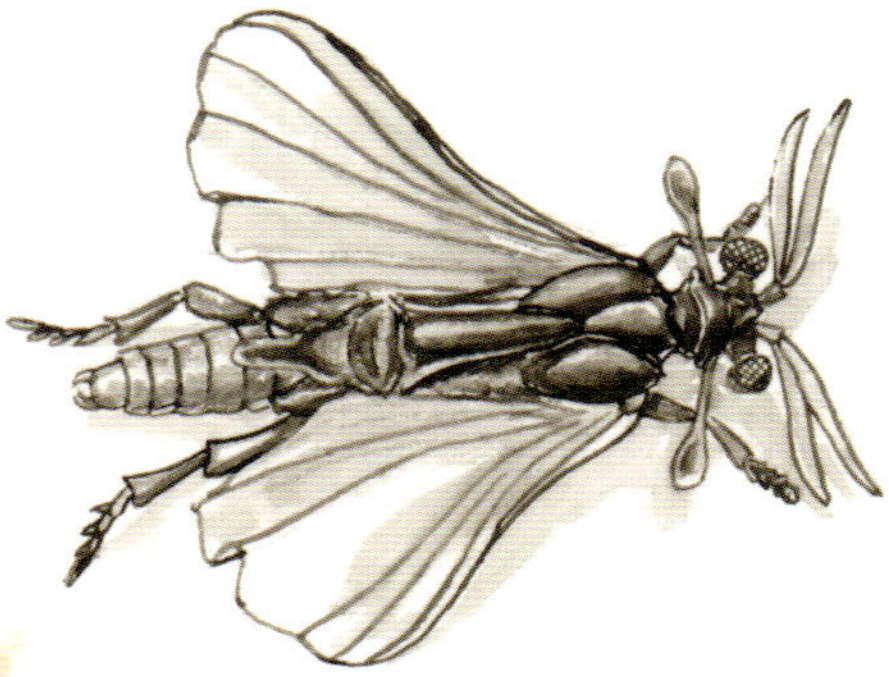

ネジレバネ（オス）

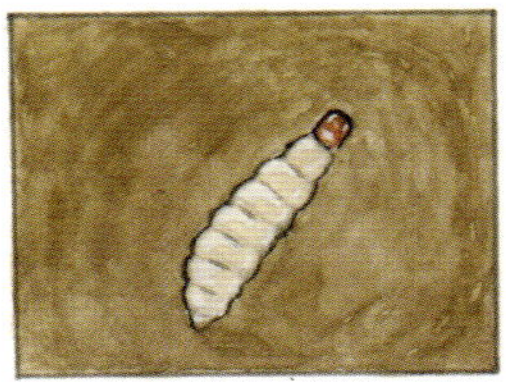

ネジレバネ（メス）

●スズメバチのおなかのなかでくらすスズメバチネジレバネ

スズメバチやキリギリスのおなかのなかでくらすネジレバネのメスは、おとなになってもウジのようなすがたで、寄生《きせい》した虫《むし》の体《からだ》からおしりだけを出《だ》している。はねをもったオスは、必死《ひっし》にメスをさがす。

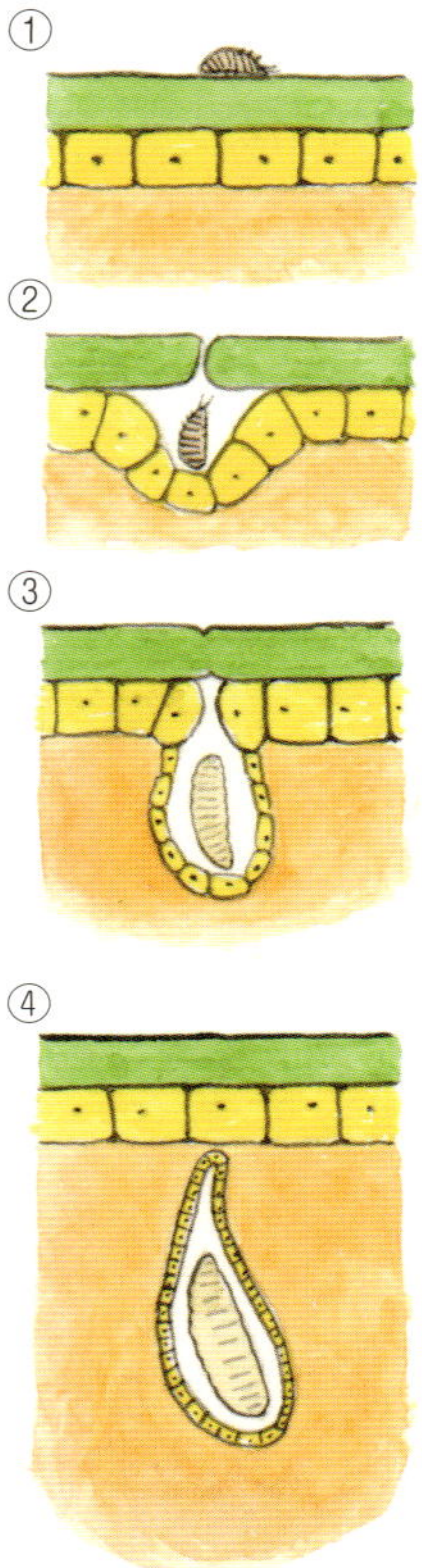

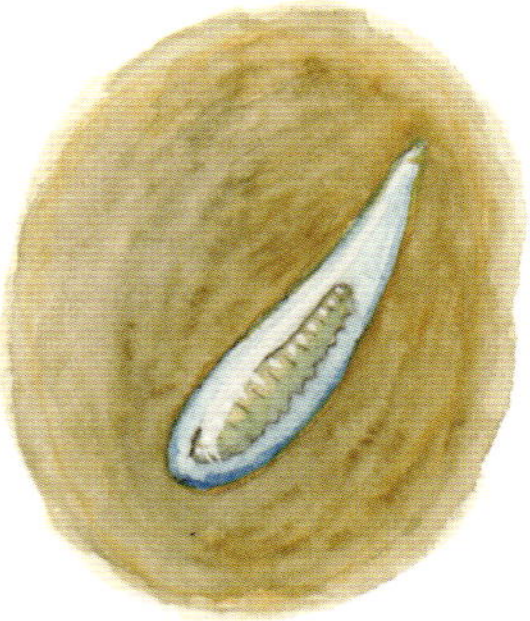

●マントにくるまったネジレバネの幼虫《ようちゅう》

キリギリスのおなかの一部《いちぶ》を顕微鏡《けんびきょう》でのぞいてみると、ネジレバネの幼虫《ようちゅう》がうすいまくのようなものにつつまれているのが見《み》える（上《うえ》）。ネジレバネの幼虫《ようちゅう》は、キリギリスの体《からだ》にはいるときに（①）、キリギリスの体《からだ》の一部《いちぶ》をまくにして自分《じぶん》の体《からだ》をつつんでしまう（②～④）。自分《じぶん》では寄生《きせい》されていると気《き》づかないキリギリスの栄養《えいよう》をすいとって、ネジレバネは大《おお》きくなる。

ほかの生《い》きもののなかでのくらしかた

ほかの生《い》きものの体《からだ》のなかでくらしていくのは、かんたんではない。たとえばノコギリハリバエという寄生《きせい》するハエは、ガの幼虫《ようちゅう》のおなかのなかに寄生《きせい》するが、どうやって息《いき》をするかが問題《もんだい》だ。そこでノコギリハリバエは、ガの幼虫《ようちゅう》が息《いき》をするためのホース（気管《きかん》）を、勝手《かって》に自分《じぶん》たちの体《からだ》にも空気《くうき》が出《で》たりはいったりするようにひっぱってきて、息《いき》をする。

もっとうまくしのびこむのは、ネジレバネという虫《むし》だ。この幼虫《ようちゅう》は、ほかの昆虫《こんちゅう》の体《からだ》にはいってもまったく気《き》づかれないように、その昆虫《こんちゅう》の体《からだ》の一部《いちぶ》でつくったマントにくるまってしまう。まるで忍《にん》者《じゃ》のような生《い》きものだ。

共生《きょうせい》する昆虫《こんちゅう》（シジミチョウとアリなど）・アリの巣《す》の居候《いそうろう》たち

ちがう種類《しゅるい》の昆虫《こんちゅう》どうしがなかよくしているところって、見《み》たことあるかな？　アリは巣《す》のなかでいろいろな昆虫《こんちゅう》たちとすんでいる。なかにはこまった昆虫《こんちゅう》もいるみたいだけど……。

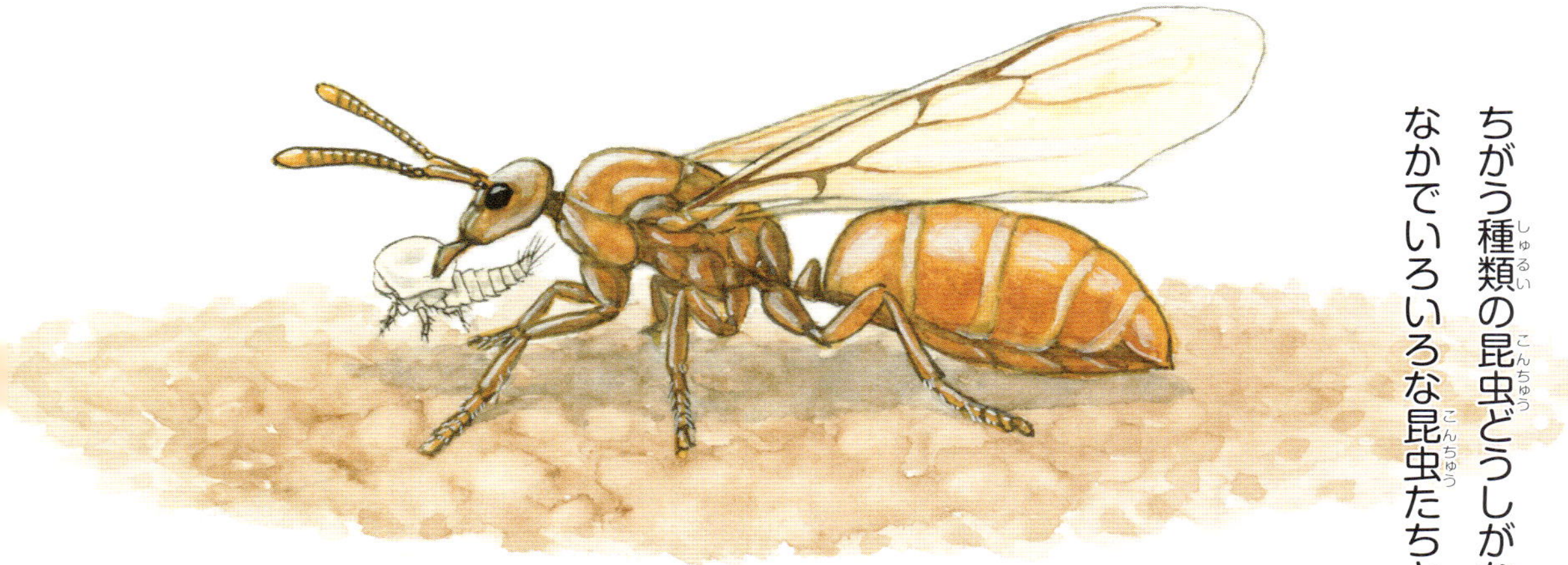

アリノタカラを口《くち》ではこぶ、ミツバアリの女王《じょおう》。

ムラサキツバメ（シジミチョウの一種《いっしゅ》）。

背中《せなか》から甘《あま》いみつを出《だ》すムラサキツバメの幼虫《ようちゅう》と、みつをのみにきたアリ。

アリとなかよしの虫《むし》たち

いつも地面《じめん》を歩《ある》きまわってエサをさがす、はたらき者《もの》のアリ。そんなアリに守《まも》られて生《い》きているのが、シジミチョウという小《ちい》さなチョウのなかまだ。シジミチョウの幼虫《ようちゅう》が背中《せなか》から出《だ》す甘《あま》いみつをアリにあげると、幼虫《ようちゅう》が敵《てき》に食《た》べられないようにアリが守《まも》ってくれる。

アリのなかよしには、アリノタカラとよばれるカイガラムシもいる。アリノタカラもみつを出《だ》し、ミツバアリがそれをずっとなめつづけて生《い》きる。

ミツバアリの新《あたら》しい女王《じょおう》が結婚《けっこん》するために巣《す》からとびだすときには、口《くち》にアリノタカラをくわえてはこぶ。ミツバアリとアリノタカラはちがう種類《しゅるい》の昆虫《こんちゅう》だが、一生《いっしょう》なかよしだ。

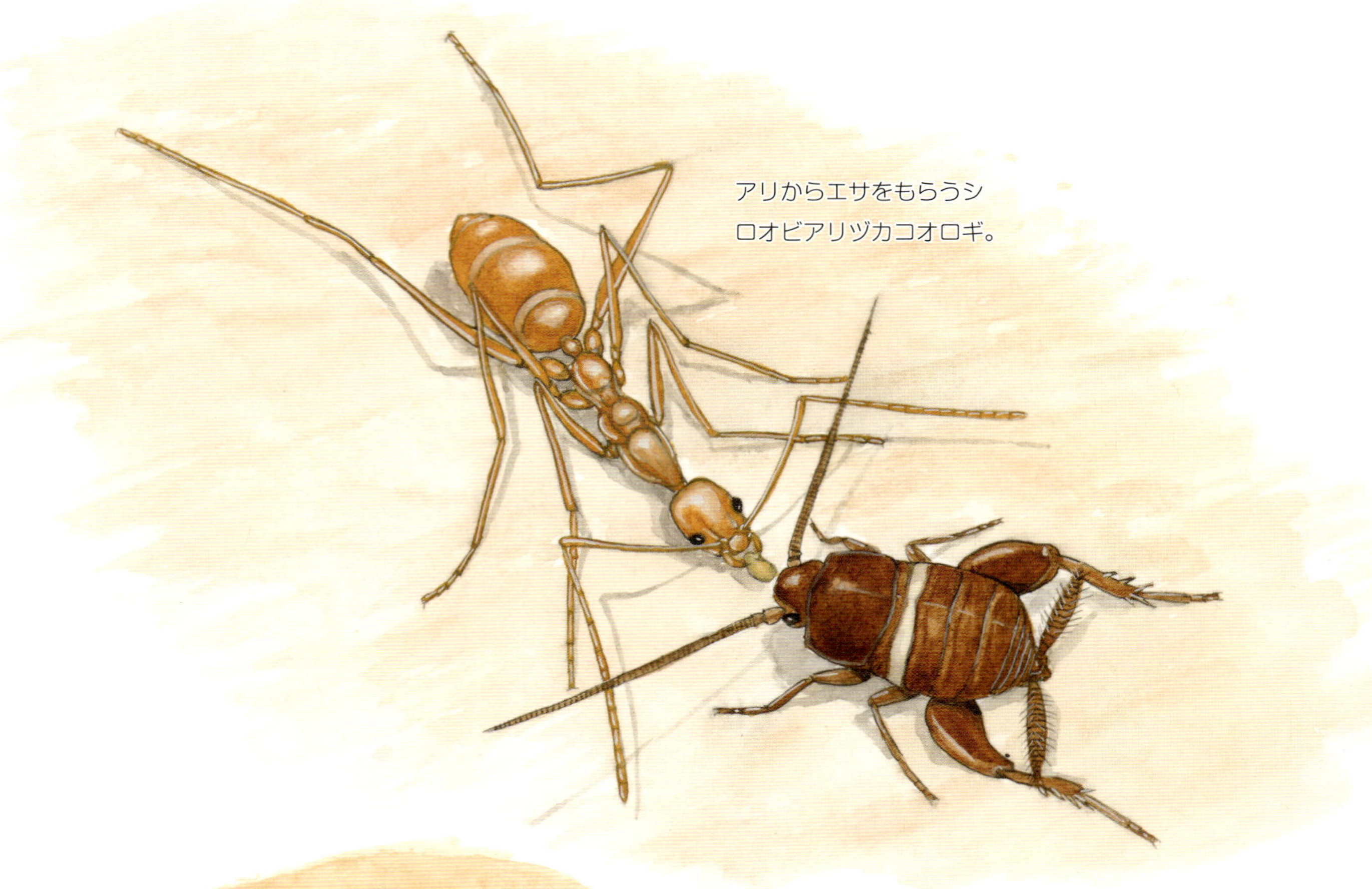

アリからエサをもらうシロオビアリヅカコオロギ。

アリの巣《す》にもぐりこんでくらすゴマシジミの幼虫《ようちゅう》。

ほんとうはなかよしじゃない昆虫《こんちゅう》もいる

守《まも》ってくれるアリがたくさんいるうえに、エサもはこんできてくれる……。そんなアリの巣《す》にはいりこんでくらす昆虫《こんちゅう》がいる。昆虫《こんちゅう》たちは、アリのにおいを体《からだ》につけたり、にたにおいを出《だ》したりして巣《す》あなにもぐりこむ。目《め》がわるく、においでなかまを見《み》わけるアリたちは、おなじにおいがするその昆《こん》虫《ちゅう》をなかまだと思《おも》ってしまう。

においをつけたシロオビアリヅカコオロギは、アシナガキアリから口《くち》うつしでなかよくエサをもらっているし、ゴマシジミの幼虫《ようちゅう》は、ハラクシケアリの巣《す》にすみついて、アリの幼虫《ようちゅう》のにおいを体《からだ》から出《だ》しながら幼虫《ようちゅう》も食《た》べてしまう。アリにはとてもめいわくな昆虫《こんちゅう》たちだ。

鳥《とり》や動物《どうぶつ》の巣《す》にすむ昆虫《こんちゅう》

昆虫《こんちゅう》たちのなかには、自分《じぶん》では巣《す》をつくらず、ほかの生《い》きものの巣《す》のなかでくらしているものがいる。それはなぜなんだろう？

フクロウの巣《す》のなかをのぞいてみよう

木《き》の幹《みき》にできた自然《しぜん》のあなにすむフクロウ。巣《す》あなにはヒナ鳥《とり》といっしょに吸血鬼《きゅうけつき》の昆虫《こんちゅう》たちもすんでいて、フクロウの血《ち》をすってくらしている。

フクロウが出《で》ていったあとにすみつくコブナシコブスジコガネ。はねやフンを食《た》べる。

鳥《とり》の巣《す》でくらす昆虫《こんちゅう》

カヤノミは、動物《どうぶつ》の血《ち》をすって生《い》きている昆虫《こんちゅう》だ。ハエのなかにも血《ち》をすうものがいる。そんな昆《こん》虫《ちゅう》たちにとって鳥《とり》や動物《どうぶつ》は、自分《じぶん》たちよりとても大《おお》きなエサだ。

シラミバエやチスイコバエなど吸血鬼《きゅうけつき》のような昆虫《こんちゅう》たちが、巣《す》のなかでおとなしくしている鳥《とり》や動《どう》物《ぶつ》をねらって、いっぱいすみついている。

巣《す》のなかにのこされたはねやフンをエサにする昆虫《こんちゅう》もいる。アカマダラハナムグリの幼虫《ようちゅう》は、ワシやタカが出《で》ていったあとの巣《す》で鳥《とり》のはねやフンを食《た》べてそだつ。コブナシコブスジコガネはフクロウの巣《す》で幼虫《ようちゅう》のころをすごす。どちらも、とてもめずらしいコガネムシのなかまだ。

マルハナバチの巣《す》のつくりかた

春《はる》になると、マルハナバチの新《あたら》しい女王《じょおう》バチは、ひとりで巣《す》あなをとびだし、地面《じめん》を歩《ある》きまわって新《あたら》しい巣《す》あな（ネズミなどがすんでいた家《いえ》）をさがしにいく。

見《み》つけた巣《す》あなに、まず花《はな》のみつをためておくへやをつくる。そのあとで、花粉《かふん》をつかってまるいへやをつくり、卵《たまご》をうんでいく。女王《じょおう》バチは、卵《たまご》がひえないように、飛翔筋《ひしょうきん》（胸《むね》にあるとぶための筋肉《きんにく》）をふるわせて空気《くうき》をあたためるため、巣《す》あなのなかはいつも30度《ど》くらいある。卵《たまご》からかえった幼虫《ようちゅう》は、成長《せいちょう》して糸《いと》をはき、まるいまゆをつくってさなぎになる。はたらきバチが誕生《たんじょう》したら、女王《じょおう》バチはどんどん卵《たまご》をうんで、さらに大家族《だいかぞく》になっていく。

巣《す》あなをつくったネズミ。

ネズミの巣《す》あなを家《いえ》にするハチ

春《はる》、体《からだ》じゅうに花粉《かふん》をつけてとぶマルハナバチ。かれらの巣《す》の多《おお》くは、地面《じめん》のなかにある。そのあなは、もともとはネズミがすんでいたところだ。落《お》ち葉《ば》やコケがクッションになっているネズミの家《いえ》は、マルハナバチにとって最高《さいこう》にすみやすい家《いえ》になる。つまり、ネズミが巣《す》をつくることで、マルハナバチが新《あたら》しくすめるようになるのだ。

ある生《い》きもののしたことで、ほかの生《い》きもののすむところができたり、すむ場所《ばしょ》がかわったりすることがある。そのある生《い》きものを「生態系《せいたいけい》エンジニア」とよぶ。マルハナバチの場合《ばあい》は、ネズミが生態系《せいたいけい》エンジニアだ。

ハチの巣《す》のなかはどうなっている？

ハチたちはすぐれた建築家《けんちくか》だ。１匹《ぴき》で巣《す》をつくるハチがいれば、みんなで大《おお》きな巣《す》をつくるハチたちもいる。さあ、巣《す》のなかがどうなっているのか、のぞいてみよう。

つかまえたアシダカグモを巣《す》あなにはこぶベッコウバチ。

スズバチ（ドロバチ科《か》）の巣《す》で幼虫《ようちゅう》がたくさんうまれているようす。

竹《たけ》のなかなどにつくられる「葉《は》っぱの寝《ね》袋《ぶくろ》」。このなかには、幼虫《ようちゅう》が1匹《ぴき》ずつはいっていて、エサになる花粉《かふん》や花《はな》のみつもたっぷりはいっている。

ガの幼虫《ようちゅう》をくわえるスズバチの成虫《せいちゅう》。

巣《す》づくりのために葉《は》を口《くち》で切《き》るハキリバチ。

ひとりぐらしのハチの巣《す》

たくさんのなかまとくらすハチが多《おお》いけれど、１匹《ぴき》で生《い》きているハチもいる。そのようなハチは、自分《じぶん》の力《ちから》だけでエサを上手《じょうず》にとることができる。

地面《じめん》を見《み》てみよう。ベッコウバチがクモに麻酔《ますい》をして、地面《じめん》の巣《す》あなにひきこんでいる。ベッコウバチはそのクモに卵《たまご》をうみつけ、かえった幼虫《ようちゅう》はクモをエサにする。

ドロバチは、竹《たけ》にあなをあけたり、どろをかためたりしてつくった巣《す》にすんでいる。どろの巣《す》をこわすと、ドロバチの幼虫《ようちゅう》がいっぱい出《で》てくることがある。

花《はな》のみつや花粉《かふん》をエサにするハキリバチは、葉《は》っぱを口《くち》で切《き》って寝袋《ねぶくろ》にして、そこで幼虫《ようちゅう》をそだてる。

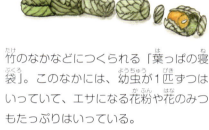

アシナガバチの巣《す》のなか。紙《かみ》のようにうすいかべのへやは六角形《ろっかっけい》になっている。

スズメバチの巣《す》のなかのようす。六角形《ろっかっけい》のへやごとに幼虫《ようちゅう》がはいっている。

アシナガバチの巣《す》

スズメバチの大《おお》きな巣《す》

強《つよ》い！　ハニカム構造《こうぞう》

家族《かぞく》でくらすハチの巣《す》には六角形《ろっかっけい》のへやがたくさんあり、これを「ハニカム構造《こうぞう》」という。とてもじょうぶで強《つよ》いので、人間《にんげん》がそのかたちをまねて、飛行機《ひこうき》などのはねやかべをつくっている。

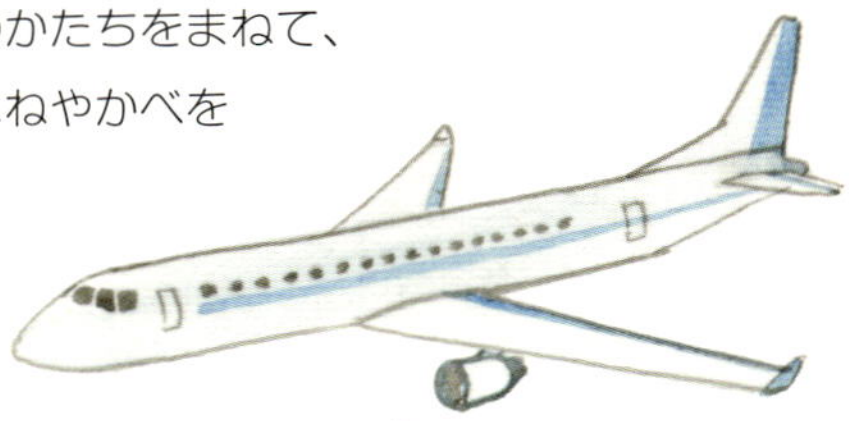

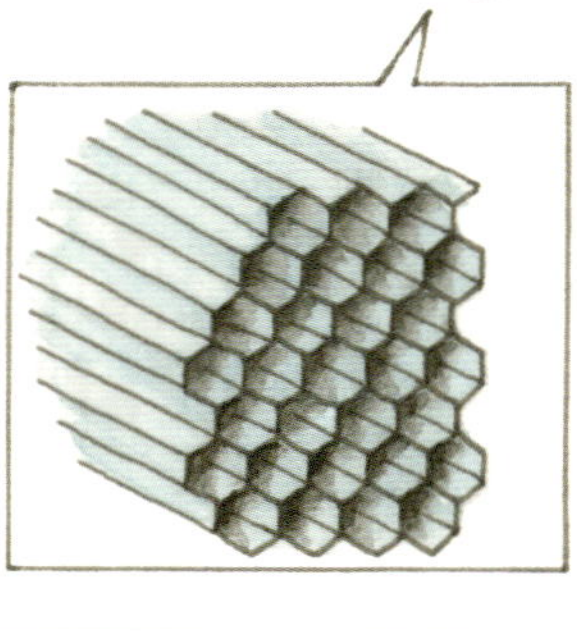

みつがいっぱいつまっている巣《す》のなかのへや。はたらきバチがとってきたみつは、ここにためられる。

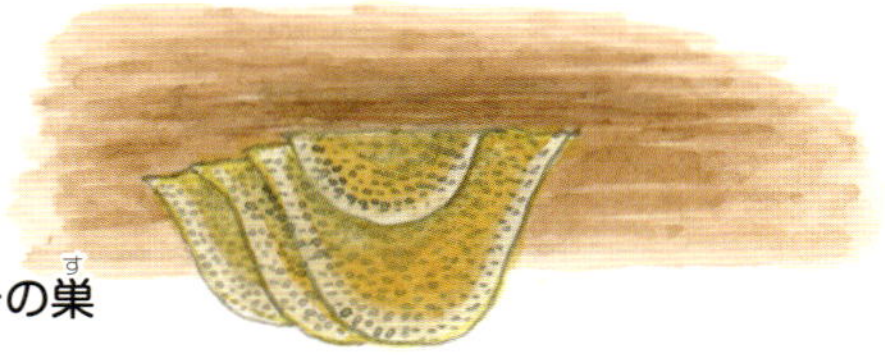

ミツバチの巣《す》

みんなでくらしている ハチの巣《す》

家《いえ》の屋根《やね》の下《した》に巣《す》をつくるアシナガバチやスズメバチ。これらは女王《じょおう》バチとはたらきバチがいっしょにくらしている大家族《だいかぞく》のハチで、ひとりぐらしのハチよりもずっと大《おお》きな巣《す》をつくる。アシナガバチは、木《き》の皮《かわ》を口《くち》でかんで紙《かみ》のようにしたもので幼虫《ようちゅう》がすむへやをたくさんつくっていく。

ミツバチの巣《す》は、ミツバチが体《からだ》のなかでつくりだす油《あぶら》のようなミツロウでできている。そのなかには幼虫《ようちゅう》がすむへや、みつをためておくへやなどがつくられる。

大家族《だいかぞく》のハチの巣《す》のへやは、どれも六角形《ろっかっけい》になっていて、とてもじょうぶだ。これを「ハニカム構造《こうぞう》」という。

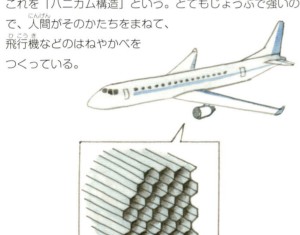

草地《くさち》にいる昆虫《こんちゅう》たち

昆虫《こんちゅう》は、いろんなところにすんでいる。どこに、どんな虫《むし》たちがすんでいるのだろう。まずは、草《くさ》むらをのぞいてみよう。

ジャコウアゲハ（成虫《せいちゅう》）

ウマノスズクサを食《た》べるジャコウアゲハの幼虫《ようちゅう》。

花《はな》のみつをすうトラマルハナバチ
草《くさ》むらにさく花《はな》は、トラマルハナバチなどのハチのなかまによって花粉《かふん》がはこばれる。

草《くさ》むらをたんけんしよう！

畑《はたけ》や田《た》んぼのまわり、川《かわ》の土手《どて》、空《あ》き地のすみ……そこにはいろんな草《くさ》がはえている草《くさ》むらがある。そして、草《くさ》むらには草《くさ》を食《た》べる虫《むし》たちがたくさんすんでいる。

近《ちか》くによって、草《くさ》むらのなかをのぞいてみよう。

ジャコウアゲハの幼虫《ようちゅう》がウマノスズクサという草《くさ》を食《た》べている。葉《は》とおなじ色《いろ》をしたバッタもいる。アザミの花《はな》には、マルハナバチがみつをすいにきている。

なく虫《むし》は、何種《なんしゅ》いる？

夏《なつ》から秋《あき》にかけて、日《ひ》がしずんだら、草《くさ》むらで耳《みみ》をすましてみよう。バッタやコオロギなど、なく虫《むし》たちの声《こえ》がきこえてくる。

「リーン、リーン」となくのは、

バッタをつかまえて食《た》べる
カマキリ。

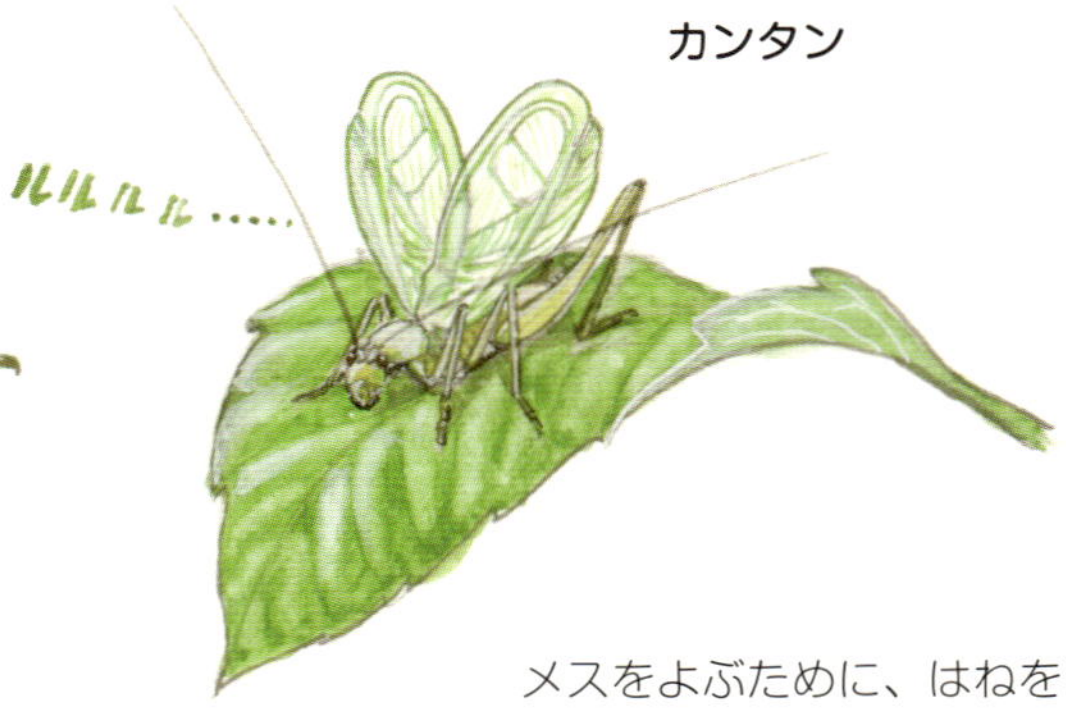

カンタン

メスをよぶために、はねを
こすりあわせて音《おと》をだす。
その音《おと》が、人間《にんげん》には虫《むし》がな
いているようにきこえる。

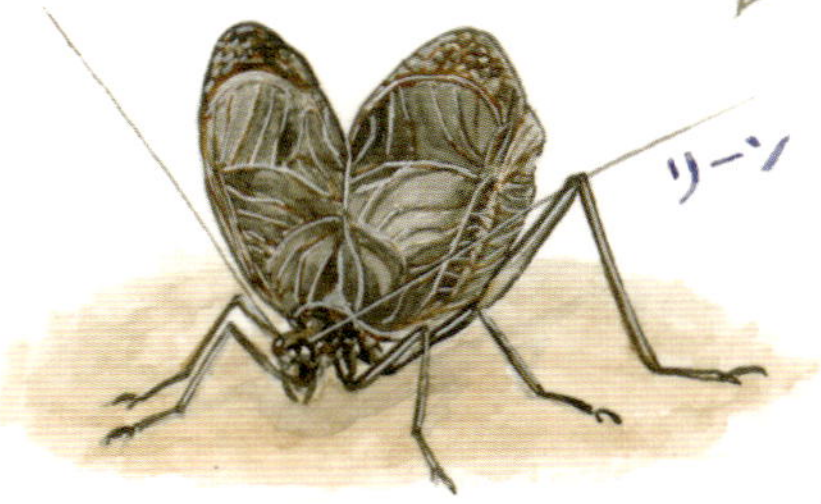

スズムシ

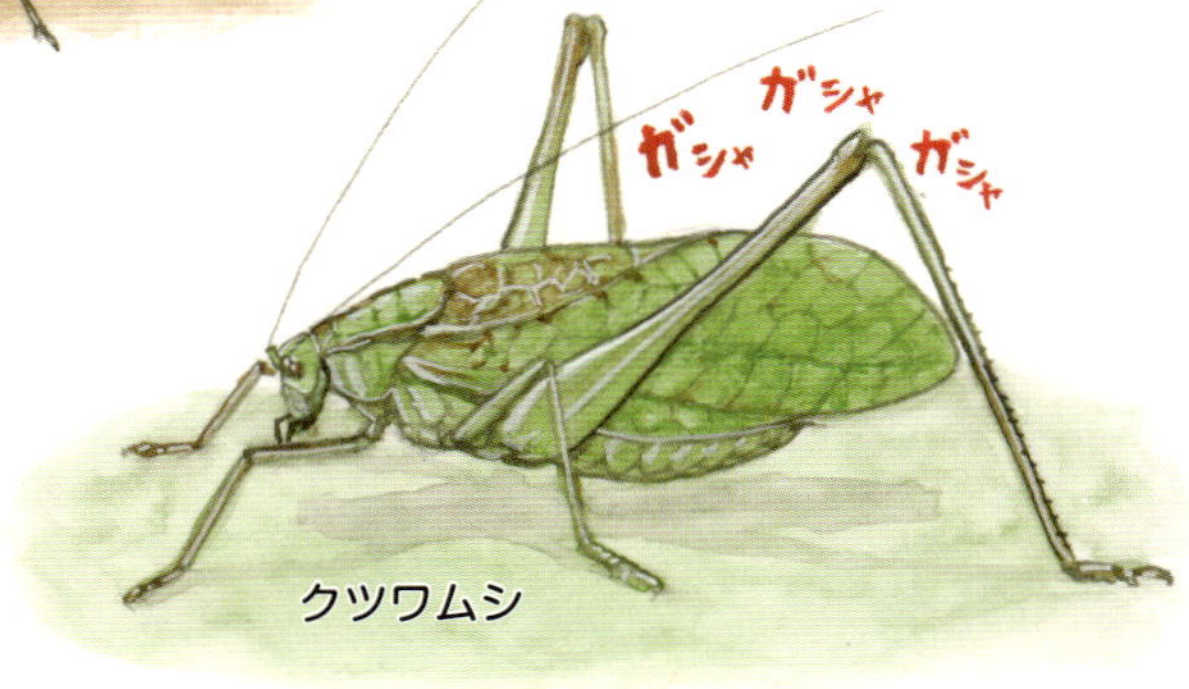

クツワムシ

ガの幼虫《ようちゅう》をねらうウマオイ。

エンマコオロギ

スズムシだ。エンマコオロギは「コロコロリー」、カンタンは「ルルルル」、クツワムシは「ガシャガシャ」となく。

日本人《にほんじん》はむかしから、草《くさ》むらでなく虫《むし》たちの声《こえ》がとてもすきだ。

草《くさ》を食《た》べる虫《むし》を食《た》べる虫《むし》

草《くさ》むらにいる虫《むし》のなかには、草《くさ》を食《た》べる虫《むし》をつかまえて食《た》べる虫《むし》もいる。

葉《は》っぱの上《うえ》でカマキリが、動《うご》かずにじっとしている。それに気《き》づかないでバッタが近《ちか》づいてきたら……大《おお》きなまえあしのカマでいっきにバッタをつかまえてしまった！

カマキリは、まるで草《くさ》むらのハンターだ。ウマオイも、すばやい動《うご》きで大好物《だいこうぶつ》の小《ちい》さな昆虫《こんちゅう》をつかまえる。

雑木林《ぞうきばやし》にいる昆虫《こんちゅう》たち

クヌギやコナラなどがたくさんはえている「雑木林《ぞうきばやし》」。ここでは、季節《きせつ》によって、いろんな昆虫《こんちゅう》にであうことができる。

イモムシをつかまえた、ヨツボシヒラタシデムシ。

シロヘリキリガの幼虫《ようちゅう》

クワゴマダラヒトリの幼虫《ようちゅう》

「ブランコケムシ」とよばれるマイマイガの幼虫《ようちゅう》。

死《し》んだイモムシ

イモムシに寄生《きせい》するチビアメバチのさなぎ。

イモムシを食《た》べるクロカタビロオサムシ。

春《はる》、うまれたり食《く》われたり

雑木林《ぞうきばやし》の木《き》は、秋《あき》になると葉《は》っぱが黄色《きいろ》や赤色《あかいろ》になって落《お》ちる。冬《ふゆ》のあいだ、木《き》ははだかんぼだけど、春《はる》になると芽《め》を出《だ》す。とてもやわらかい新《あたら》しい葉《は》っぱは、ガやチョウの幼虫《ようちゅう》（イモムシやアオムシ）の大好物《だいこうぶつ》だ。4月《がつ》、5月《がつ》の雑《ぞう》木林《きばやし》は、幼虫《ようちゅう》たちにとっては天国《てんごく》かもしれない。

でも、そんな幼虫《ようちゅう》をエサにしている昆虫《こんちゅう》たちもたくさん集《あつ》まってくる。たとえば、イモムシをよく食《た》べるオサムシやシデムシだ。幼《よう》虫《ちゅう》の体《からだ》に卵《たまご》をうみつけるコマユバチやヤドリバエもねらっている。

多《おお》くの昆虫《こんちゅう》がたくさんの卵《たまご》をうむが、それらのほとんどは成虫《せいちゅう》になるまえに天敵《てんてき》たちに食《た》べられてしまう。春《はる》の雑木林《ぞうきばやし》では、命《いのち》がう

まれたり、その命《いのち》がほかの命《いのち》のもとになったりしているのだ。

夏《なつ》、なかよくケンカする?!

クヌギやコナラの木《き》の幹《みき》のキズがついたところからは、樹液《じゅえき》が出《で》てくる。6月《がつ》から8月《がつ》ごろには、この樹液《じゅえき》が大好物《だいこうぶつ》の昆虫《こんちゅう》たちがぞくぞくと集《あつ》まってくる。夕方《ゆうがた》から夜《よる》にかけて、雑木林《ぞうきばやし》の木《き》を懐中電灯《かいちゅうでんとう》でそっとてらしてみよう。カブトムシやクワガタムシがみつのまわりに集《あつ》まっている。どちらも大《おお》きな体《からだ》やツノでおしあって、みつのとりあいだ！　そのあいだにこっそり、キシタバとヤマトゴキブリがなかよく樹液《じゅえき》をすっている。

昼《ひる》なら、スズメバチやチョウのなかまなどが集《あつ》まってくる。そのほかにも、ハエ、カナブン、ガのなかまたちも樹液《じゅえき》がすきだ。

川辺《かわべ》・水中《すいちゅう》にいる昆虫《こんちゅう》たち

水《みず》の上《うえ》をすいすい歩《ある》いていくアメンボ。ピュ〜っとおよいでにげるゲンゴロウ。水《みず》の上《うえ》やなかにも、いろんな昆虫《こんちゅう》がすんでいる。

水《みず》のなかに卵《たまご》をうんでいるギンヤンマ。
キンイロハネクイムシ
ギンヤンマのヤゴ（幼虫《ようちゅう》）

水《みず》の上《うえ》をス〜イスイ

池《いけ》や小川《おがわ》を見《み》ていると、まるでスケートを楽《たの》しんでいるようにスイスイと水面《すいめん》を歩《ある》いているアメンボがいた。どうやって歩《ある》いているのかな？

アメンボの体《からだ》はとてもかるくて、あしには細《こま》かい毛《け》がはえている。これによって、水《みず》の上《うえ》に浮《う》かんで、すべるように動《うご》くことができる。

ミズスマシも、水面《すいめん》をおよいで上《うえ》から落《お》ちてきた虫《むし》などを食《た》べて生《い》きている。

水《みず》のなかでのくらしかた

ゲンゴロウのあしは、ふねをこぐオールのようなかたちになっていて、水《みず》のなかをぐんぐんすすんでいく。ときどき、はねの下《した》にためている空気《くうき》をすって息《いき》をする。

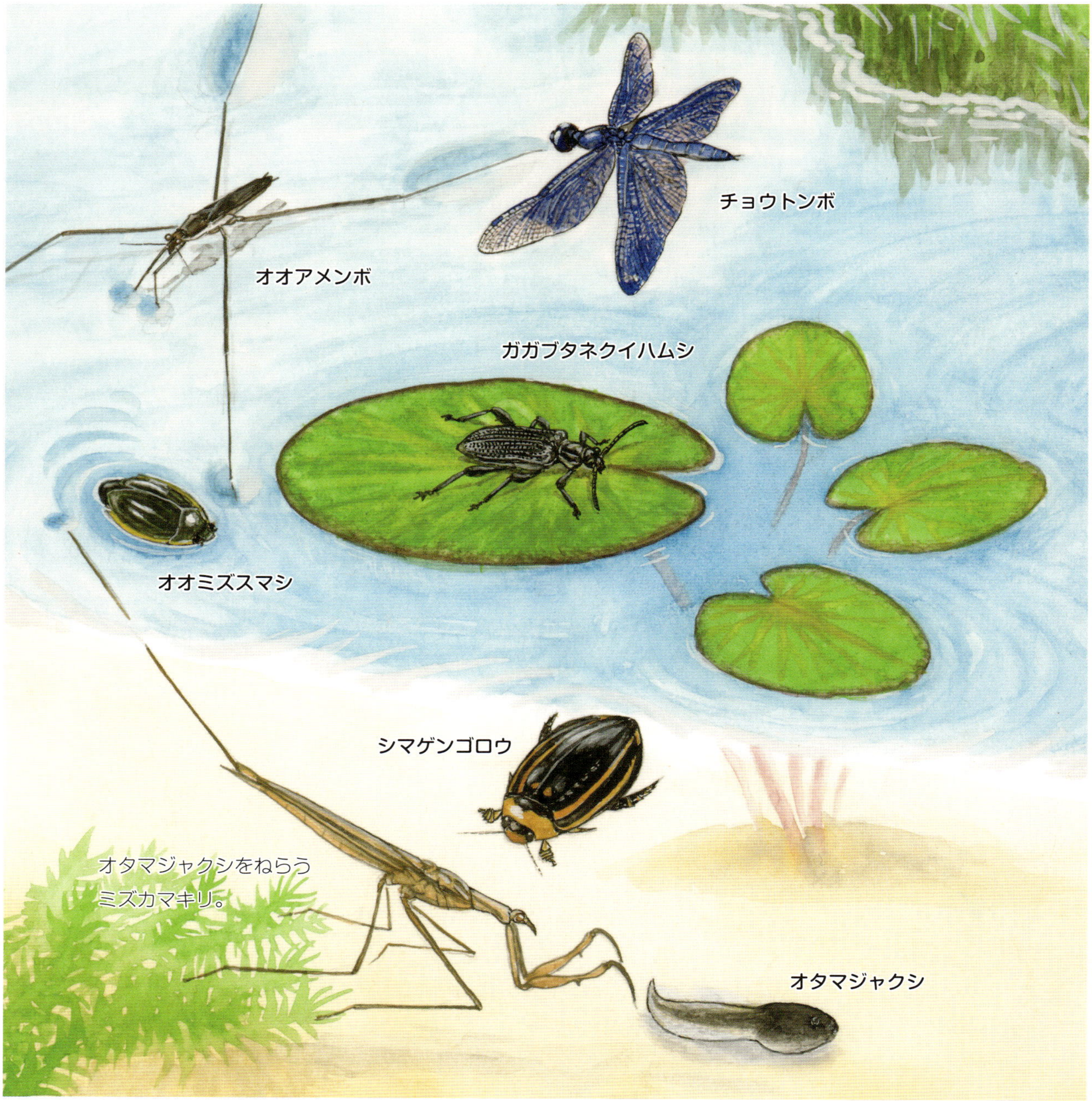

オタマジャクシをねらうミズカマキリ。

ミズカマキリは、小《ちい》さな魚《さかな》やオタマジャクシを見《み》つけると、つめのあるまえあしでガッチリつかまえて食《た》べる。おしりの管《くだ》を水面《すいめん》にだして息《いき》をする。

おうちは水《みず》のあるところ？ ないところ？

幼虫《ようちゅう》のころだけ水《みず》のなかにすんでいるのが、トンボたちだ。ヤゴとよばれるトンボの幼虫《ようちゅう》は、水《みず》のなかでくらしていて、小《ちい》さな虫《むし》や魚《さかな》をつかまえて食《た》べる。おとなになれば水《みず》から出《で》て、空《そら》をスイスイとべるようになる。

ネクイハムシの幼虫《ようちゅう》は、水辺《みずべ》にはえる草《くさ》の根《ね》っこを食《た》べて大《おお》きくなる。成虫《せいちゅう》になると、水《みず》の上《うえ》に出《で》ている葉《は》っぱや花《はな》の花粉《かふん》を食《た》べるようになる。

身近《みぢか》な昆虫《こんちゅう》をさがそう

家《いえ》の庭《にわ》や、近《ちか》くの公園《こうえん》にも昆虫《こんちゅう》はたくさんいる。どんな昆虫《こんちゅう》が、どうやって生《い》きているのかな？ 見《み》にいってみよう！

おうちのまわりにも昆虫《こんちゅう》がいっぱい！

屋根《やね》の下《した》につくられたアシナガバチの巣《す》。

花《はな》のみつをすいにきたモンシロチョウ。

秋《あき》になると、草《くさ》むらから「リーン、リーン」という声《こえ》がきこえる。スズムシだ。

葉《は》っぱを食《た》べるモンシロチョウの幼虫《ようちゅう》。

家《いえ》のまわりにいる昆虫《こんちゅう》たち

春《はる》になると、家《いえ》の庭《にわ》やベランダの鉢植《はちう》えの花《はな》にやってくるモンシロチョウ。あみ戸《ど》には、うまれてまもないカマキリの赤《あか》ちゃんがくっついている。あつい夏《なつ》には、「チーッ」「ミ～ン、ミンミン」「ジー」とセミの大合唱《だいがっしょう》がはじまる。少《すこ》しすずしい夜《よる》になると、スズムシがリ～ン、リ～ンとないている。

あ！ いつのまにか屋根《やね》の下《した》に、アシナガバチの巣《す》ができている！

よく見《み》ると、わたしたちの家《いえ》のまわりにも、いろんな昆虫《こんちゅう》たちがすんでいる。

近《ちか》くにいる昆虫《こんちゅう》をつかまえてみよう！

春《はる》、家《いえ》の庭《にわ》や公園《こうえん》にはえている草《くさ》や木《き》の葉《は》っぱをよく見《み》てみよう。

公園《こうえん》やうら山《やま》には どんな昆虫《こんちゅう》がいるかな？

夏《なつ》にあらわれるセミのなかではやい時期《じき》からなくニイニイゼミ。

やわらかい葉《は》っぱを食《た》べるマイマイガの幼虫《ようちゅう》。

アオゴミムシ

アオオサムシ

地面《じめん》にあなをほって、紙《かみ》コップの落《お》としあなをつくってみよう。どんな昆《こん》虫《ちゅう》がひっかかるかな？

センチコガネ

犬《いぬ》のフンの下《した》には何《なに》がいるのだろう……？　ただし、手《て》でフンにさわらないように気《き》をつけよう。

チョウやガの幼虫《ようちゅう》が、葉《は》っぱを食《た》べている。

犬《いぬ》のフンを見《み》かけたら、棒《ぼう》でひっくりかえしてみよう。その下《した》には、糞虫《ふんちゅう》とよばれるコガネムシのなかまがいるかもしれない。ただし、手《て》でさわらないほうがいい。

あなをほって、紙《かみ》コップをうめて、落《お》としあなをつくってみよう。地面《じめん》を歩《ある》きまわる昆虫《こんちゅう》たちをつかまえるためだ。2～3日《にち》たってからのぞいてみよう。オサムシやゴミムシがひっかかっているかもしれない。

コップの落《お》としあなは、つくる場所《ばしょ》によってつかまえることができる昆虫《こんちゅう》がちがう。家《いえ》の庭《にわ》や畑《はたけ》、裏山《うらやま》や林《はやし》などいろいろなところに落《お》としあなをつくって、そこにどんな昆虫《こんちゅう》がすんでいるか、くらべてみるのもおもしろいだろう。

発熱《はつねつ》してこどもをあたためる女王《じょおう》バチ

大家族《だいかぞく》でくらすハチたちは、たくさんのこどもをどうやってそだてるのかな？　人間《にんげん》もびっくりの女王《じょおう》バチの子《こ》そだてのようすを、のぞいてみよう。

人間《にんげん》の体温《たいおん》と昆虫《こんちゅう》の体温《たいおん》

夏《なつ》：気温《きおん》35度《ど》
体温《たいおん》40度《ど》
あついなかでとびまわると、気《き》温《おん》より高《たか》くなることがある。
体温《たいおん》36度《ど》
冬《ふゆ》：気温《きおん》0度《ど》
体温《たいおん》10度《ど》以下《いか》
多《おお》くの昆虫《こんちゅう》は、日本《にほん》の冬《ふゆ》がさむすぎて動《うご》けない。
体温《たいおん》36度《ど》

さむい夜《よる》はあたためてあげる

わたしたち人間《にんげん》の体温《たいおん》は、いつもだいたい36度《ど》くらいだ。でも、昆虫《こんちゅう》たちの体温《たいおん》は、まわりの気温《きおん》によってかわる。

マルハナバチやスズメバチの女《じょ》王《おう》バチが巣《す》をつくりだすのは、まだはださむい4月《がつ》。たった1匹《ぴき》で、巣《す》をつくって卵《たまご》をうみ、かえった幼虫《ようちゅう》の世話《せわ》をする。さむい日《ひ》は、夜《よる》になると、気温《きおん》が10度《ど》より下《した》になることもある。

「女王《じょおう》バチも、卵《たまご》や幼虫《ようちゅう》たちも、こごえて死《し》んでしまわないのかな？」と心配《しんぱい》になるけれど、だいじょうぶ。なんとお母《かあ》さんの女王《じょおう》バチは、熱《ねつ》を出《だ》して自分《じぶん》の体《からだ》をあたため、こどもたちをさむさから守《まも》るのだ。

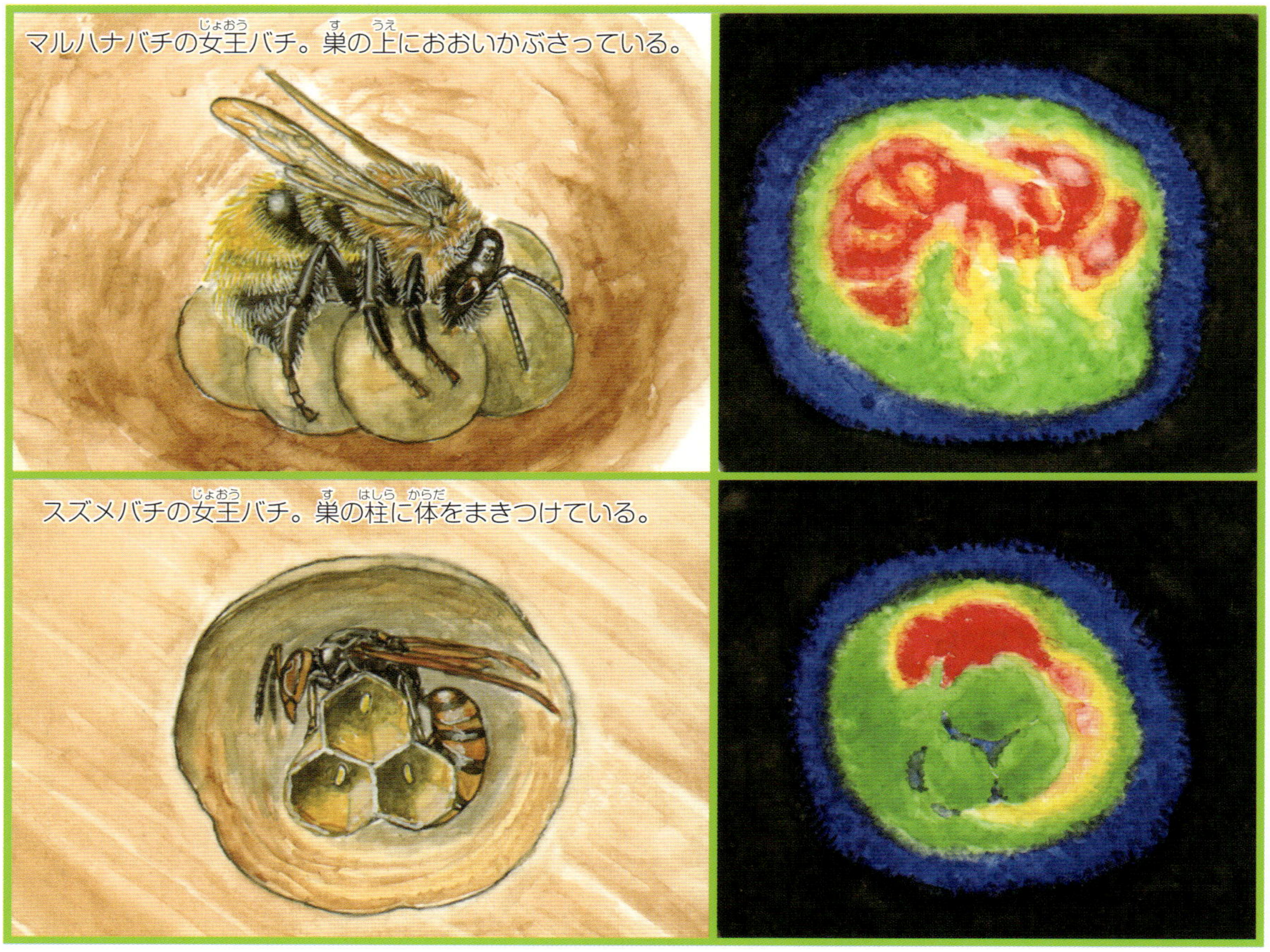

マルハナバチの女王《じょおう》バチ。巣《す》の上《うえ》におおいかぶさっている。

スズメバチの女王《じょおう》バチ。巣《す》の柱《はしら》に体《からだ》をまきつけている。

女王《じょおう》バチの子《こ》そだて

巣《す》をあたためる女王《じょおう》バチたち。上《うえ》の右《みぎ》の図《ず》は、サーモグラフという機械《きかい》をつかって温度《おんど》を色《いろ》であらわしたもの。まんなかに女王《じょおう》バチの体《からだ》があり、赤《あか》い部分《ぶぶん》ほど体《たい》温《おん》が高《たか》くなっている。

こんなにだいじに守《まも》ってくれてたなんて、ちっとも知《し》らなかったな〜。お母《かあ》さんありがとう〜。

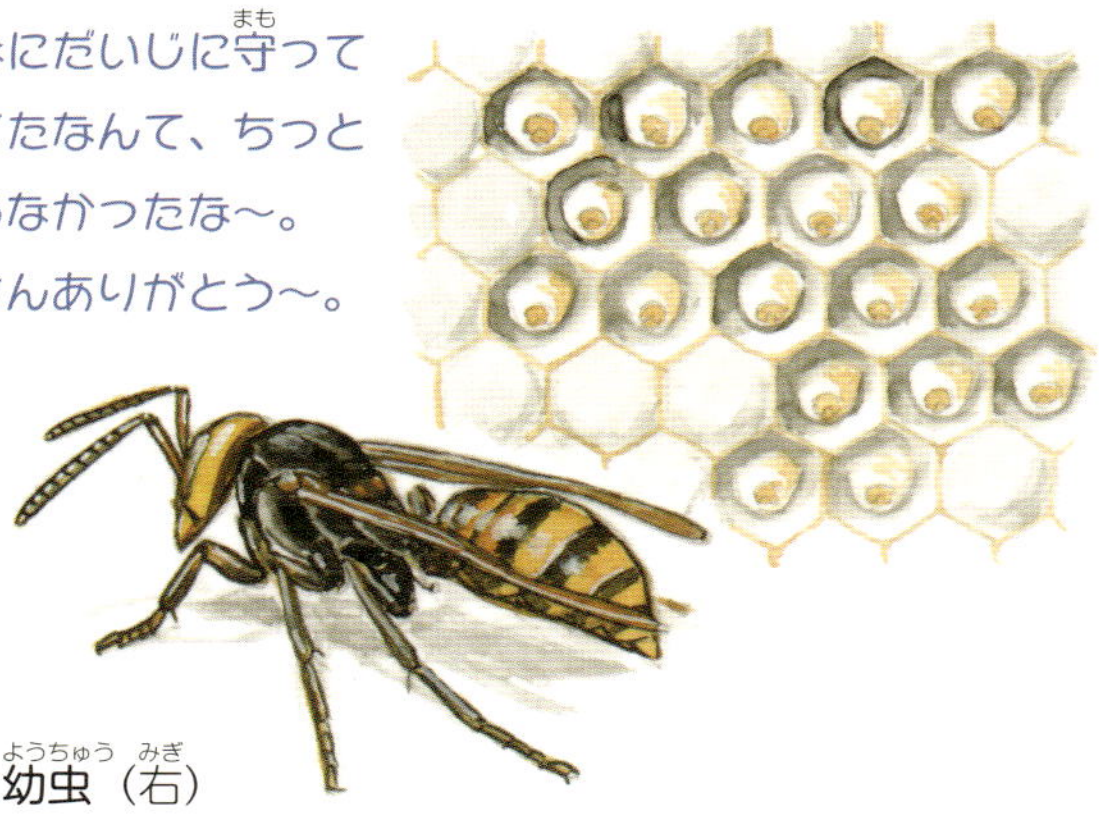

スズメバチの成虫《せいちゅう》（左《ひだり》）と幼虫《ようちゅう》（右《みぎ》）

子《こ》そだてのための体《からだ》になる

では、女王《じょおう》バチはどうやって熱《ねつ》を出《だ》すのだろう。

マルハナバチの女王《じょおう》バチは、卵《たまご》や幼虫《ようちゅう》のそだつ巣《す》のなかのへやの上《うえ》におおいかぶさって、胸《むね》の筋肉《きんにく》をふるわせて、熱《ねつ》を出《だ》す。スズメバチの女王《じょおう》バチは、細《ほそ》い巣《す》の柱《はしら》に体《からだ》をまるめるようにまきついて、胸《むね》の筋肉《きんにく》をふるわせる。その熱《ねつ》がこどもたちのそだつへやの天井《てんじょう》につたわって、へや全体《ぜんたい》があたたかくなるしくみだ。

どちらも、熱《ねつ》を出《だ》すとへやは30度《ど》くらいになり、外《そと》がさむくてもこどもはすくすくとそだつ。

自分《じぶん》の体《からだ》をヒーターにかえて子《こ》そだてする女王《じょおう》バチ。大家族《だいかぞく》でくらすハチたちのきずなは強《つよ》い。

お姉《ねえ》さんのエサをつくるスズメバチの妹《いもうと》（幼虫《ようちゅう》）

巣《す》のなかにいる妹《いもうと》たち（幼虫《ようちゅう》）のためにせっせとエサをはこぶ、お姉《ねえ》さんのはたらきバチたち。妹《いもうと》たちも、お姉《ねえ》さんのために、ある「おかえし」をしている。

スズメバチのかりのようす

自分《じぶん》の体《からだ》より大《おお》きなセミをつかまえたオオスズメバチ。セミの肉《にく》を肉《にく》だんごにする。

エサの肉《にく》だんごをくわえてはこぶオオスズメバチ。腰《こし》（◯印《じるし》の部分《ぶぶん》）はとても細《ほそ》くて、もしのみこんでも肉《にく》だんごは自分《じぶん》のおなかにとどかない。

スズメバチのエサになるカミキリムシ（上《うえ》）とコガネムシ（下《した》）。

食《た》べないのにはたらき者《もの》?!

スズメバチのはたらきバチは、するどくてじょうぶな大《おお》あごで、えものをとる。オオスズメバチは、コガネムシやカミキリムシなどの、かたいはねがある昆虫《こんちゅう》や、セミやカマキリなど自分《じぶん》より大《おお》きな昆虫《こんちゅう》もかみくだいて、肉《にく》だんごにしてしまう。肉《にく》だんごは、巣《す》のなかでそだつ幼虫《ようちゅう》のごはんだ。はたらきバチは、その肉《にく》だんごをぜんぶ幼虫《ようちゅう》に食《た》べさせてしまう。

スズメバチの成虫《せいちゅう》のおなかをよく見《み》ると、胸《むね》とおなかのあいだの腰《こし》の部分《ぶぶん》がとても細《ほそ》い。肉《にく》だんごを食《た》べてもおなかまで通《とお》らないしくみになっているのだ。

でも、それではたらきバチたちはうえ死《し》んでしまうのでは?!

姉妹《しまい》で、エサをもらったりあげたり

スズメバチのお姉《ねえ》さん（成虫《せいちゅう》）が外《そと》からエサの肉《にく》だんごをもってかえったら、幼虫《ようちゅう》（妹《いもうと》）も成虫《せいちゅう》も、ごはんの時間《じかん》だ。

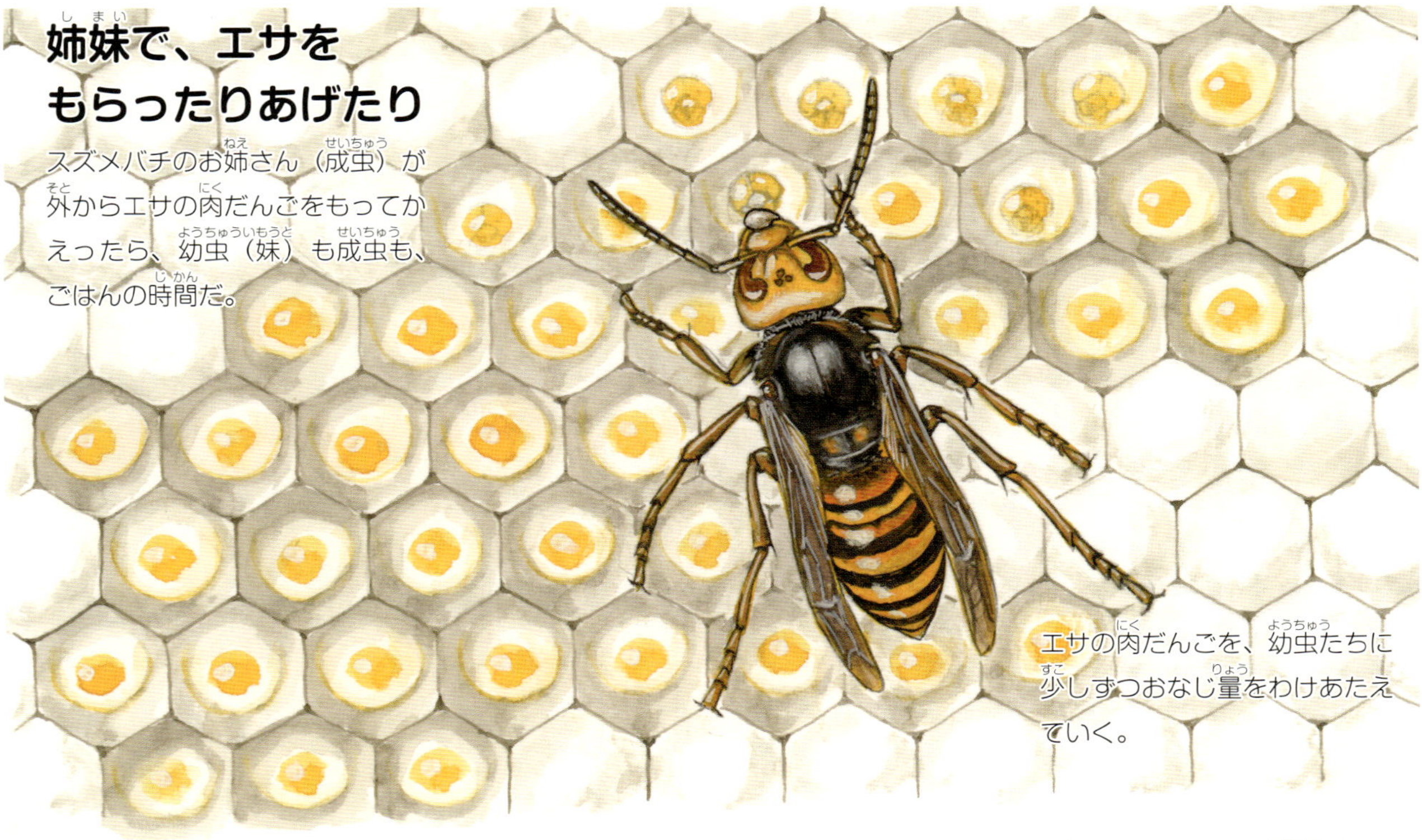

エサの肉《にく》だんごを、幼虫《ようちゅう》たちに少《すこ》しずつおなじ量《りょう》をわけあたえていく。

幼虫《ようちゅう》が出《だ》すだ液《えき》をのむ、成虫《せいちゅう》のスズメバチ。

おなかがいっぱいになった幼虫《ようちゅう》は、栄《えい》養《よう》がいっぱいあるだ液《えき》を出《だ》す。

妹《いもうと》たちのおかえし

だいじょうぶ、その心配《しんぱい》はいらない。

幼虫《ようちゅう》は、食《た》べた肉《にく》だんごをおなかのなかで細《こま》かくして、「アミノ酸《さん》」や「炭水化物《たんすいかぶつ》」がはいったジュースをつくる。そのジュースをだ液《えき》として口《くち》から出《だ》し、体《からだ》を動《うご》かすためにとてもだいじな栄養《えいよう》として、はたらきバチに口《くち》うつしでのんでもらっているのだ。

成虫《せいちゅう》のはたらきバチがいなければ、幼虫《ようちゅう》はそだつことができない。いっぽう成虫《せいちゅう》も、幼虫《ようちゅう》に栄養満点《えいようまんてん》のだ液《えき》をもらわないと、外《そと》をとびまわれない。

この幼虫《ようちゅう》と成虫《せいちゅう》のエサのやりとりを「栄養交換《えいようこうかん》」という。スズメバチの家族《かぞく》をつなぐ、たいせつなきずなだ。

役割分担《やくわりぶんたん》で家事《かじ》をやりくりするアリ

女王《じょおう》やこどもたちの世話《せわ》をしたり、巣《す》をほったり、そうじしたり、エサをとりにいったり、敵《てき》から巣《す》を守《まも》ったり……。はたらきアリたちは、毎日《まいにち》おおいそがしだ！

クロオオアリの家族《かぞく》

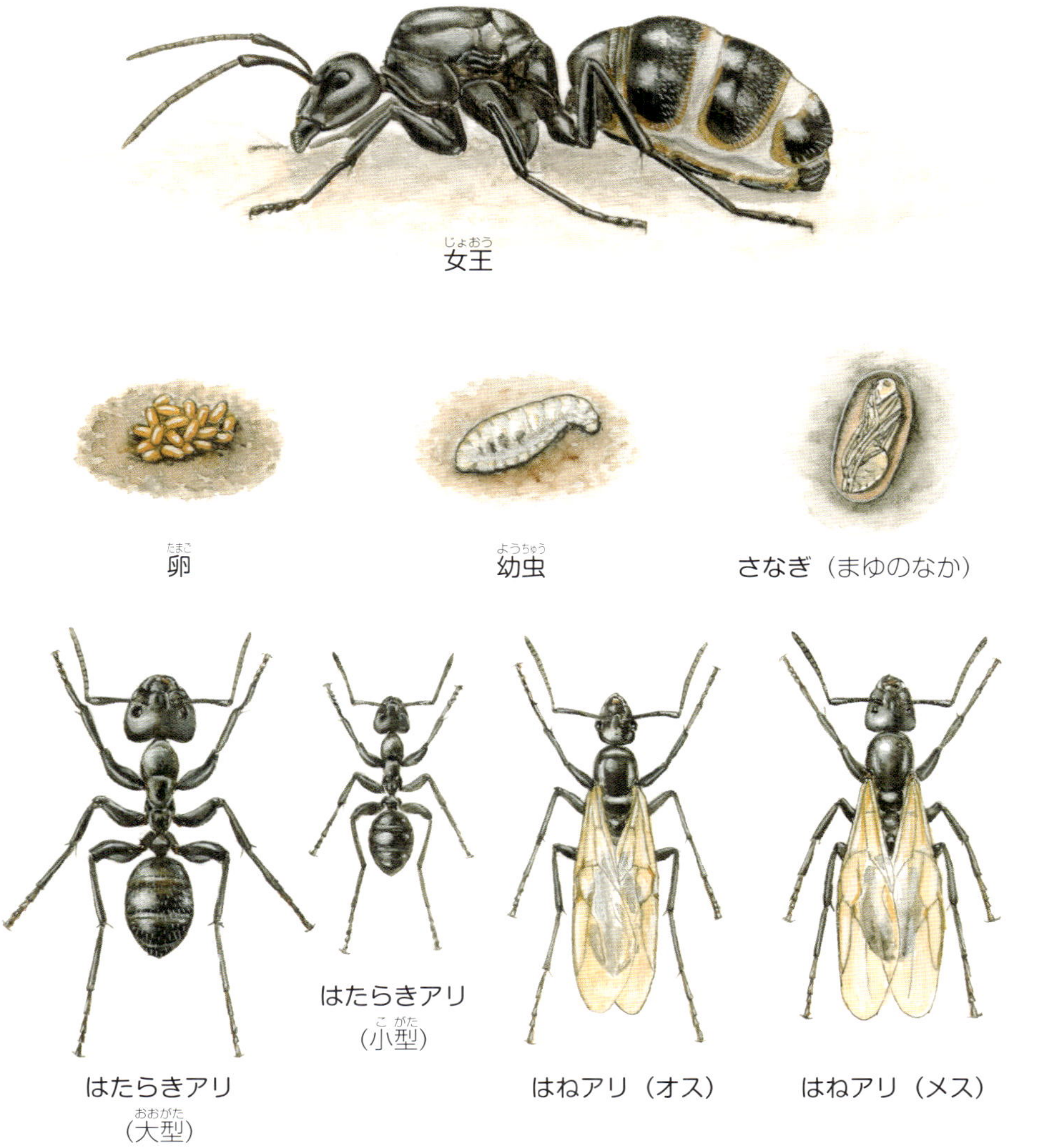
女王《じょおう》
卵《たまご》
幼虫《ようちゅう》
さなぎ（まゆのなか）
はたらきアリ（大型《おおがた》）
はたらきアリ（小型《こがた》）
はねアリ（オス）
はねアリ（メス）

はたらきアリになるのはメスだけだ。はねアリのオスは、交尾《こうび》をすると死《し》んでしまう。メスのはねアリは、はねを落《お》として新《あたら》しい巣《す》をつくり、女王《じょおう》となる。

1匹《ぴき》の女王《じょおう》からはじまる家族《かぞく》

5月《がつ》、巣《す》をとびたつクロオオアリのオスとメスのはねアリたち。オスはメスと交尾《こうび》すると死《し》んでしまうけど、メスのはねアリは、自《じ》分《ぶん》のはねを落《お》として石《いし》の下《した》にあなをほって、最初《さいしょ》の巣《す》をつくる。このように、はじめに巣《す》をつくった1匹《ぴき》のメスが女王《じょおう》アリになる。女《じょ》王《おう》は卵《たまご》をうみ、かえった幼虫《ようちゅう》をたいせつにそだてる。

大《おお》きくなった幼虫《ようちゅう》は、口《くち》から糸《いと》を出《だ》してまゆをつくり、そのなかでさなぎになる。まゆから最初《さいしょ》のはたらきアリが出《で》てくると、母親《ははおや》の女王《じょおう》をたすけるためにせっせとはたらきはじめる。はたらきアリがたん生《じょう》したら、女王《じょおう》は卵《たまご》だけをうんで生《い》きる。

アリの巣《す》のなかと、はたらきアリのしごと

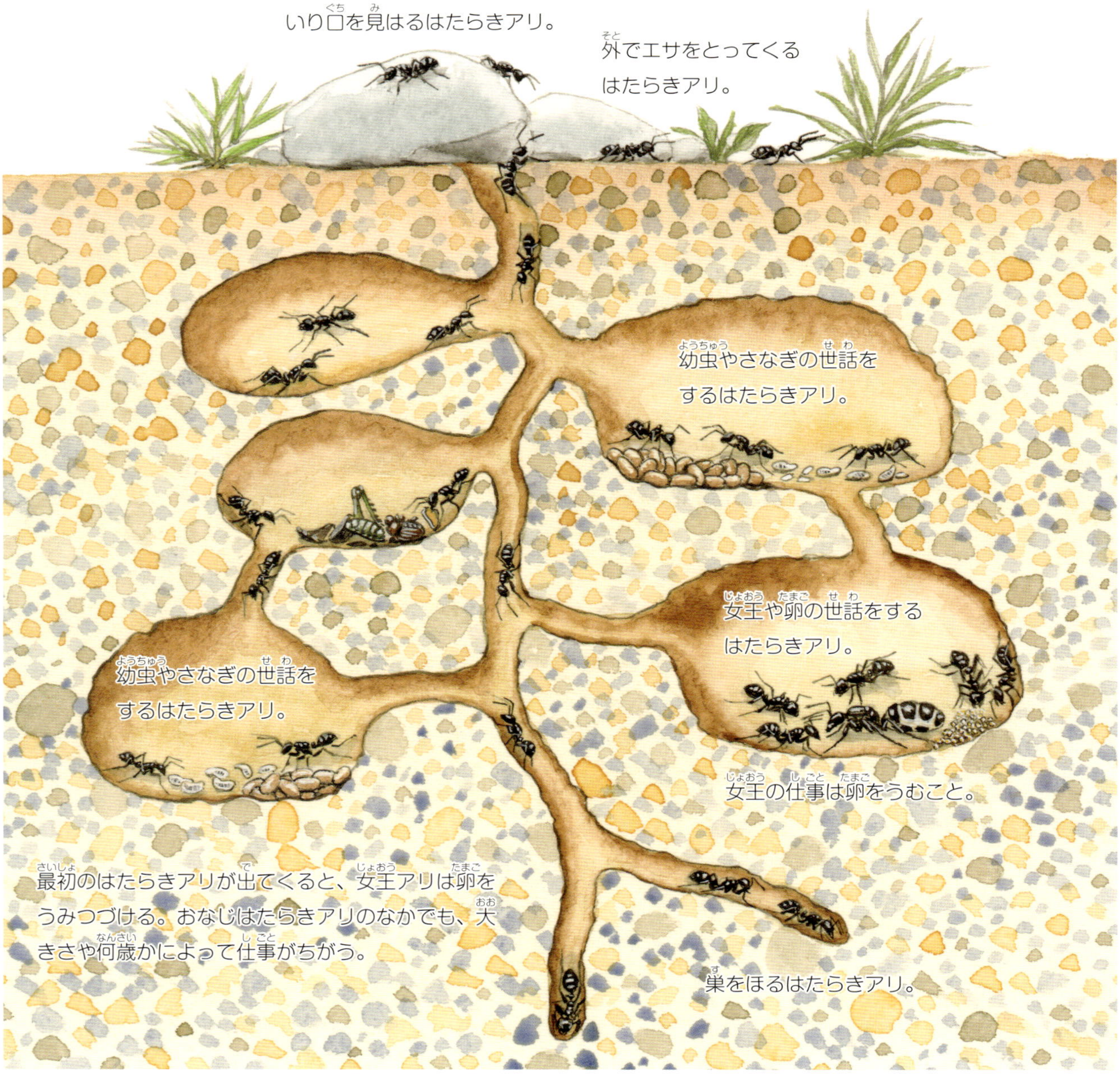
いり口《ぐち》を見《み》はるはたらきアリ。

外《そと》でエサをとってくるはたらきアリ。

幼虫《ようちゅう》やさなぎの世話《せわ》をするはたらきアリ。

女王《じょおう》や卵《たまご》の世話《せわ》をするはたらきアリ。

幼虫《ようちゅう》やさなぎの世話《せわ》をするはたらきアリ。

女王《じょおう》の仕事《しごと》は卵《たまご》をうむこと。

最初《さいしょ》のはたらきアリが出《で》てくると、女王《じょおう》アリは卵《たまご》をうみつづける。おなじはたらきアリのなかでも、大《おお》きさや何歳《なんさい》かによって仕事《しごと》がちがう。

巣《す》をほるはたらきアリ。

それぞれ仕事《しごと》がきまっているアリたち

1匹《ぴき》の女王《じょおう》からはじまった巣《す》は、何年《なんねん》もかかって数百《すうひゃく》から1000匹《びき》のはたらきアリがいる家《いえ》となる。はたらきアリたちはみんな姉妹《しまい》で、体《からだ》はおなじにおいがする。

おとなになったばかりのはたらきアリは、はじめは巣《す》のなかで卵《たまご》や幼虫《ようちゅう》の世話《せわ》をし、しばらくすると外《そと》にエサをとりにいくようになる。あなをほるアリや女王《じょおう》アリの世話《せわ》をするアリなど、いろんな仕《し》事《ごと》がある。

はたらきアリのなかには、一定《いってい》の数《かず》だけ「はたらかないはたらきアリ」がいる。彼女《かのじょ》たちは、天敵《てんてき》がおそってきてこどもたちをいそいで守《まも》らないといけないときなどには、がんばってその仕事《しごと》をする。

分身《ぶんしん》の術《じゅつ》で不死身《ふじみ》のシロアリ女王《じょおう》

ヤマトシロアリの女王《じょおう》は、死《し》ぬまえに自分《じぶん》の分身《ぶんしん》をつくって、自分《じぶん》のかわりに分身《ぶんしん》を女王《じょおう》にする。だから、死《し》んだあとも女王《じょおう》がそのまま生《い》きつづけているのといっしょなんだ。

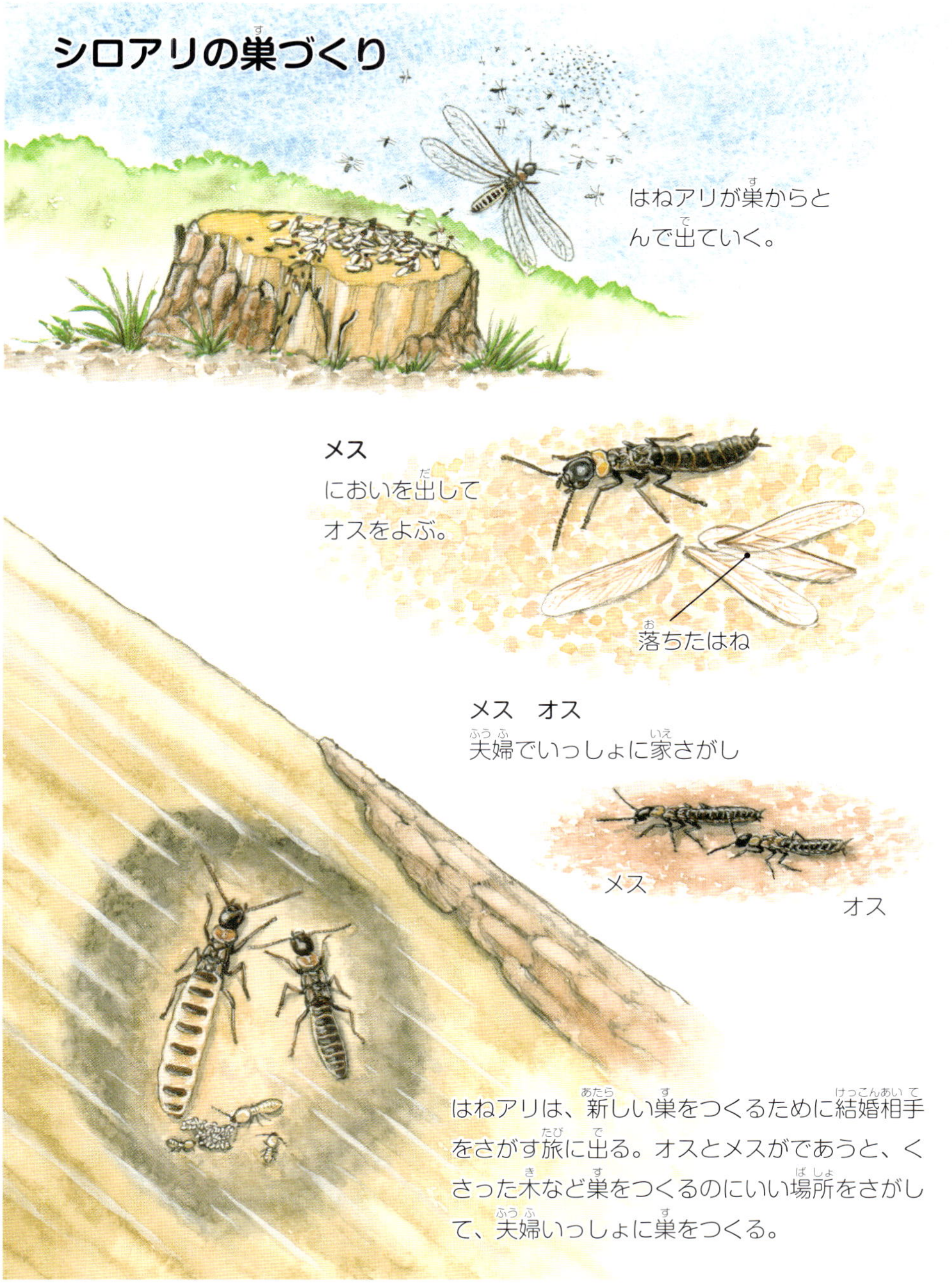
シロアリの巣《す》づくり
はねアリが巣《す》からとんで出《で》ていく。
メス
においを出《だ》してオスをよぶ。
落《お》ちたはね
メス　オス
夫婦《ふうふ》でいっしょに家《いえ》さがし
メス
オス
はねアリは、新《あたら》しい巣《す》をつくるために結婚相手《けっこんあいて》をさがす旅《たび》に出《で》る。オスとメスがであうと、くさった木《き》など巣《す》をつくるのにいい場所《ばしょ》をさがして、夫婦《ふうふ》いっしょに巣《す》をつくる。

夫婦《ふうふ》でいっしょに巣《す》をつくる

シロアリは、名《な》まえに「アリ」がつくけれど、アリのなかまではない。体《からだ》のつくりや生活《せいかつ》のしかたも、アリとは大《おお》きくちがっている。

アリの巣《す》は1匹《ぴき》の女王《じょおう》がつくるけど、シロアリは、はねアリのオスとメスの夫婦《ふうふ》が2匹《ひき》で協力《きょうりょく》して巣《す》をつくる。このはじめの2匹《ひき》が王《おう》と女王《じょおう》になって、一生《いっしょう》いっしょにくらす。

女王《じょおう》は、王《おう》と交尾《こうび》して卵《たまご》をうみ、うまれた幼虫《ようちゅう》がはたらきアリや兵《へい》隊《たい》アリになって王《おう》と王女《おうじょ》をたすけ、なかまをどんどんふやしていく。

幼虫《ようちゅう》のなかにははねアリになるものがいて、巣《す》が大《おお》きくなると、新《あたら》しい巣《す》をつくるために巣《す》からとんで出《で》ていってしまう。

ヤマトシロアリの女王《じょおう》の「分身《ぶんしん》の術《じゅつ》」

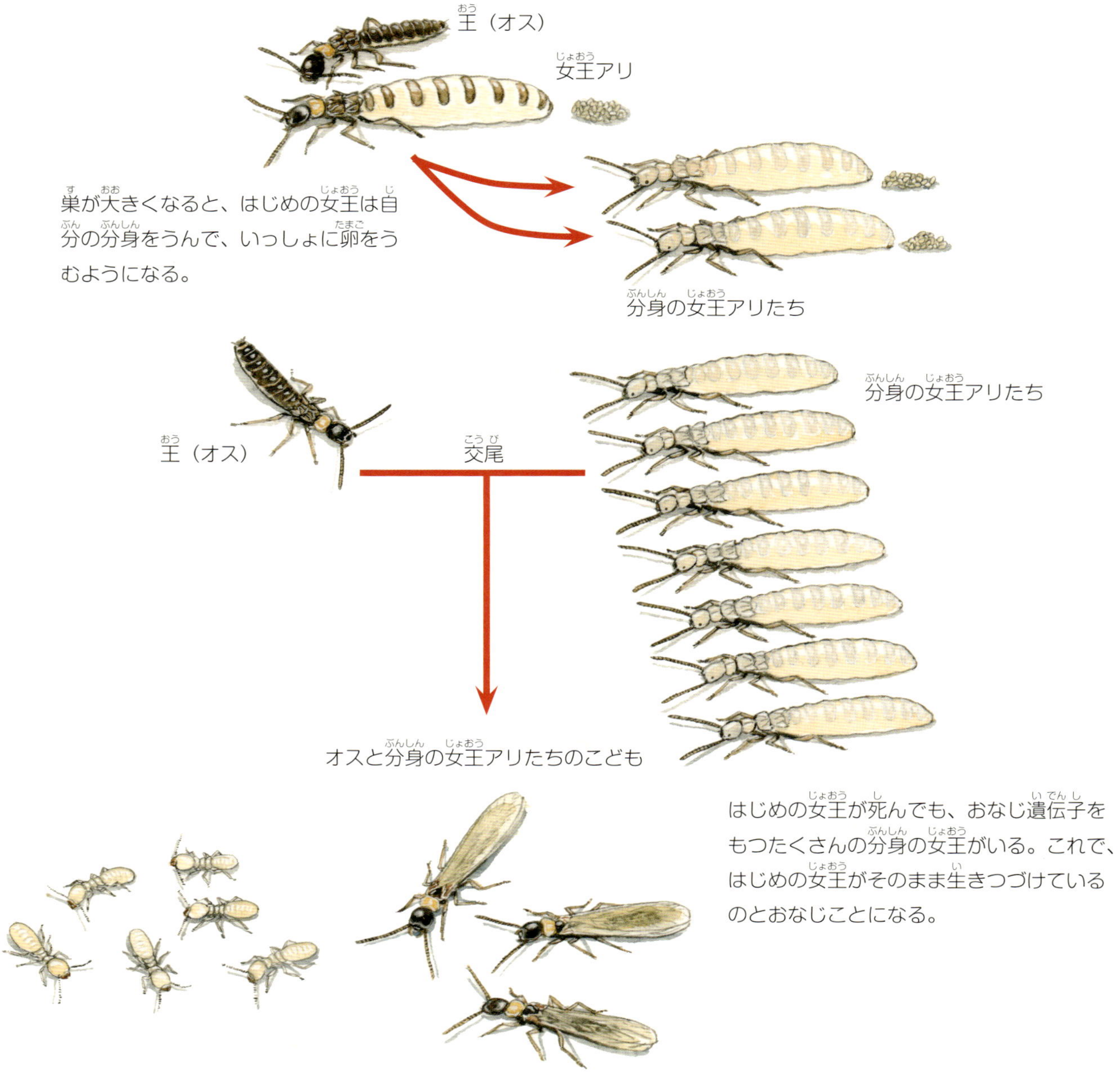

王《おう》（オス）
女王《じょおう》アリ
巣《す》が大《おお》きくなると、はじめの女王《じょおう》は自《じ》分《ぶん》の分身《ぶんしん》をうんで、いっしょに卵《たまご》をうむようになる。
分身《ぶんしん》の女王《じょおう》アリたち
分身《ぶんしん》の女王《じょおう》アリたち
王《おう》（オス）
交尾《こうび》
オスと分身《ぶんしん》の女王《じょおう》アリたちのこども
はじめの女王《じょおう》が死《し》んでも、おなじ遺伝子《いでんし》をもつたくさんの分身《ぶんしん》の女王《じょおう》がいる。これで、はじめの女王《じょおう》がそのまま生《い》きつづけているのとおなじことになる。

女王《じょおう》の分身《ぶんしん》の術《じゅつ》

日本《にほん》でいちばんよく見《み》られるシロアリは、ヤマトシロアリだ。忍《にん》者《じゃ》もびっくりするような「分身《ぶんしん》の術《じゅつ》」をつかうことができる。

巣《す》のなかに卵《たまご》や幼虫《ようちゅう》の世話《せわ》をするはたらきアリがふえてくると、女王《じょおう》もどんどん卵《たまご》をうむようになる。1匹《ぴき》の女王《じょおう》ではまにあわなくなってきたら、女王《じょおう》はついに分身《ぶんしん》の術《じゅつ》で自分《じぶん》のかわりの女王《じょおう》をつくってしまう。分身《ぶんしん》の女王《じょおう》たちもそれぞれに卵《たまご》をうむことができるので、巣《す》はどんどん大《おお》きくなる。

もとの女王《じょおう》が死《し》んでも、その遺《い》伝子《でんし》（生《い》きものの設計図《せっけいず》）とおなじものが分身《ぶんしん》の女王《じょおう》のなかにある。つまり、ヤマトシロアリの女王《じょおう》は、死《し》んだあともいつまでも生《い》きつづけていることになる。

第《だい》3章《しょう》 昆虫《こんちゅう》と人間《にんげん》

この章《しょう》に登場《とうじょう》するおもな昆虫《こんちゅう》

ゲンジボタル　スズムシ　イナゴ　ヤマトタマムシ
イボタロウムシ　カイコ　クリタマバチ　ナガサキアゲハ
オガサワラシジミ　トラマルハナバチ

ホタルが光《ひか》るのを見《み》たことがある？

スズムシのなき声《ごえ》をきいたことはある？

昆虫《こんちゅう》を食《た》べたことはある？

昆虫《こんちゅう》がつくったものや昆虫《こんちゅう》のはたらきを、わたしたちは生活《せいかつ》に利用《りよう》していることを知《し》っている？

害虫《がいちゅう》は、なんで害虫《がいちゅう》になったのだろう？

外来種《がいらいしゅ》って知《し》っている？　絶滅危惧種《ぜつめつきぐしゅ》って知《し》っている？　環境《かんきょう》がかわったら昆虫《こんちゅう》はどうなるの？

なぜ、昆虫《こんちゅう》を調《しら》べたり、昆虫《こんちゅう》を守《まも》ったりすることが必要《ひつよう》なの？


どんな生《い》きものも、1種類《しゅるい》だけでは生《い》きていくことはできない。

そして、どんな生《い》きものにも、かならず役割《やくわり》がある。

この章《しょう》を読《よ》んだら、昆虫《こんちゅう》だけでなくいろいろな生《い》きものが、これからも地球上《ちきゅうじょう》で生《い》きていくために、どうしていったらいいのかを、みんなで考《かんが》えよう。

ホタルがりにいこう

おしりが光《ひか》るふしぎな昆虫《こんちゅう》、ホタル。「ホタルがり」といって、日本人《にほんじん》はむかしからホタルの光《ひかり》を楽《たの》しんできた。さあ、夏《なつ》の夜《よる》、ピカピカ光《ひか》るホタルのショーのはじまりだ！

夕方《ゆうがた》おそく、水辺《みずべ》をとびかうたくさんのホタル。日本人《にほんじん》はむかしから「ホタルがり」を楽《たの》しんできた。暗《くら》やみのなかを光《ひか》りながらフワ～っととびまわるホタルは、ずっと見《み》ていたくなるくらいふしぎで美《うつく》しい。

ホタルがりにいったときは、ホタルをさわったり、ホタルに懐中電灯《かいちゅうでんとう》をむけたりしないように気《き》をつけよう。

ホタルがり

春《はる》がおわり、夏《なつ》が近《ちか》づくと、夜《よる》の水辺《みずべ》ではホタルの成虫《せいちゅう》が見《み》られるようになる。むかしから多《おお》くの人《ひと》たちが「ホタルがり」といって夜《よる》に外《そと》でホタルの光《ひかり》を楽《たの》しんできた。「かる」といっても、ホタルをつかまえるわけではなく、見《み》て楽《たの》しむという意味《いみ》だ。

ホタルの幼虫《ようちゅう》は、きれいな水《みず》がゆっくりとながれる小川《おがわ》などにすんでいる。だから、成虫《せいちゅう》のホタルもきれいな水辺《みずべ》にいることが多《おお》い。

日本《にほん》には、約《やく》40種《しゅ》のホタルがいる。とくによく見《み》られるのは、ゲンジボタルやヘイケボタルだ。ホタルは、種類《しゅるい》によって体《からだ》の大《おお》きさやとびかた、光《ひかり》の強《つよ》さがちがう。

ゲンジボタルのほうが、ヘイケボタルよりも体《からだ》が大《おお》きくて光《ひかり》も強《つよ》

どちらもメスが大《おお》きい！

きれいな水《みず》のそばにすむゲンジボタルは、メスの大《おお》きさが約《やく》20ミリ、オスが約《やく》15ミリ。頭《あたま》に黒色《くろいろ》の十文字《じゅうもんじ》がある。

田《た》んぼや湿原《しつげん》などで見《み》られるヘイケボタルは、オスが約《やく》8ミリ、メスが約《やく》10ミリと、ゲンジボタルよりやや小《ちい》さい。こちらも、メスのほうが大《おお》きい。

ゲンジボタルが光《ひか》るはやさは、すんでいるところによってちがう。西日本《にしにほん》では2秒《びょう》に1回《かい》くらい。関東《かんとう》のゲンジボタルは、それよりもゆっくりだ。オスのホタルが先《さき》に光《ひか》り、メスがそれをおいかけるように光《ひか》りだす。

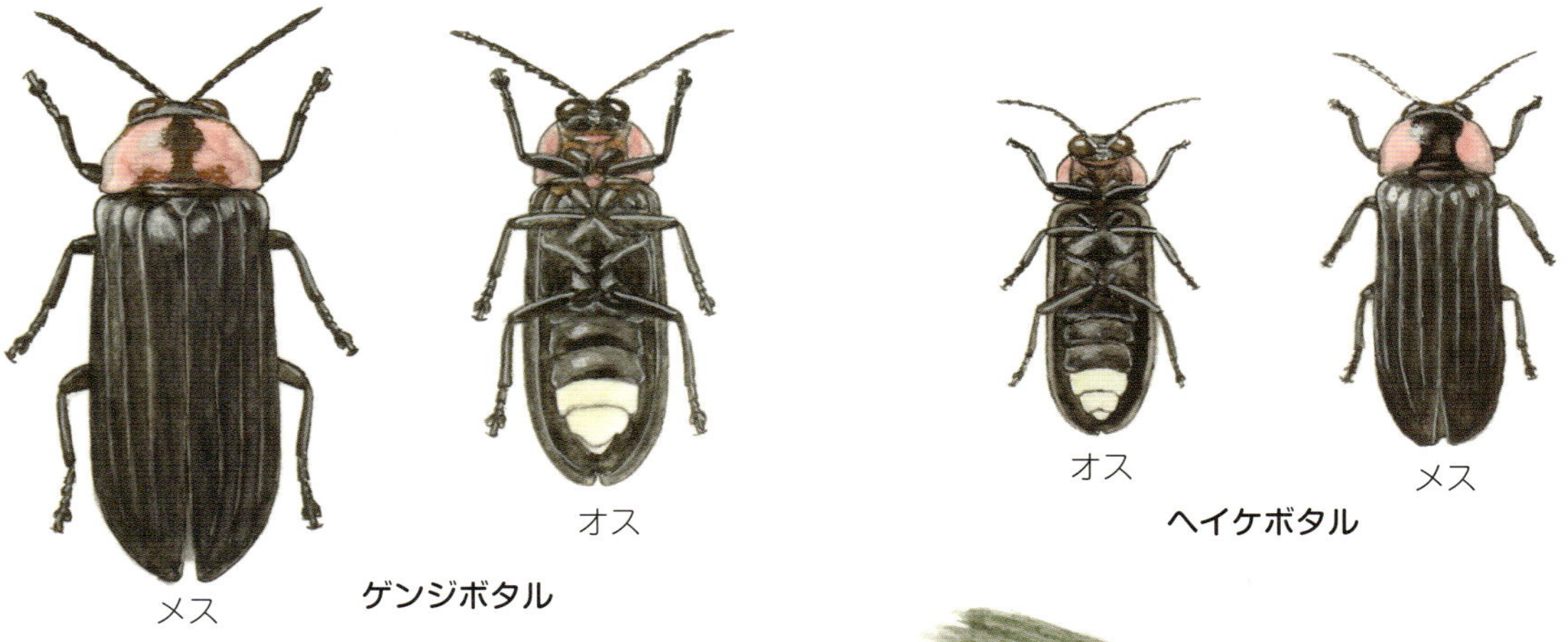
メス
オス
ゲンジボタル
オス
メス
ヘイケボタル

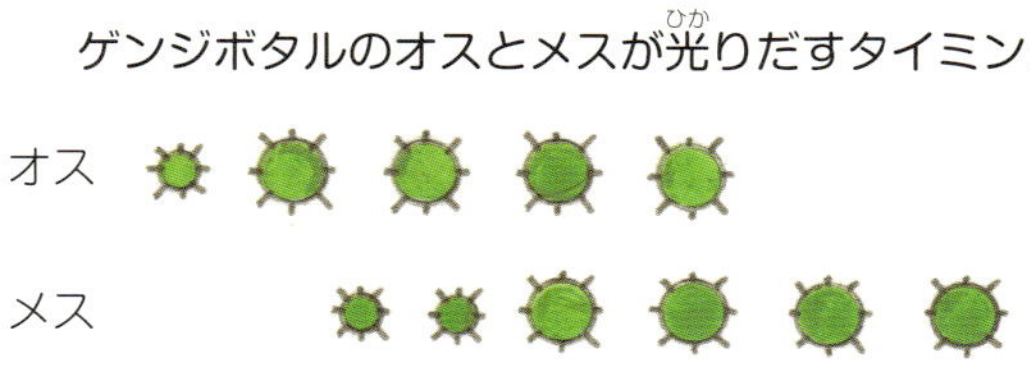
ゲンジボタルのオスとメスが光《ひか》りだすタイミング
オス
メス

く、遠《とお》くまでとぶ。また、ゲンジボタルが光《ひかり》をつけたり消《け》したりするはやさは、東日本《ひがしにほん》ではゆっくりで、西日本《にしにほん》でははやい。それに、オスとメスとでは光《ひか》るタイミングもちがっている。

ホタルが光《ひか》るしくみ

ホタルの光《ひか》る部分《ぶぶん》には「ルシフェリン」というものがたくさんはいっている。ルシフェリンが、ホタルの体《からだ》のなかにある「ホタルルシフェラーゼ」の力《ちから》によって「オキシルシフェリン」というものにかわる。このときに光《ひかり》が出《で》る。

光《ひかり》を出《だ》してとびまわるホタルがたくさん見《み》られるのは、夜《よる》の8時《じ》ごろ。みんなのおうちの近《ちか》くでも、ホタルが見《み》られる場所《ばしょ》をさがして、ホタルがりを楽《たの》しもう。

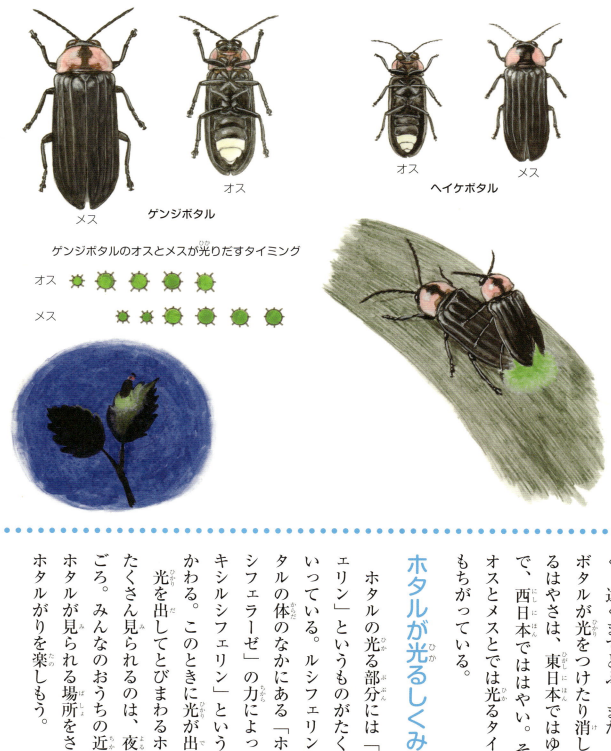

耳《みみ》をすませて、虫《むし》の歌《うた》をきこう

「虫《むし》めづる姫君《ひめぎみ》」のものがたり、コオロギやスズムシのなき声《ごえ》の歌《うた》……。むかしからわたしたちは、昆虫《こんちゅう》をかい、なき声《ごえ》を楽《たの》しんできた。そっと耳《みみ》をすませて、虫《むし》の歌《うた》をきいてみよう。

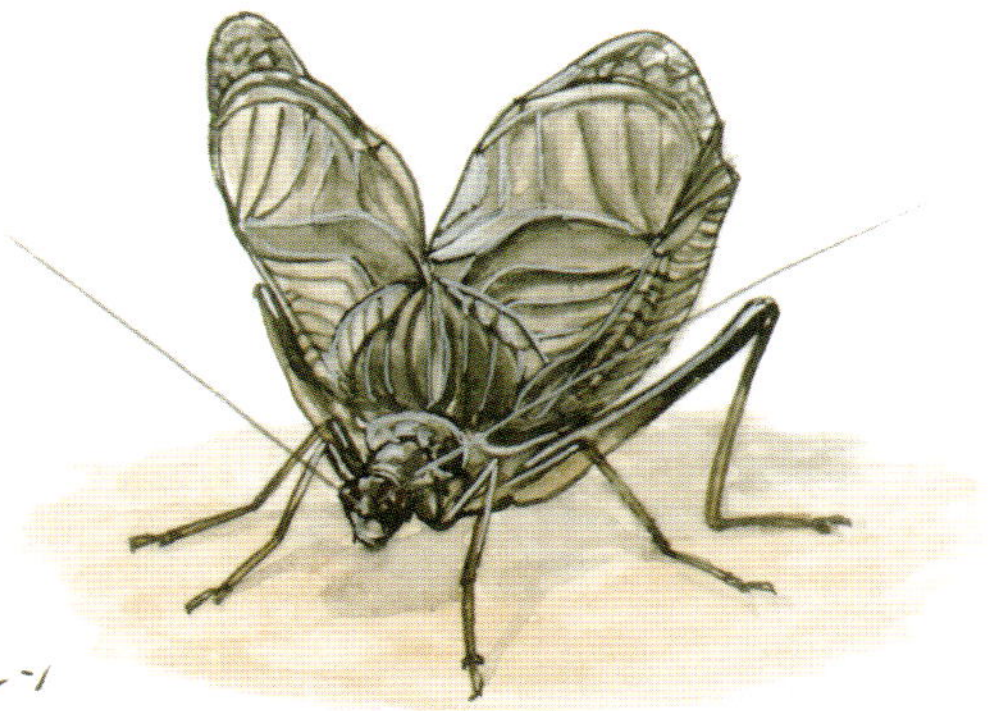

スズムシは、はねをこすって音《おと》をだす。

虫《むし》かごのなかでなく、スズムシの声《こえ》を楽《たの》しむ。

『堤中納言物語《つつみちゅうなごんものがたり》』の「虫《むし》めづる姫君《ひめぎみ》」
毛虫《けむし》をかわいがったり、知《し》らない虫《むし》に名《な》まえをつけたりする、虫《むし》が大《だい》すきなお姫《ひめ》さま。

物語《ものがたり》や歌《うた》のなかの昆虫《こんちゅう》

日本《にほん》でいちばん古《ふる》い歌《うた》（和歌《わか》）の本《ほん》『万葉集《まんようしゅう》』には、コオロギやセミなどの虫《むし》のなき声《ごえ》について書《か》かれたものがいくつもある。日本《にほん》人《じん》はむかしから虫《むし》の音《ね》に耳《みみ》をすませていたのだ。

いまから1000年《ねん》ほどまえに書《か》かれた『堤中納言物語《つつみちゅうなごんものがたり》』という本《ほん》には「虫《むし》めづる姫君《ひめぎみ》」（虫《むし》を愛《あい》するお姫《ひめ》さま）が登場《とうじょう》する。毛虫《けむし》をかったり、虫《むし》に名《な》まえをつけたりするのが大《だい》すきなお姫《ひめ》さまだ。

『源氏物語《げんじものがたり》』という本《ほん》のなかにも、主人公《しゅじんこう》が虫《むし》かごのなかの虫《むし》に水《みず》をあげているところが書《か》かれている。

いま、わたしたちが昆虫《こんちゅう》をかうことが楽《たの》しいと思《おも》う気《き》もちは、どうやらむかしの人《ひと》もおなじだったようだ。

明治時代《めいじじだい》の「虫売《むしう》り」と、虫《むし》を買《か》う少女《しょうじょ》たち。

スズムシをかってみよう

家《いえ》づくり　スズムシをかう「飼育箱《しいくばこ》」のなかにきれいな土《つち》をいれ、かれ木《き》やわれた植《う》木《き》ばちなどでかくれがをつくろう。うすい板《いた》をいれるのもいい。

エサ　ナス、キュウリ、キャベツなどの切《き》れはしと、かつおぶしやにぼしをくだいたものなど。

かいかた　土《つち》がかわいてきたら、きりふきで少《すこ》し水《みず》をかけよう。飼育箱《しいくばこ》は、日《ひ》の光《ひかり》があたらない、すずしい場所《ばしょ》におこう。

かくれがになるうすい板《いた》
ふた
われた植木《うえき》ばちの
かくれが
くしにさしたナスやキ
ュウリなどのエサ
砂《すな》と土《つち》
かつおぶしやニボシ
をいれたエサいれ

スズムシの声《こえ》を楽《たの》しもう

むかしから日本人《にほんじん》は、虫《むし》のなかでも「なく虫《むし》」をかって、そのなき声《ごえ》を楽《たの》しんできた。とくにリーン、リーンと鈴《すず》のようなきれいななき声《ごえ》を出《だ》すスズムシは人気者《にんきもの》だ。

いまから350年《ねん》ほどまえの江《え》戸時代《どじだい》に、かっているスズムシをどんどんふやす方法《ほうほう》が見《み》つけられたという。そのころから、昆虫《こんちゅう》を売《う》る「虫売《むしう》り」が、スズムシやクツワムシなど、よくなく昆虫《こんちゅう》を虫《むし》かごにいれて売《う》っていた。

スズムシは、まえばねをこすりあわせてなく。虫《むし》かごのなかをそっとのぞいて、スズムシが音《おと》を出《だ》すようすを観察《かんさつ》してみよう。

みんなもスズムシをかってみよう。きっと、きれいな音色《ねいろ》を楽《たの》しむことができる。

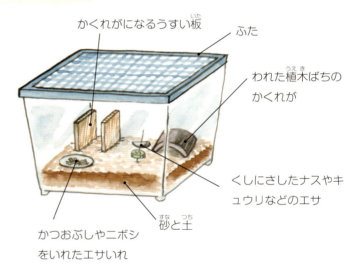

昆虫《こんちゅう》を釣《つ》ってみよう

虫《むし》は、虫《むし》とりあみでとる？ それとも、おいかけて手《て》でとる？ いえいえ、ほかにも方法《ほうほう》がある。それは、「釣《つ》り」だ。いろんな釣《つ》りで、虫《むし》をとってみよう！

●トンボ釣《つ》り

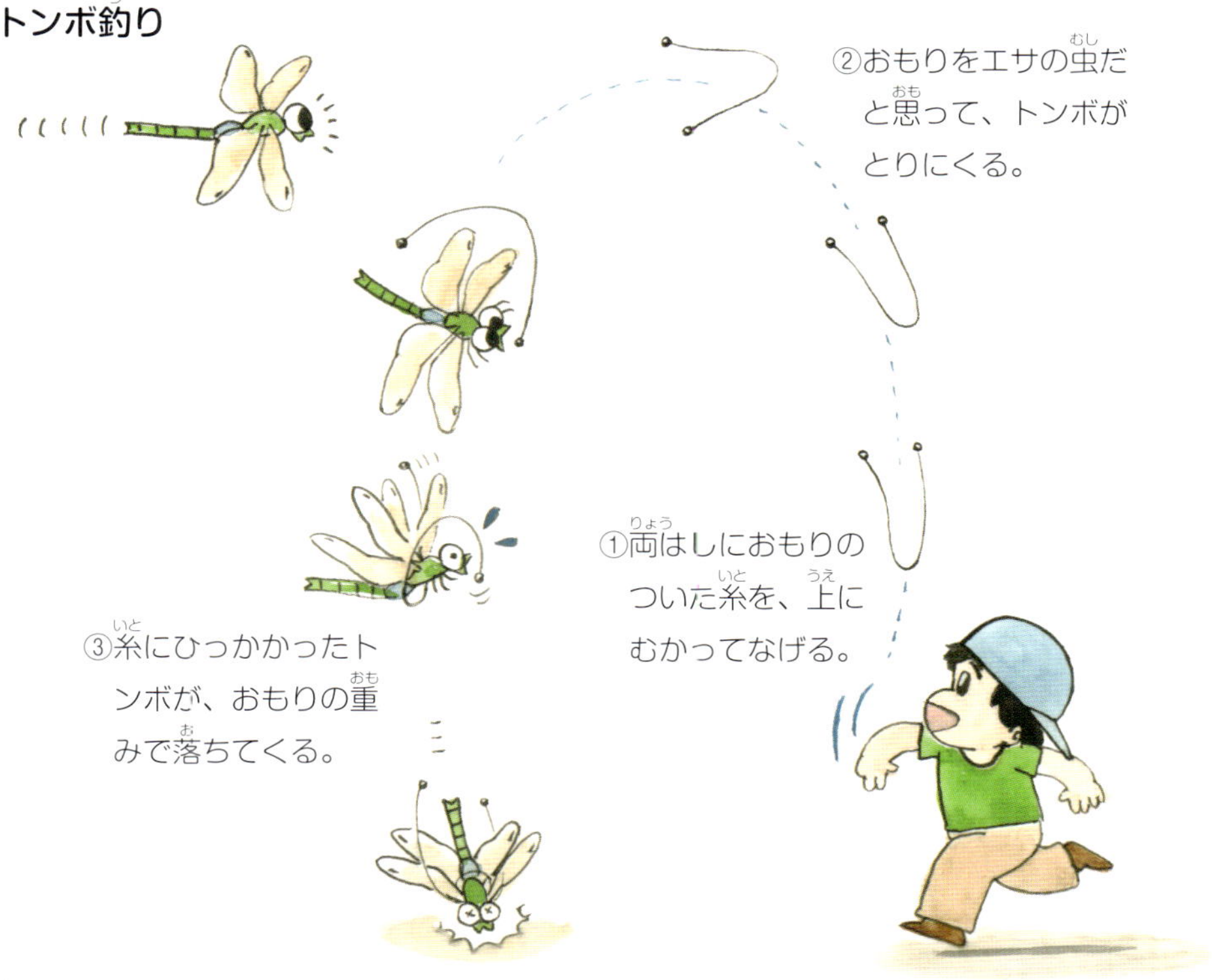
①両《りょう》はしにおもりのついた糸《いと》を、上《うえ》にむかってなげる。
②おもりをエサの虫《むし》だと思《おも》って、トンボがとりにくる。
③糸《いと》にひっかかったトンボが、おもりの重《おも》みで落《お》ちてくる。

●アリジゴク釣《つ》り

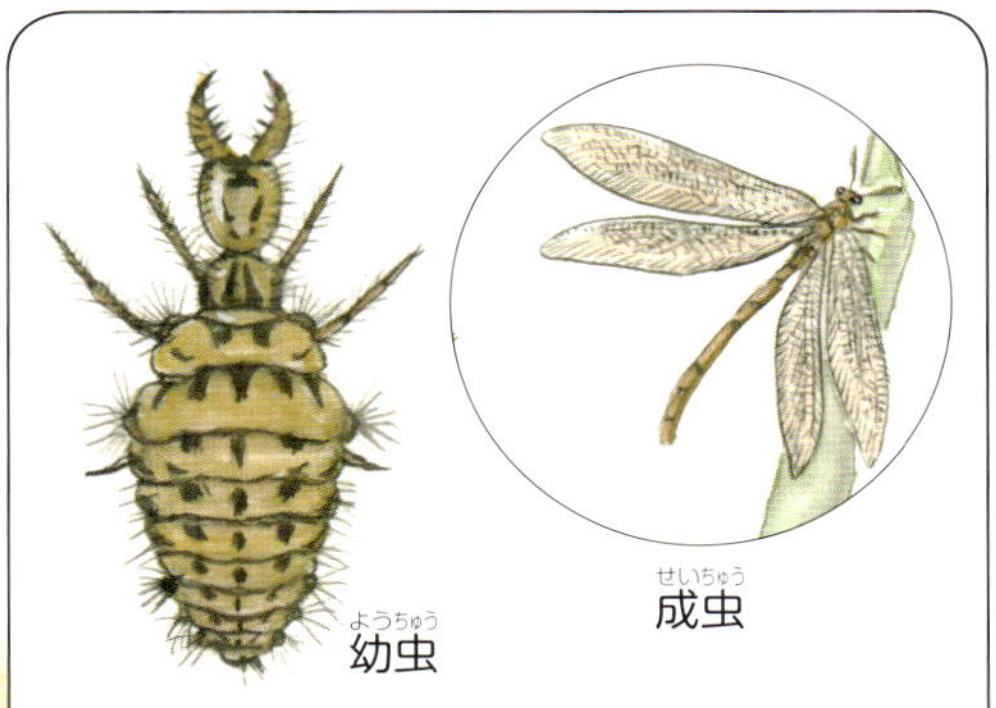
幼虫《ようちゅう》
成虫《せいちゅう》
アリジゴクの正体《しょうたい》は、ウスバカゲロウの幼《よう》虫《ちゅう》。大《おお》きなアゴがある。

トンボ釣《つ》りとアリジゴク釣《つ》り

魚釣《さかなつ》りのようにエサなどで釣《つ》ってつかまえられる昆虫《こんちゅう》がいる。

たとえば、トンボ。糸《いと》の両《りょう》はしにおもりをつけて、とんでいるギンヤンマなどのまえになげる。おもりをエサの虫《むし》とまちがえたトンボが糸《いと》にからまって落《お》ちてくるしくみだ。これをトンボ釣《つ》りという。

雨《あめ》のかからない砂場《すなば》などをさがすと、すりばちのようなくぼみが見《み》つかることがある。アリジゴク（ウスバカゲロウの幼虫《ようちゅう》）の巣《す》だ。アリジゴクくぼみの底《そこ》で、えもののアリがやってくるのをじっとまちかまえている。糸《いと》の先《さき》にアリをつるしたり、アリににせた糸玉《いとだま》をつけたりして、そっとくぼみにたらして、アリジゴクを釣《つ》ってみよう。

● ハンミョウ釣《つ》り

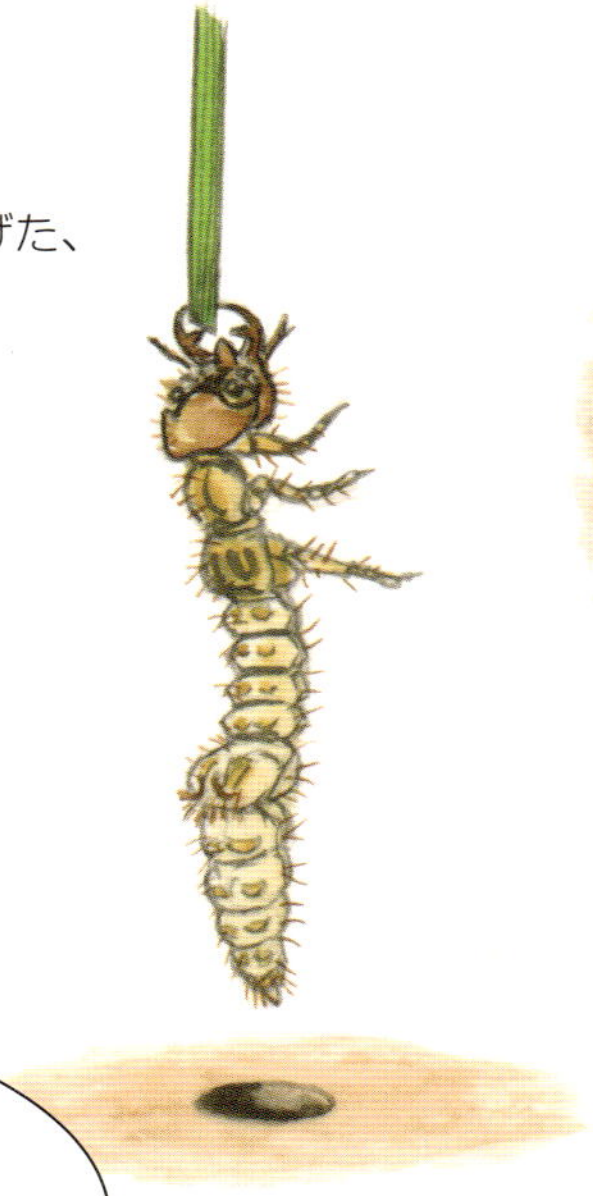

草《くさ》のくきで釣《つ》りあげた、
ハンミョウの幼虫《ようちゅう》。

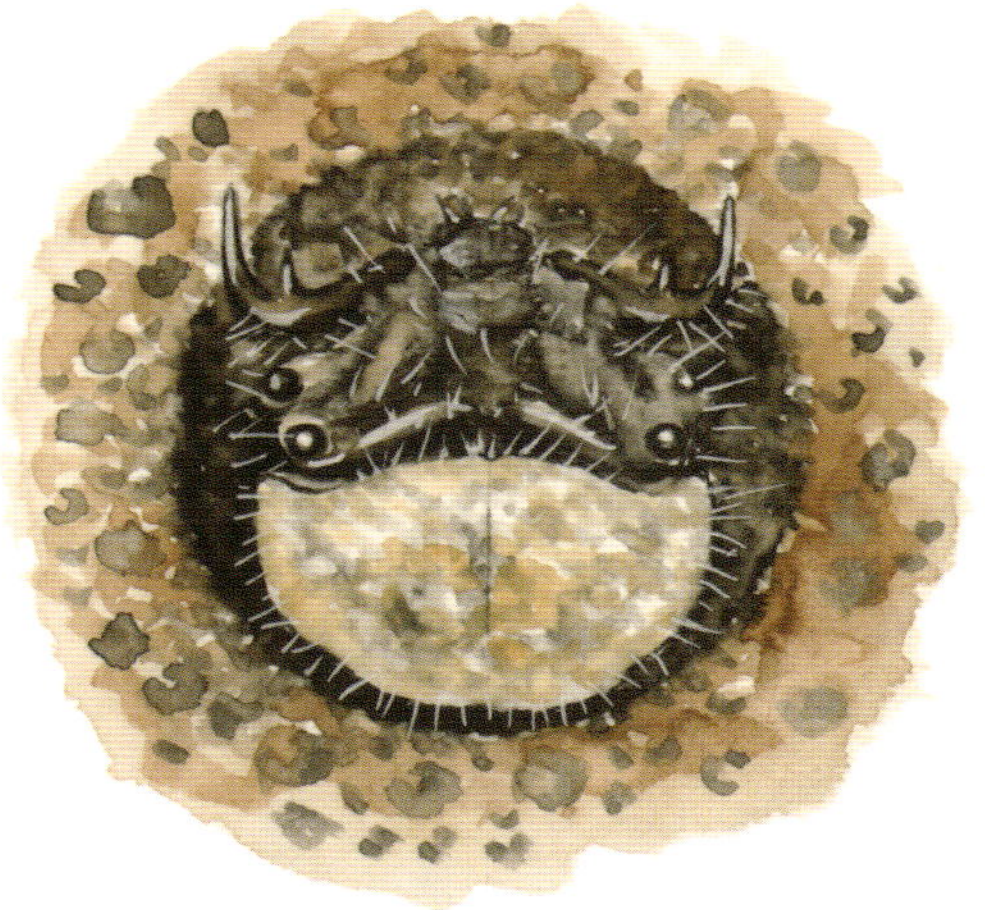

地面《じめん》の巣《す》あなから顔《かお》をのぞかせる、
ハンミョウの幼虫《ようちゅう》。

成虫《せいちゅう》

● バッタ釣《つ》り

上《うえ》の図《ず》のような釣《つ》りざおをつくって、トノサマバッタにそっと近《ちか》づいてみると……。ほら、木《き》の棒《ぼう》をメスとまちがえて、しがみついてきた！

ハンミョウ釣《つ》りとバッタ釣《つ》り

ハンミョウの幼虫《ようちゅう》は、細《ほそ》いあなのなかからなべのふたのような頭《あたま》を地面《じめん》に出《だ》して、えものをまちかまえている。アリジゴクとおなじように、アリやアリににせた糸玉《いとだま》を幼虫《ようちゅう》の頭《あたま》の上《うえ》で動《うご》かして、ハンミョウを釣《つ》ってみよう。

ハンミョウが頭《あたま》を出《だ》していないあながあれば、細《ほそ》い草《くさ》のくきなどをおくまでさしいれてみよう。幼《よう》虫《ちゅう》がくきをおしだしてあがってくることがある。

バッタ釣《つ》りにも挑戦《ちょうせん》してみよう。さおにつけた糸《いと》の先《さき》に、バッタとおなじくらいの大《おお》きさの木《き》の棒《ぼう》をつけて、トノサマバッタのオスにそっと近《ちか》づける。メスとまちがえてしがみついてくるかもしれない。

日本《にほん》の昆虫食《こんちゅうしょく》

イナゴやザザムシ、はちのこ、まゆこなど、日本人《にほんじん》はむかしからいろんな昆虫《こんちゅう》を食《た》べてきた。昆虫《こんちゅう》は、栄養満点《えいようまんてん》だ。

●イナゴのつくだ煮《に》

つくだ煮《に》は、砂糖《さとう》としょうゆであまからく煮《に》つけたものだ。

●はちのこ

●ザザムシ（トビケラなどの幼《よう》虫《ちゅう》）のつくだ煮《に》

イナゴ、ザザムシ、はちのこ

昆虫《こんちゅう》の体《からだ》には、「動物性《どうぶつせい》たんぱく質《しつ》」という、生《い》きものにとってとてもたいせつな栄養《えいよう》がたくさんふくまれている。昆虫《こんちゅう》は古《ふる》くから世界《せかい》じゅうで食《た》べられてきた。日《に》本《ほん》でも、長野県《ながのけん》や岐阜県《ぎふけん》などではいまも、おかずやおやつのひとつになっている。

日本《にほん》でむかしからよく食《た》べられていたのは、イナゴのなかまだ。コバネイナゴなどをつくだ煮《に》にした。川《かわ》のなかにすむトビケラなどの幼虫《ようちゅう》は「ザザムシ」とよばれ、やはりつくだ煮《に》にした。クロスズメバチの幼虫《ようちゅう》は「はちのこ」とよばれ、砂糖《さとう》としょうゆで煮《に》た「はちのこの大和煮《やまとに》」は、いまでも缶《かん》づめにして売《う》られている。

●まゆこの大和煮《やまとに》

カイコガのまゆと、まゆのなかのさなぎの「まゆこ」。

大和煮《やまとに》は、しょうゆに砂糖《さとう》や しょうがなどの香辛料《こうしんりょう》でこく味《あじ》つけをした煮《に》もの。

●カミキリムシの幼虫《ようちゅう》

シロスジカミキリ、アサカミキリ、オオアオカミキリ、クワカミキリなど、いろんなカミキリムシの幼虫《ようちゅう》が食《た》べられている。

成虫《せいちゅう》

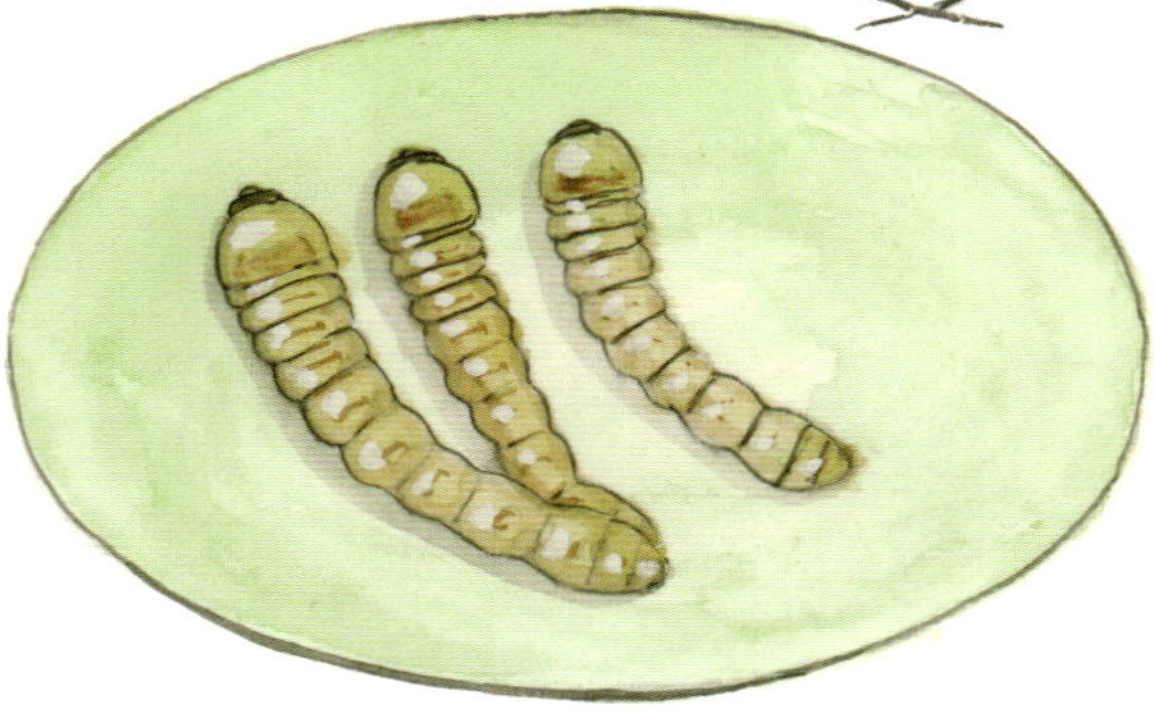

●キンガムシ（ゲンゴロウ） 成虫《せいちゅう》

まゆこ、カミキリムシ、キンガムシ

カイコガをかってきぬをたくさんつくっていたところでは、「まゆこ」とよばれるカイコガのさなぎがよく食《た》べられていた。そのまま食《た》べたり、油《あぶら》であげて塩《しお》をかけたり、しょうゆでつくだ煮《に》にしたりと、いろんな食《た》べかたがある。

はねのかたい甲虫《こうちゅう》のなかまでは、カミキリムシの幼虫《ようちゅう》がとくにおいしいそうだ。また、ゲンゴロウは、山形県《やまがたけん》ではキンガムシ（金蛾虫《きんがむし》）とよばれ、ほしくてもなかなか手《て》にはいらない、とてもめずらしい食《た》べものだったそうだ。

このほか、ボクトウガやブドウスカシバの幼虫《ようちゅう》など、いろいろな昆虫《こんちゅう》が食《た》べられていた。

世界《せかい》の昆虫食《こんちゅうしょく》

外国《がいこく》の人《ひと》びとも、いろんな昆虫《こんちゅう》を食《た》べている。将来《しょうらい》、世界《せかい》の人口《じんこう》がふえすぎて食料《しょくりょう》不足《ぶそく》になったときなど、昆虫《こんちゅう》は多《おお》くの人《ひと》びとをたすける食《た》べものになるかもしれない。

ボクトウガの幼虫《ようちゅう》をとるアボリジニ。

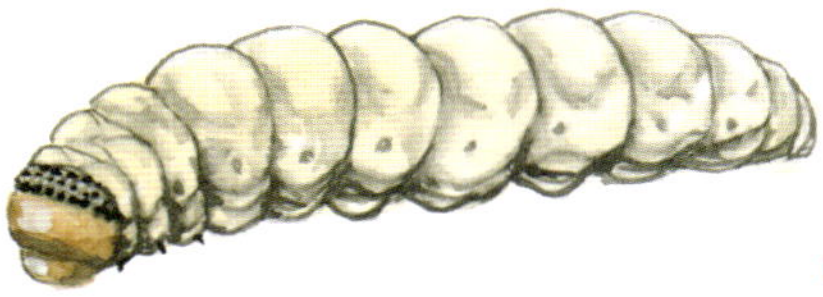

ボクトウガの幼虫《ようちゅう》

●むしやきにしたボクトウガの幼虫《ようちゅう》

とれたボクトウガの幼虫《ようちゅう》を木《き》をもやした灰《はい》のなかにいれて、むしやきにして食《た》べる。生《なま》でも食《た》べられる。

オーストラリア、パプアニューギニア、メキシコ

日本《にほん》だけでなく、世界《せかい》の人《ひと》びともいろんな昆虫《こんちゅう》を食《た》べている。オーストラリアの先住民《せんじゅうみん》アボリジニの人《ひと》たちは、ボクトウガの幼虫《ようちゅう》から多《おお》くのたんぱく質《しつ》をとっている。ブゴングガというヤガのなかまも食《た》べる。パプアニューギニアの人《ひと》たちは、大《おお》きなカゲロウの成虫《せいちゅう》をつかまえて、そのまま食《た》べるそうだ。イナゴのなかまは、こどものおやつのかわりになる。

メキシコでも、オンブバッタのなかまやミズムシというカメムシのなかまが食《た》べられる。コロンビアやベネズエラの先住民《せんじゅうみん》は、カブトムシの成虫《せいちゅう》からはねやあし、頭《あたま》をとって、くしやきにして食《た》べるそうだ。

東南《とうなん》アジア～中国《ちゅうごく》の昆虫食《こんちゅうしょく》

タイの市場《いちば》には、いろんな昆虫《こんちゅう》が売《う》られている。

●市場《いちば》で売《う》られている昆虫《こんちゅう》たち

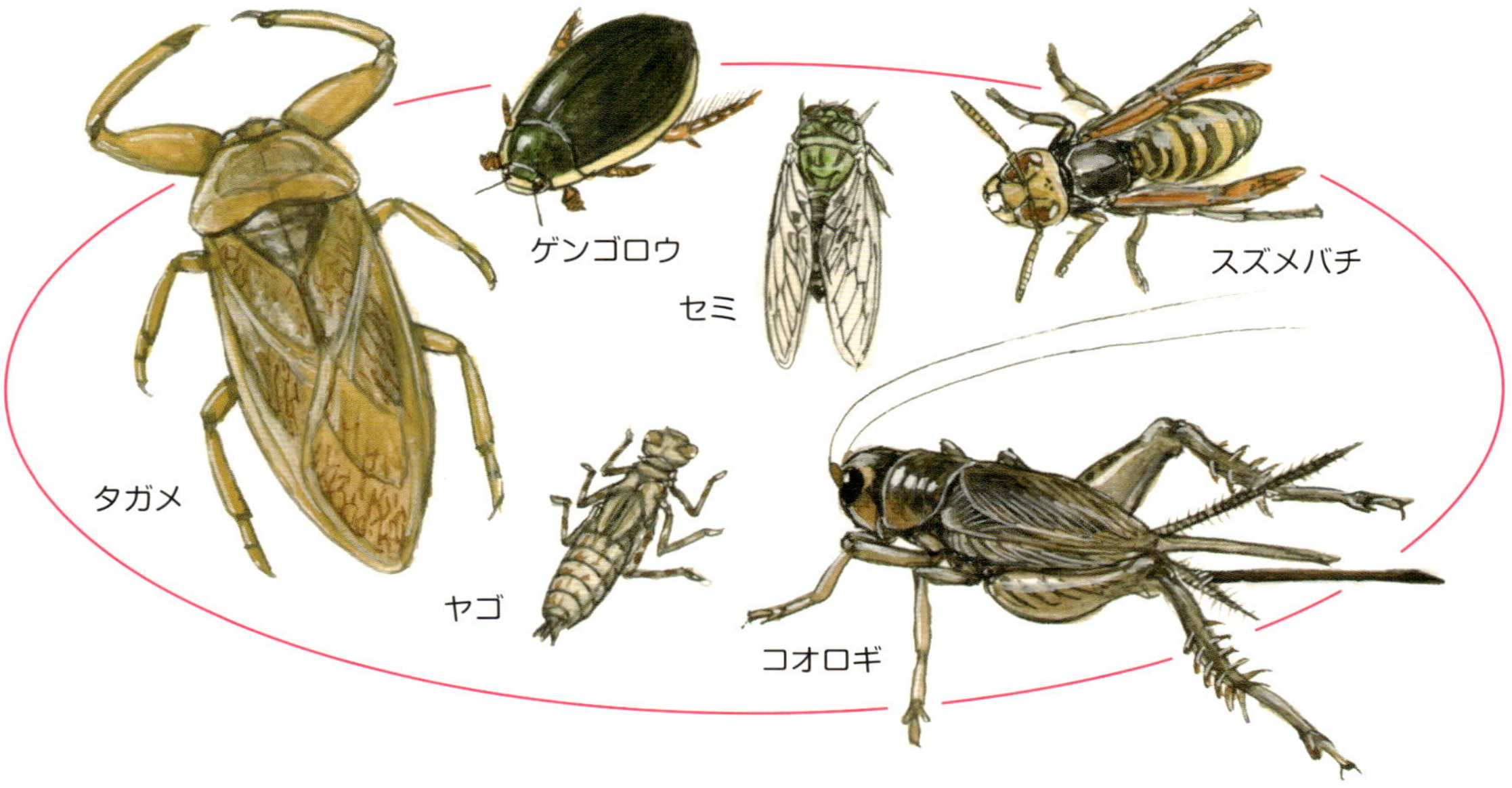

アジアの国《くに》ぐに

東南《とうなん》アジアの人《ひと》びとも、タガメやセミなどいろんな昆虫《こんちゅう》を食《た》べる。

タイでは、竹《たけ》のなかにすむメイガを食《た》べる。ミャンマーでは「パイッチャウ」とよばれるコオロギをあげてつくる料理《りょうり》が有名《ゆうめい》だ。ラオスではカマキリの成虫《せいちゅう》や卵《たまご》を食《た》べる。ベトナムではゲンゴロウのさなぎや成虫《せいちゅう》を油《あぶら》であげて食《た》べる。

中国《ちゅうごく》でも、南《みなみ》のほうにすむ人《ひと》びとはいろんな昆虫《こんちゅう》を食《た》べている。スズメバチ、ヤゴ、セミの幼虫《ようちゅう》や成虫《せいちゅう》、タケットガなどのガの幼虫《ようちゅう》、コオロギなどを油《あぶら》であげて食《た》べる。

昆虫《こんちゅう》には、たんぱく質《しつ》や脂肪《しぼう》、カルシウム、鉄分《てつぶん》という栄養《えいよう》もある。将来《しょうらい》、人《ひと》がふえすぎたときには、たいせつな食料《しょくりょう》になるかもしれない。

わたしたちの文化《ぶんか》と昆虫《こんちゅう》とのかかわり

昆虫《こんちゅう》のなかには、人《ひと》びとから「なにかいいことをおこしてくれる」と信《しん》じられてきたものがいる。縁起《えんぎ》のいい昆虫《こんちゅう》のことが、本《ほん》に書《か》かれたり、道具《どうぐ》にえがかれたりしている。

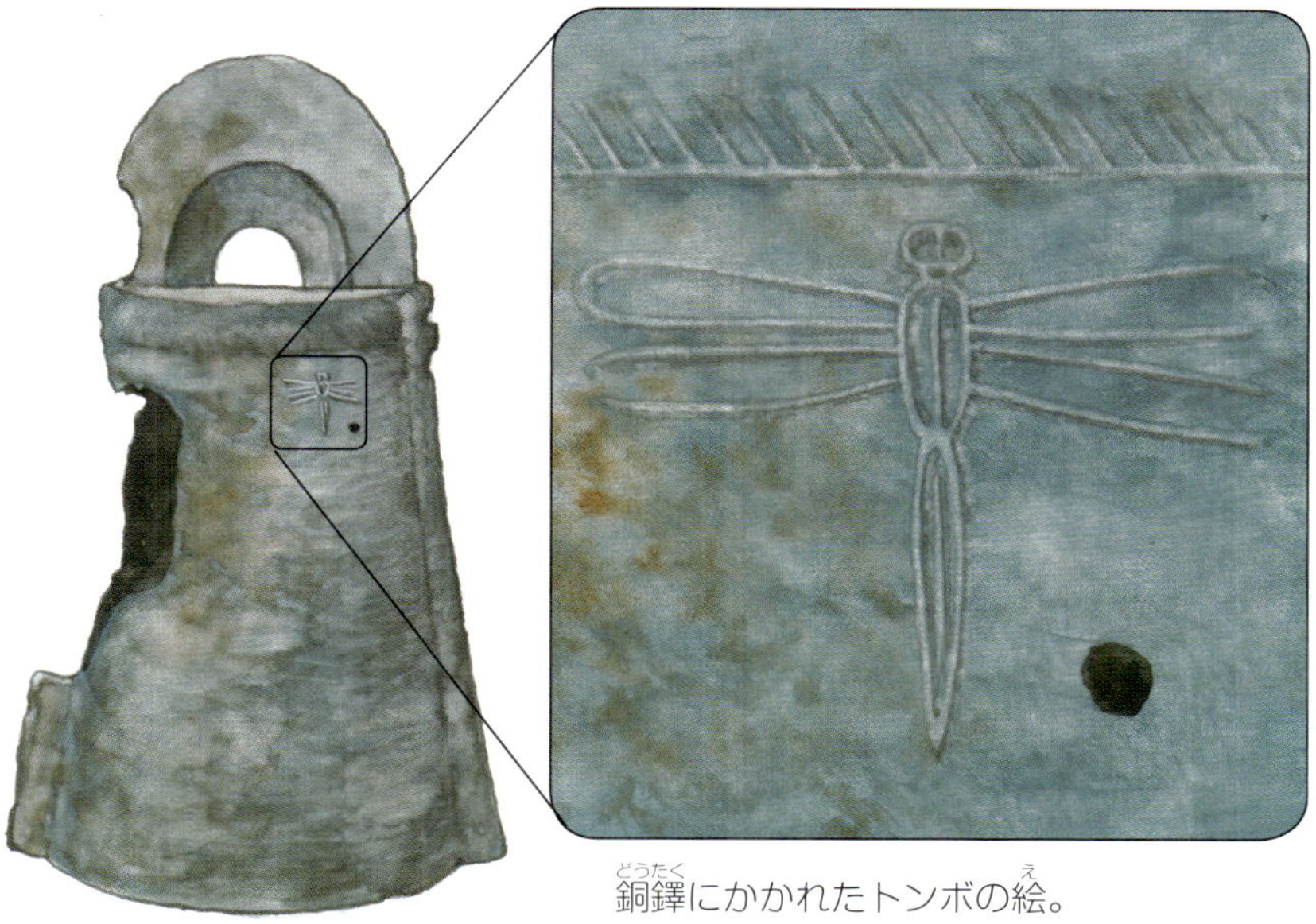

銅鐸《どうたく》にかかれたトンボの絵《え》。

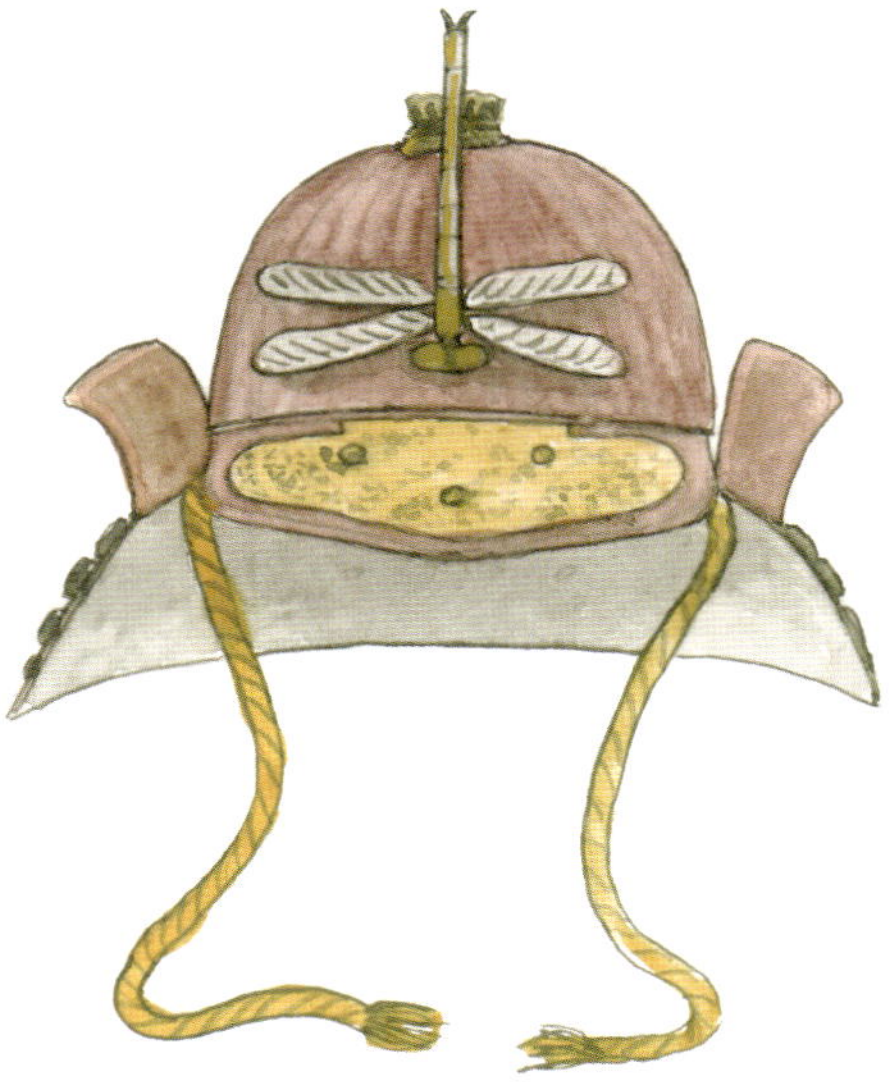

かぶとのかざりとしてつけられたトンボ。

トンボの島《しま》・トンボのかぶと

昆虫《こんちゅう》は、むかしからわたしたちの生活《せいかつ》のなかでたいせつな生《い》きもののひとつだった。日本《にほん》でいちばん古《ふる》い『古事記《こじき》』や『日本書紀《にほんしょき》』という本《ほん》には、トンボやカイコなどの昆虫《こんちゅう》が登場《とうじょう》する。そのころの日本《にほん》は「秋津島《あきつしま》」とよばれていた。「秋津《あきつ》」というのは、トンボの古《ふる》いよびかた。そう、日本《にほん》は「トンボの島《しま》」といわれていたのだ。

弥生時代《やよいじだい》（2100年《ねん》くらいまえ）の銅鐸《どうたく》（儀式《ぎしき》などにつかわれた青銅器《せいどうき》）にはトンボの絵《え》がかかれている。500年《ねん》ほどまえの戦《せん》国時代《ごくじだい》には、かぶとにトンボのかざりをつけた武将《ぶしょう》がいた。トンボは「勝《か》ち虫《むし》」ともいう。一直線《いっちょくせん》にまえむきにとぶことから、戦《いくさ》で勝《か》

ヤマトタマムシ

はねはここにある！

厨子《ずし》の台《だい》の部分《ぶぶん》には、金《きん》などで細《こま》かいもようがつくられている。その下《した》に、緑色《みどりいろ》に光《ひか》るタマムシのはねがしきつめられている。右《みぎ》の絵《え》の玉虫厨子《たまむしのずし》は、本物《ほんもの》をまねて新《あたら》しくつくられたものだ。

金《きん》のもよう

ヤマトタマムシのはね

玉虫厨子《たまむしのずし》

●太陽《たいよう》をころがすスカラベ
これは、古代《こだい》エジプトの王《おう》のへやのかべにかかれたスカラベの絵《え》。本物《ほんもの》のフンをころがす右《みぎ》のフンコロガシとそっくりだ。

スカラベ（フンコロガシ）

てると信《しん》じられていたのだ。

むかしの人《ひと》は、トンボのかたちや動《うご》きをよく観察《かんさつ》して、たいせつにしていたことがわかる。

玉虫厨子《たまむしのずし》・スカラベ

日本《にほん》でいちばん古《ふる》い木《き》の建物《たてもの》の法隆寺《ほうりゅうじ》にある「玉虫厨子《たまむしのずし》」。厨子《ずし》（仏《ほとけ》さまの小《ちい》さな家《いえ》）には、キラキラ光《ひか》るヤマトタマムシのはねが2500枚《まい》以上《いじょう》かざられている。

5000年《ねん》以上《いじょう》まえ、太陽《たいよう》を神《かみ》さまと信《しん》じていた古代《こだい》エジプト人《じん》は、スカラベ（フンコロガシ）がフンをまるめてころがすようすを、太陽《たいよう》をころがしてはこぶように感《かん》じた。まるめたフンからは、スカラベのこどもたちがそだつ。古代《こだい》エジプトの人《ひと》びとにとってスカラベは、うまれたりなくなったりする命《いのち》そのものだった。

昆虫《こんちゅう》がつくったものを利用《りよう》する

木《き》についた、ぷっくりふくれたこぶを見《み》たことがあるかな? それは、虫《むし》がつくる「虫《むし》こぶ」だ。なかには、人間《にんげん》の生活《せいかつ》の役《やく》にたつこぶもあるんだって。

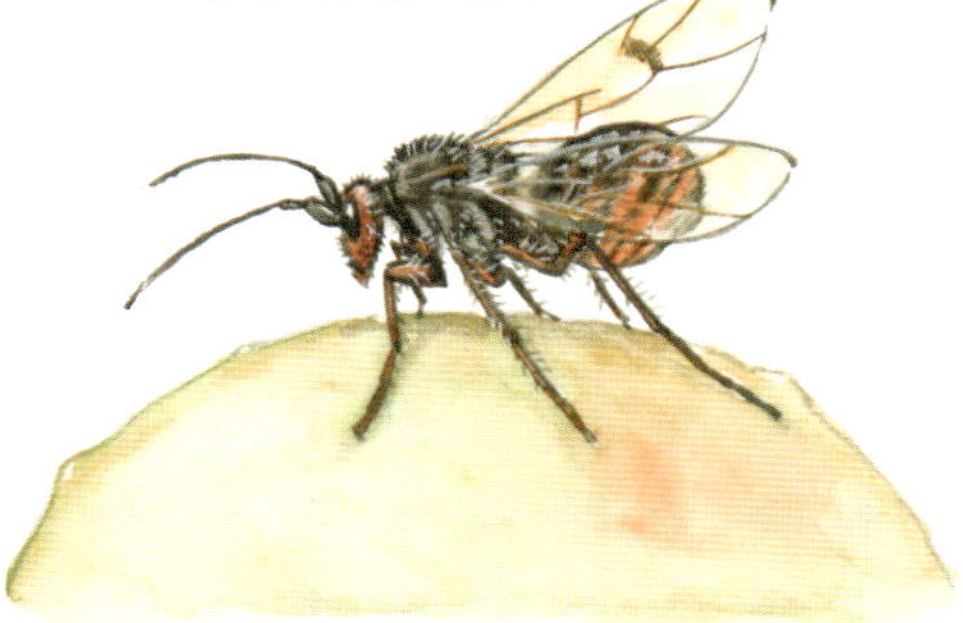

インクタマバチの虫《むし》こぶ（右《みぎ》）とインクタマバチ（下《した》）

虫《むし》こぶのなかには、しぶい「タンニン」がたくさんはいっている。ヨーロッパでは、それをとりだしてペンのインクとしてつかった。

ヌルデシロアブラムシの虫《むし》こぶ

虫《むし》こぶのなかにすむヌルデシロアブラムシ

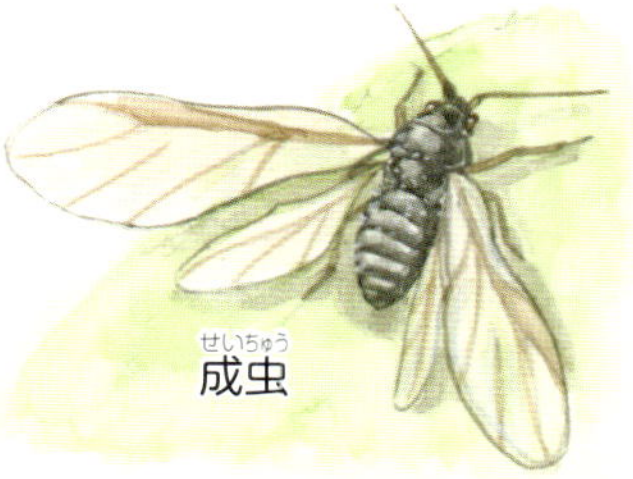

成虫《せいちゅう》

虫《むし》こぶの利用《りよう》

いろいろな昆虫《こんちゅう》が、植物《しょくぶつ》に「虫《むし》こぶ」をつくる。その昆虫《こんちゅう》は、虫《むし》こぶのなかの幼虫室《ようちゅうしつ》とよばれる小《ちい》さなへやにすんでいる。

虫《むし》こぶのかべはかたく、敵《てき》の虫《むし》などから身《み》を守《まも》ってくれる材料《ざいりょう》でできている。たとえば、その材料《ざいりょう》のひとつ「タンニン」は、しぶ柿《がき》や栗《くり》のしぶ皮《かわ》など「苦《にが》くてしぶい」と感《かん》じるものの正体《しょうたい》だ。人《ひと》だけでなく、昆虫《こんちゅう》も食《た》べたくない材料《ざいりょう》なので、虫《むし》こぶのかべは敵《てき》の虫《むし》に食《た》べられない。

インクタマバチというハチのなかまがナラの木《き》につくる虫《むし》こぶにはタンニンがたくさんふくまれていて、ヨーロッパの人《ひと》びとはそれをペンのインクとしてつかった。

日本《にほん》でも、ヌルデシロアブラムシ

●イボタロウムシとイボタろう

オス（成虫《せいちゅう》）

メス（成虫《せいちゅう》）

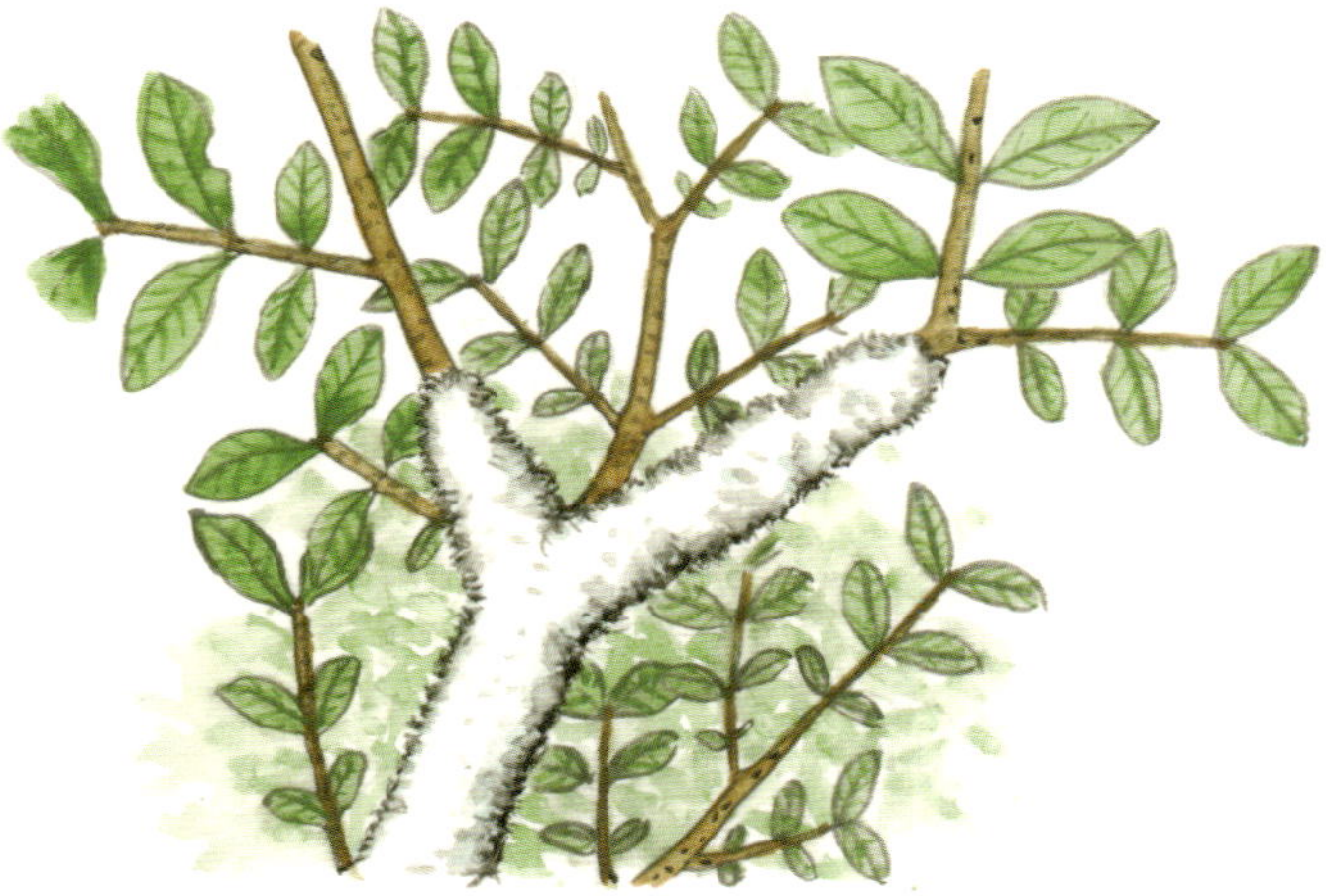

5月《がつ》ごろに数千《すうせん》個《こ》の卵《たまご》をうみ、6～7月《がつ》にかえるイボタロウムシ。オスの幼虫《ようちゅう》は、白色《しろいろ》のろうを体《からだ》から出《だ》し、そのなかでさなぎになる。9月《がつ》ごろに羽化《うか》して、ろうにあなをあけて外《そと》にとびだしていく。

オスの幼虫《ようちゅう》が出《だ》したろうが「イボタろう」になる。

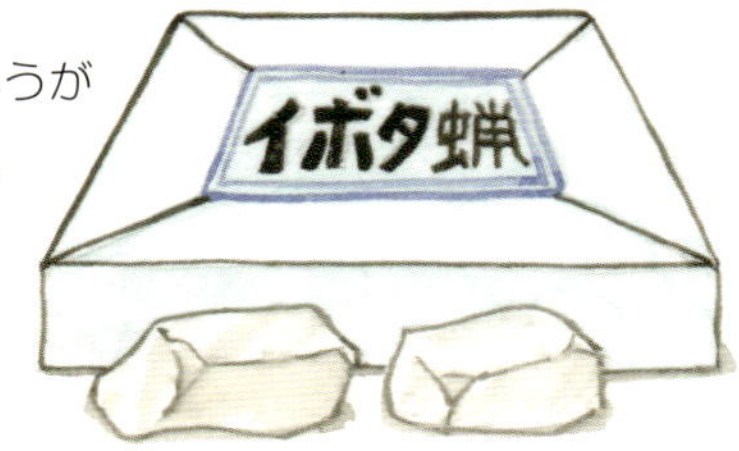

●コチニールカイガラムシ

コチニールカイガラムシは、またの名《な》を「エンジムシ」という。えんじ色《いろ》というきれいな赤色《あかいろ》のもとが体《からだ》のなかにあるからだ。赤色《あかいろ》のもとは、メスにだけある。メスを乾燥《かんそう》させて粉《こな》にして、糸《いと》や布《ぬの》などをそめる。

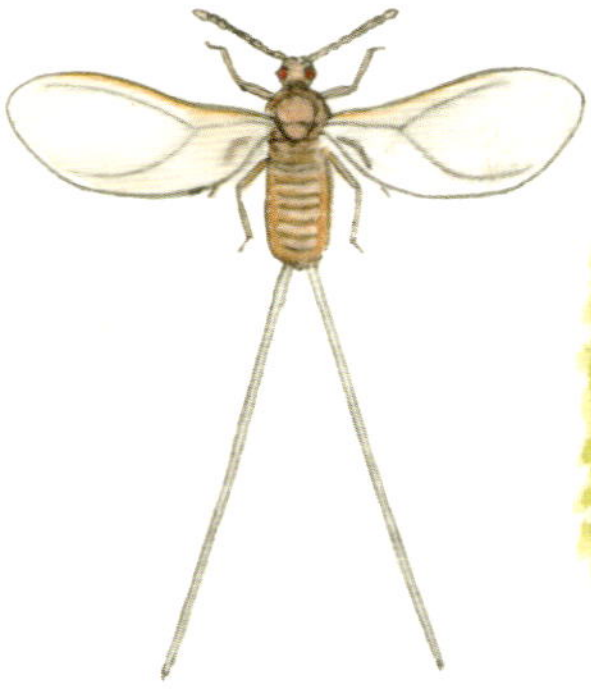

オス（成虫《せいちゅう》）

メス（成虫《せいちゅう》）

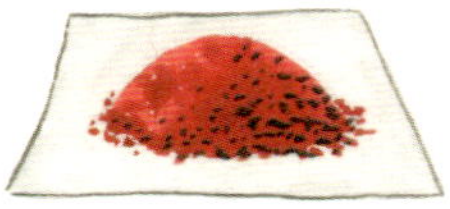

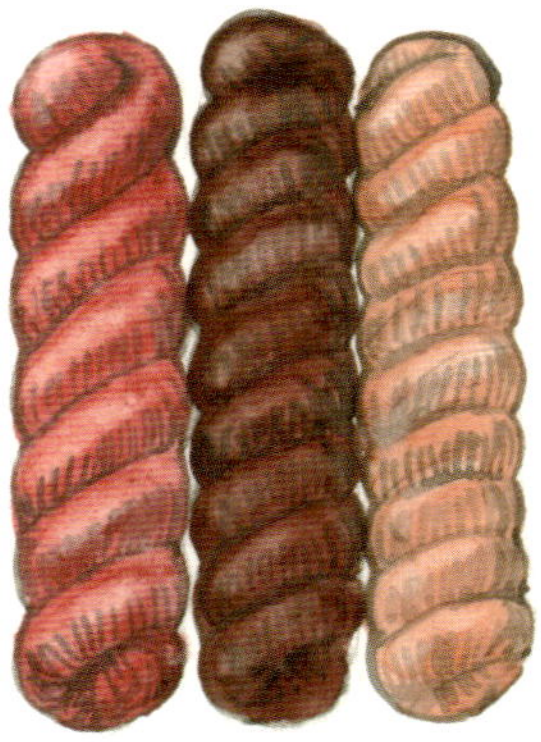

コチニールカイガラムシの粉《こな》でそめた赤《あか》い糸《いと》。

がヌルデの木《き》につくった虫《むし》こぶのタンニンを、白髪《しらが》ぞめなどにつかったという。

カイガラムシはろうそくと赤色《あかいろ》のもと

虫《むし》こぶをつくらない昆虫《こんちゅう》の体《からだ》のなかにも、人間《にんげん》の役《やく》にたつものがある。イボタロウムシ（カイガラムシのなかま）が体《からだ》から出《だ》すものを「イボタろう」といい、これはロウソクの材料《ざいりょう》になる。福島県《ふくしまけん》では、イボタろうをとるために、イボタロウムシをかっていたという。

ラックカイガラムシが体《からだ》から出《だ》すものはワックスになるし、コチニールカイガラムシからは赤《あか》い色《いろ》のもとがでる。それは、おかしや飲《の》みもの、糸《いと》や布《ぬの》にきれいな赤《あか》い色《いろ》をつけるためにつかわれる。

はちみつ・みつろう・きぬ

昆虫《こんちゅう》は、人間《にんげん》のくらしに役《やく》だついろんなものをつくってくれる。その代表選手《だいひょうせんしゅ》が、ミツバチとカイコだ。

●ミツバチの巣《す》のなかに……
みつろうでできた六角形《ろっかっけい》の小《ちい》さなへやにためられているはちみつが見《み》られる。

ミツバチの巣《す》をとかしたなかにタコ糸《いと》をなんどもつければ、みつろうのろうそくができあがる。

レンゲ、ミカン、アカシアなど、いろいろな花《はな》のみつをすうミツバチ。はちみつの味《あじ》とかおりは、ミツバチがみつを集《あつ》めた植物《しょくぶつ》によってちがう。

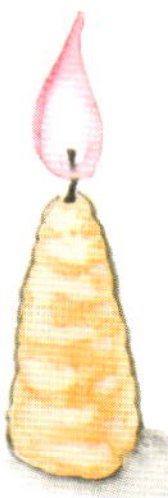

みつろうは、はたらきバチがはちみつを食《た》べて、それを体《からだ》のなかで変化《へんか》させてつくったろうだ。だから、とてもいいにおいがする。

1匹《ぴき》のはたらきバチが一生《いっしょう》のあいだにつくれるはちみつの量《りょう》は、小《ちい》さなスプーン1杯《ぱい》ぶんよりももっと少《すく》ない。

ミツバチ

ミツバチの巣《す》には、はたらきバチが花《はな》のみつを集《あつ》めてつくったはちみつがたくさんためこまれている。はちみつにはいろいろな色《いろ》や味《あじ》のものがあるが、それはミツバチがみつをあつめた植物《しょくぶつ》のちがいによるもの。ミツバチは、はちみつを「保存食《ほぞんしょく》」として、冬《ふゆ》のあいだはそれを少《すこ》しずつ食《た》べて生《い》きのびる。人間《にんげん》は、この保存食《ほぞんしょく》をわけてもらって食《た》べているわけだ。

ミツバチの巣《す》をとかすと、みつろうというろうがとれる。ミツバチの巣《す》は、はたらきバチがはちみつを食《た》べてつくりだしたろうでできているのだ。みつろうは、ろうそくをつくることもできるし、口《くち》べにの材料《ざいりょう》につかわれることもある。

●カイコをかう

クワの葉《は》を食《た》べるカイコ。カイコは、まゆになるまで4回《かい》脱皮《だっぴ》しながら大《おお》きくなる。

カイコにクワの葉《は》をあげる農家《のうか》。春《はる》から秋《あき》のあたたかいときにカイコをかった。

カイコは、卵《たまご》からまゆになるまで人間《にんげん》が世話《せわ》しないと生《い》きていくことができない。カイコがまゆをつくる場所《ばしょ》も、人間《にんげん》がわらなどでつくる。これを「まぶし」という。

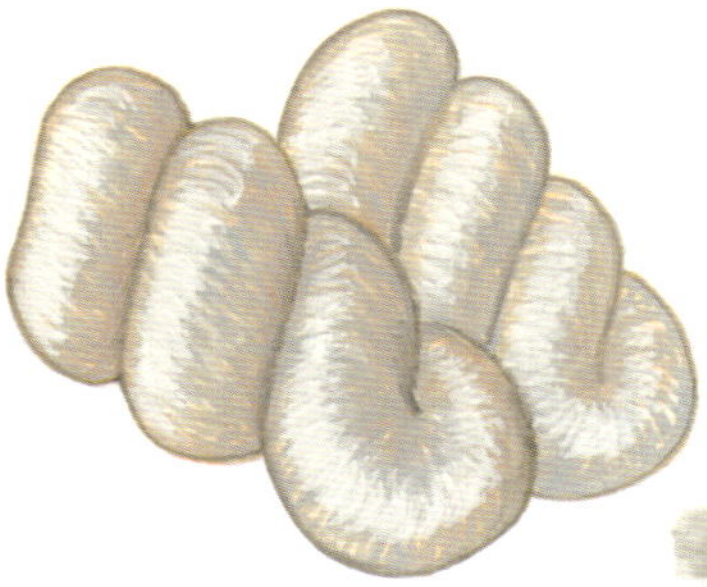

とった糸《いと》を何本《なんぼん》かよりあわせてつくったきぬ糸《いと》。

まゆのなかのさなぎが成虫《せいちゅう》になるまえに、まゆをゆでる。ゆでることで、糸《いと》がとれやすくなる。ひとつのまゆから1200～1500メートルの糸《いと》がとれる。

カイコ

ナイロンなどの石油《せきゆ》からつくる糸《いと》や布《ぬの》が登場《とうじょう》するまでは、日本《にほん》ではたくさんの農家《のうか》がカイコをかっていた。

カイコは、カイコガというガの一種《いっしゅ》で、幼虫《ようちゅう》からさなぎになるときに糸《いと》をはいてまゆをつくる。この糸《いと》は、つやつやしていて、さわるとすべすべしている。これをたくさん集《あつ》めて布《ぬの》におったものが、きぬおりものだ。糸《いと》が細《ほそ》くておるのにも時間《じかん》がかかるので、いまもむかしも、きぬの着物《きもの》は、結婚式《けっこんしき》やお葬式《そうしき》など特別《とくべつ》なときに着《き》ることが多《おお》い。

まゆから糸《いと》をとったあとのさなぎは、魚《さかな》釣《つ》りのエサになるほか、つくだ煮《に》やいためものにして食《た》べるところもある。

イネや野菜《やさい》を食《た》べる、こまった昆虫《こんちゅう》たち

人間《にんげん》の食《た》べものを食《た》べる昆虫《こんちゅう》たちは、「害虫《がいちゅう》」とよばれてきらわれている。でも、ほんとうにわるいのは虫《むし》ではなく、虫《むし》たちのすむところを横《よこ》どりした人間《にんげん》のほうかもしれない。

畑《はたけ》や田《た》んぼにできたものを食《た》べてしまう虫《むし》たち

以前《いぜん》は野山《のやま》だったところが田《た》んぼや畑《はたけ》になっているので、もともとそこにすんでいた昆虫《こんちゅう》たちが食《た》べものをさがしてやってくる。

チャバネアオカメムシ
リンゴやミカンの実《み》のしるをすう。
ツマグロヨコバイ
イネのしるをすって、からしてしまう。
マメコガネ
ダイズやブドウなどの葉《は》っぱを食《た》べる。
モンシロチョウ
幼虫《ようちゅう》がキャベツの葉《は》っぱなどを食《た》べる。右《みぎ》：成虫《せいちゅう》 左《ひだり》：幼虫《ようちゅう》。

横《よこ》どりしてごめんなさい

人間《にんげん》が食《た》べるお米《こめ》や野菜《やさい》、庭《にわ》に植《う》えたきれいな花《はな》などを食《た》べてしまう昆虫《こんちゅう》がいる。わたしたちはそれを「害虫《がいちゅう》」とよんでいる。

大《おお》むかしから野山《のやま》でいろんな植物《しょくぶつ》を食《た》べていた昆虫《こんちゅう》たち。でも人間《にんげん》は、その野山《のやま》をたがやして田《た》んぼや畑《はたけ》をつくり、自分《じぶん》たちのための食《た》べものをつくるようになった。

田《た》んぼや畑《はたけ》にはたくさんのイネや野菜《やさい》がそだっている。もともと野山《のやま》の植物《しょくぶつ》を食《た》べていた昆虫《こんちゅう》たちは、もちろんイネや野菜《やさい》を食《た》べにくる。たくさんの食《た》べものがあるから、昆虫《こんちゅう》もたくさんくる。すると、人間《にんげん》にとってその昆虫《こんちゅう》は害虫《がいちゅう》になってしまう。

でも、昆虫《こんちゅう》たちのすむ場所《ばしょ》を横《よこ》どりしたのは人間《にんげん》だ。だから、

食《た》べものや花《はな》を害虫《がいちゅう》から守《まも》る方法《ほうほう》

●フェロモントラップをつかう

昆虫《こんちゅう》のメスが出《だ》すフェロモン（におい）をつかって、オスをおびきよせる。メスはオスにであえず、卵《たまご》をうめない。

●農薬《のうやく》をつかう

農薬《のうやく》をつかって害虫《がいちゅう》をやっつける。農薬《のうやく》の種類《しゅるい》によってつかいかたがきめられているので、その約束《やくそく》をしっかり守《まも》らなければならない。

●ネットをつかう

ネットをはって、野菜《やさい》のおうちの完成《かんせい》。チョウなどとんでくる害虫《がいちゅう》は、なかにはいることができない。

「害虫《がいちゅう》」なんてよぶのは、ほんとうは少《すこ》しわるい気《き》がする。

食《た》べものを守《まも》る

だけど、人間《にんげん》も生《い》きるためには害虫《がいちゅう》をやっつけて、食《た》べものをつくらなければならない。江戸時代《えどじだい》には、ウンカという害虫《がいちゅう》がふえすぎて米《こめ》が全然《ぜんぜん》とれず、多《おお》くの人《ひと》が死《し》んでしまった。そうならないように、いまは害虫《がいちゅう》をやっつける方《ほう》法《ほう》がいくつかある。

　いちばんよくつかわれるのは農《のう》薬《やく》をまくことだが、つかいすぎに注意《ちゅうい》する必要《ひつよう》がある。農薬《のうやく》は、害《がい》虫以外《ちゅういがい》にもわるい影響《えいきょう》をあたえることがあるからだ。野菜《やさい》をかこうネットや、害虫《がいちゅう》がきらいなキラキラしたシートも効果《こうか》がある。フェロモン（におい）で害虫《がいちゅう》をだます方法《ほうほう》もある。

害虫《がいちゅう》を退治《たいじ》してくれる昆虫《こんちゅう》

害虫《がいちゅう》にやられっぱなしでは、野菜《やさい》も花《はな》もそだたない。そこで「天敵昆虫《てんてきこんちゅう》」の登場《とうじょう》だ！ 農作《のうさく》物《ぶつ》を害虫《がいちゅう》から守《まも》るための必殺技《ひっさつわざ》だ。

近《ちか》くにいる天敵昆虫《てんてきこんちゅう》をさがしてみよう

●ナナホシテントウ

野菜《やさい》や花《はな》のくきにたくさんついているアブラムシが大好物《だいこうぶつ》。成虫《せいちゅう》も幼虫《ようちゅう》もアブラムシをよく食《た》べる。上《うえ》：成虫《せいちゅう》　下《した》：幼虫《ようちゅう》。

●アオムシサムライコマユバチ

コマユバチのなかまはアオムシの体《からだ》のなかに卵《たまご》をうみつける。

アオムシ（モンシロチョウの幼虫《ようちゅう》）の体《からだ》にできたアオムシサムライコマユバチのまゆ。

敵《てき》の敵《てき》はだれ？

害虫《がいちゅう》にも敵《てき》がいる。「天敵昆虫《てんてきこんちゅう》」は、わたしたち人間《にんげん》にとって味方《みかた》になる昆虫《こんちゅう》だ。

天敵昆虫《てんてきこんちゅう》には、害虫《がいちゅう》を見《み》つけてすぐにエサとして食《た》べるものと、卵《たまご》をうみつけて、かえった幼虫《ようちゅう》がその害虫《がいちゅう》を食《た》べるものがいる。

たとえば、テントウムシのなかまは花《はな》や野菜《やさい》のくきについているアブラムシを見《み》つけて食《た》べている。

また、キャベツの葉《は》を食《た》べるアオムシの体《からだ》に黄色《きいろ》い卵《たまご》のようなものがたくさんついていることがある。それは、天敵昆虫《てんてきこんちゅう》のアオムシサムライコマユバチのまゆだ。うみつけられた卵《たまご》からかえった幼虫《ようちゅう》は、アオムシの体《からだ》のなかを食《た》べて大《おお》きくなり、さなぎになるときにアオムシの体《からだ》の外《そと》に出《で》てきてまゆ

こんなにきれいなナスがとれたよ！

ナスの葉《は》からしるをすってしまう害虫《がいちゅう》「アザミウマ」の天敵昆虫《てんてきこんちゅう》は、「ヒメハナカメムシ」だ。ナスの畑《はたけ》のまわりにマリーゴールドを植《う》えると、においにさそわれたヒメハナカメムシが花《はな》のまわりに集《あつ》まってくる。すると、ヒメハナカメムシたちは、近《ちか》くでナスの葉《は》のしるをすうアザミウマを見《み》つけてそれを食《た》べてくれる。ナスは害虫《がいちゅう》にやられることなくそだつ。

よくつかわれている天敵《てんてき》

ハダニ（下《した》）を食《た》べるカブリダニのなかま（上《うえ》）。

アブラムシの体内《たいない》に卵《たまご》をうみつける寄生《きせい》バチのなかま。

をつくる。

敵《てき》の敵《てき》は味方《みかた》?!

害虫《がいちゅう》をへらすための天敵昆虫《てんてきこんちゅう》には、農薬《のうやく》とおなじように買《か》ってきてつかえるものもある。また、畑《はたけ》に天敵昆虫《てんてきこんちゅう》がすきな草花《くさばな》を植《う》えて、畑《はたけ》のまわりにいる天敵昆虫《てんてきこんちゅう》がどんどんよってくるようにする方法《ほうほう》もある。

でも、天敵昆虫《てんてきこんちゅう》がいつもわたしたちの思《おも》いどおりに動《うご》いてくれるわけではない。たとえば、テントウムシはアブラムシをたくさん食《た》べてくれるが、すぐにどこかにとんでいってしまう。そこで、あまりとばないテントウムシをつかったり、はねにのりをつけて少《すこ》しのあいだとべなくしたりする方法《ほうほう》も考《かんが》えられている。

きけんな昆虫《こんちゅう》、きらわれる昆虫《こんちゅう》

いたい、かゆい、気《き》もちわるい！ 昆虫《こんちゅう》なんて大《だい》きらい！ でもちょっとまって。昆虫《こんちゅう》が人《にん》間《げん》にいやなことをするのには、ちゃんと理由《りゆう》がある。

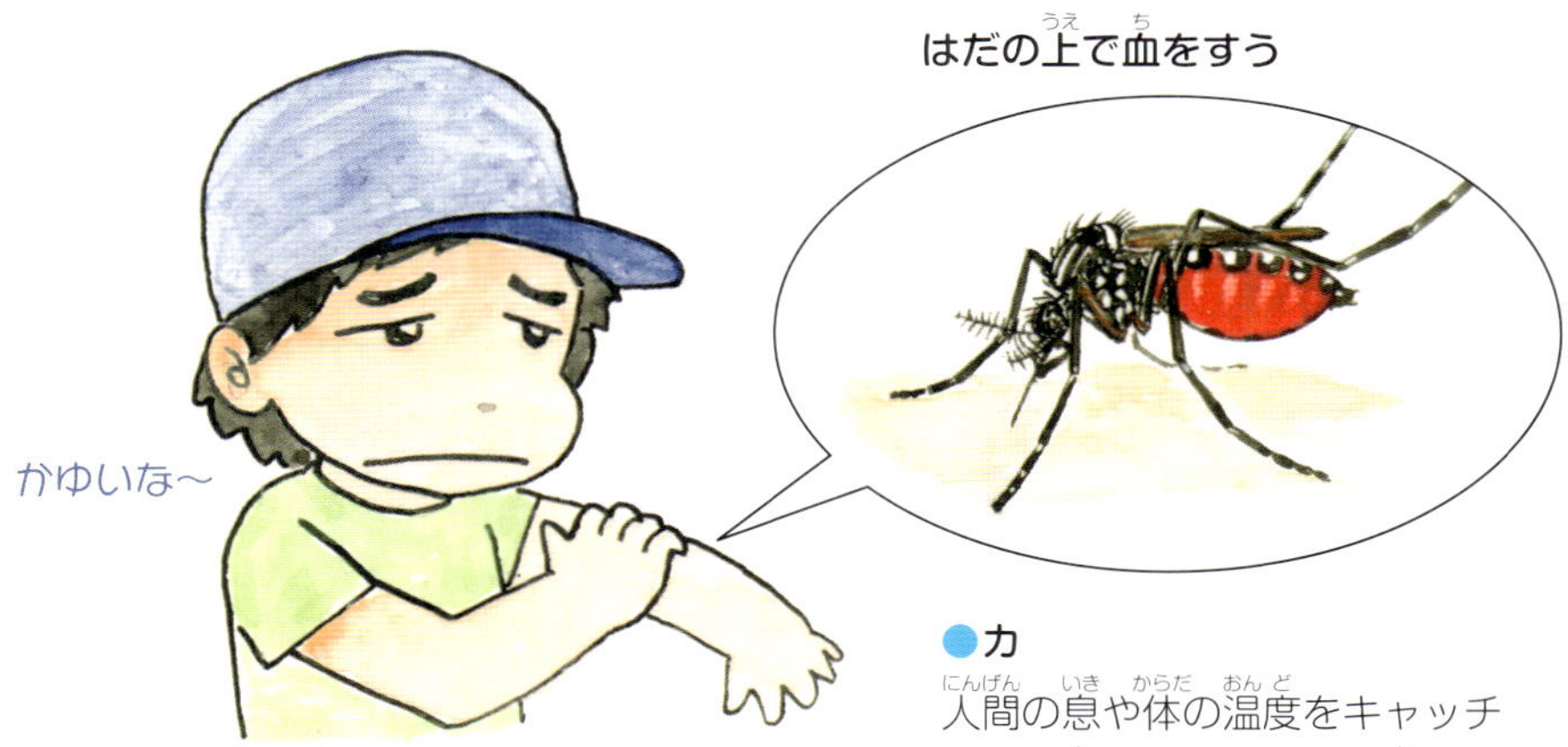

●カ
人間《にんげん》の息《いき》や体《からだ》の温度《おんど》をキャッチして、血《ち》をすいにくる。血《ち》をすうのはメス。卵《たまご》をうむための栄《えい》養《よう》にする。

●イラガ
毛虫《けむし》のなかで、さされていちばんいたいのがイラガだ。身《み》を守《まも》るために、サボテンのようなトゲがびっしりはえている。このトゲには毒《どく》がある。

●スズメバチ
スズメバチを見《み》かけたら近《ちか》づかないほうがいい。近《ちか》づきすぎると敵《てき》だと思《おも》ってさしにくるので、あわてずにその場《ば》からはなれよう。

さす昆虫《こんちゅう》たち

夏《なつ》に外《そと》で遊《あそ》んでいて、カに手《て》やあしをさされてとてもかゆくなってしまったことがあるだろうか。それは、針《はり》のような口《くち》をわたしたちの皮《ひ》ふにつきさすときに、カの口《くち》から出《だ》すツバ（だ液《えき》）のせいだ。このツバは、血《ち》がかたまらないようにする役目《やくめ》をもっている。

イラガやチャドクガなど、毛《け》に毒《どく》がある毛虫《けむし》も、さわるといたくなったりかゆくなったりする。

スズメバチはおしりに針《はり》をもっていて、さされるとものすごくいたい。気分《きぶん》がわるくなればすぐに病院《びょういん》に行《い》かなくてはいけない。また、カミキリモドキのように、ふれると水《みず》ぶくれをおこす液《えき》を出《だ》すものもいる。

きらわれている虫《むし》たちの気《き》もち

ぼく、正直《しょうじき》いうと、きみたちのことすきじゃないんだ。でも、きみたちのことがちゃんとわかれば、すきになれるかもしれない……。

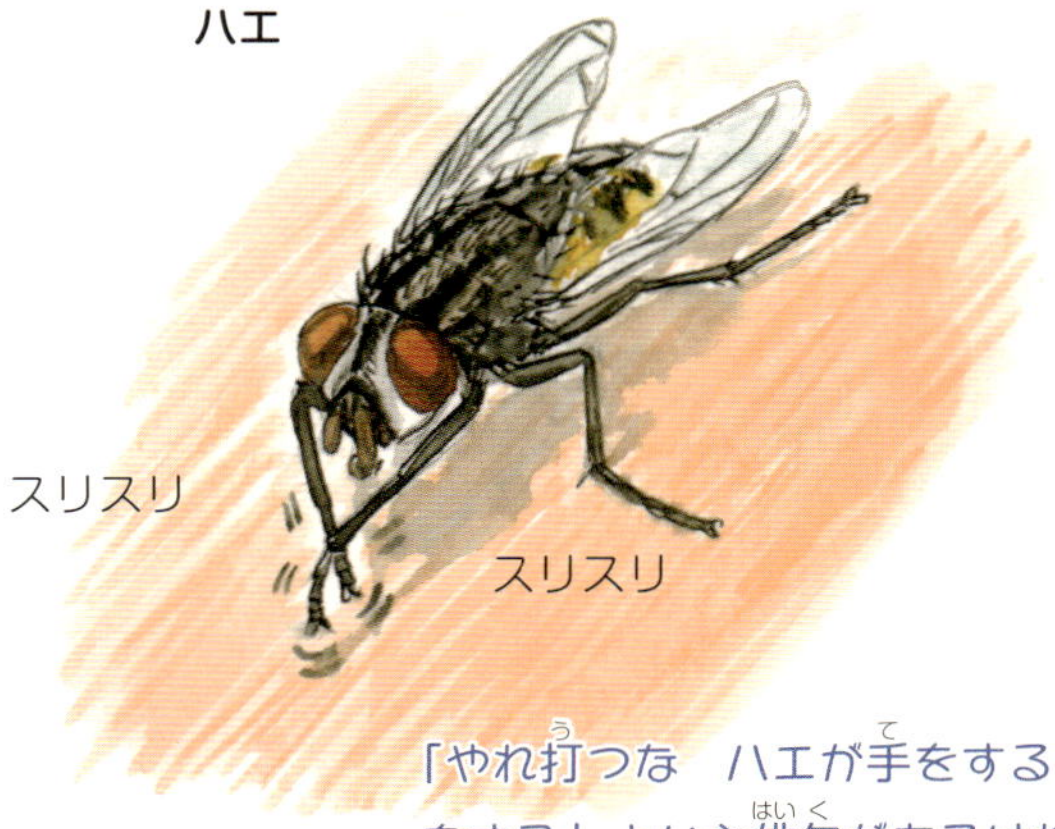
ハエ
スリスリ
スリスリ

「やれ打《う》つな　ハエが手《て》をする　足《あし》をする」という俳句《はいく》があるけれど、それは、ぼくの体《からだ》のそうじちゅうをよんだものなんだよ。フフフ……。

アオクサカメムシ

そっちがいじめるから、こっちから一発《いっぱつ》おみまいしてやったのよ！　フンッ！

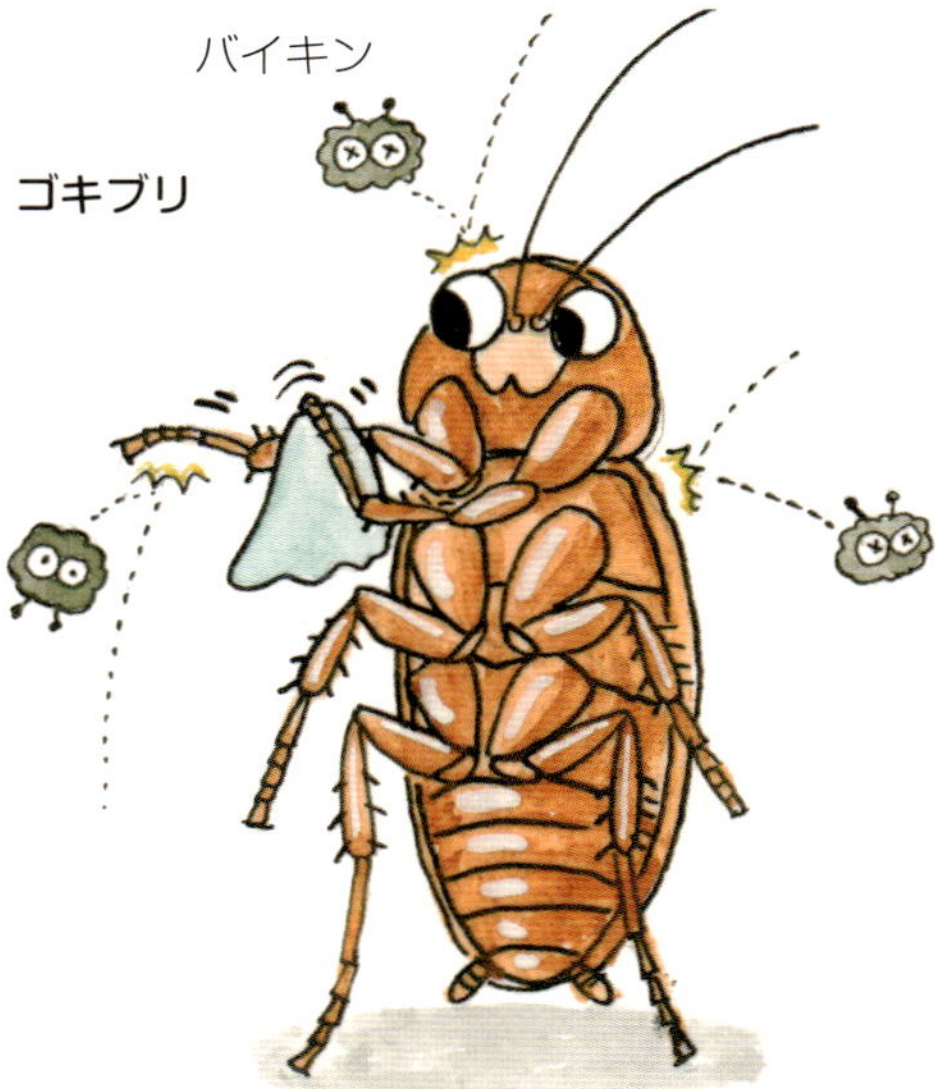
バイキン
ゴキブリ

なんできらわれるんでしょうかね、こんなきれいずきなのに。

ほんと。見《み》た目《め》だけできめつけないでほしいわね。体《からだ》はいつもピカピカよ！

ほんとうはきれいずき

見《み》ているだけでも気《き》もちがわるい！　そんな昆虫《こんちゅう》を「不快昆虫《ふかいこんちゅう》」という。いちばんに思《おも》いうかぶのは、ゴキブリだろう。台所《だいどころ》で見《み》つけたら、さあたいへん！　でも、もともとは森《もり》で落《お》ち葉《ば》や死《し》んだ動《どう》物《ぶつ》を食《た》べるおそうじ虫《むし》だ。ばい菌《きん》がつかない体《からだ》になっている。また、ハエをよく見《み》ると、いつもまえあしをブラシのようにつかって、体《からだ》をきれいにしている。

じつは、ゴキブリやハエは、とてもきれいずきなのだ。カメムシだって、いつもくさいわけじゃない。さわると、「やられる！」と思《おも》ったカメムシが、おどろかすためにくさいにおいを出《だ》すだけだ。

きらわれている昆虫《こんちゅう》にも、意外《いがい》な発見《はっけん》があるかもしれない。

昆虫《こんちゅう》から学《まな》ぶ　インセクト・テクノロジー

昆虫《こんちゅう》の体《からだ》には、いろいろな生活《せいかつ》のしかたにあわせたすごいはたらきがたくさんある。これらをヒントに、わたしたちの生活《せいかつ》のなかにも新《あたら》しいものがどんどんうまれている。

●アリ塚《づか》のつくりをまねしたビル（ジンバブエ）

アリ塚《づか》とおなじように、下《した》から上《うえ》に空気《くうき》がぬけるようになっている。

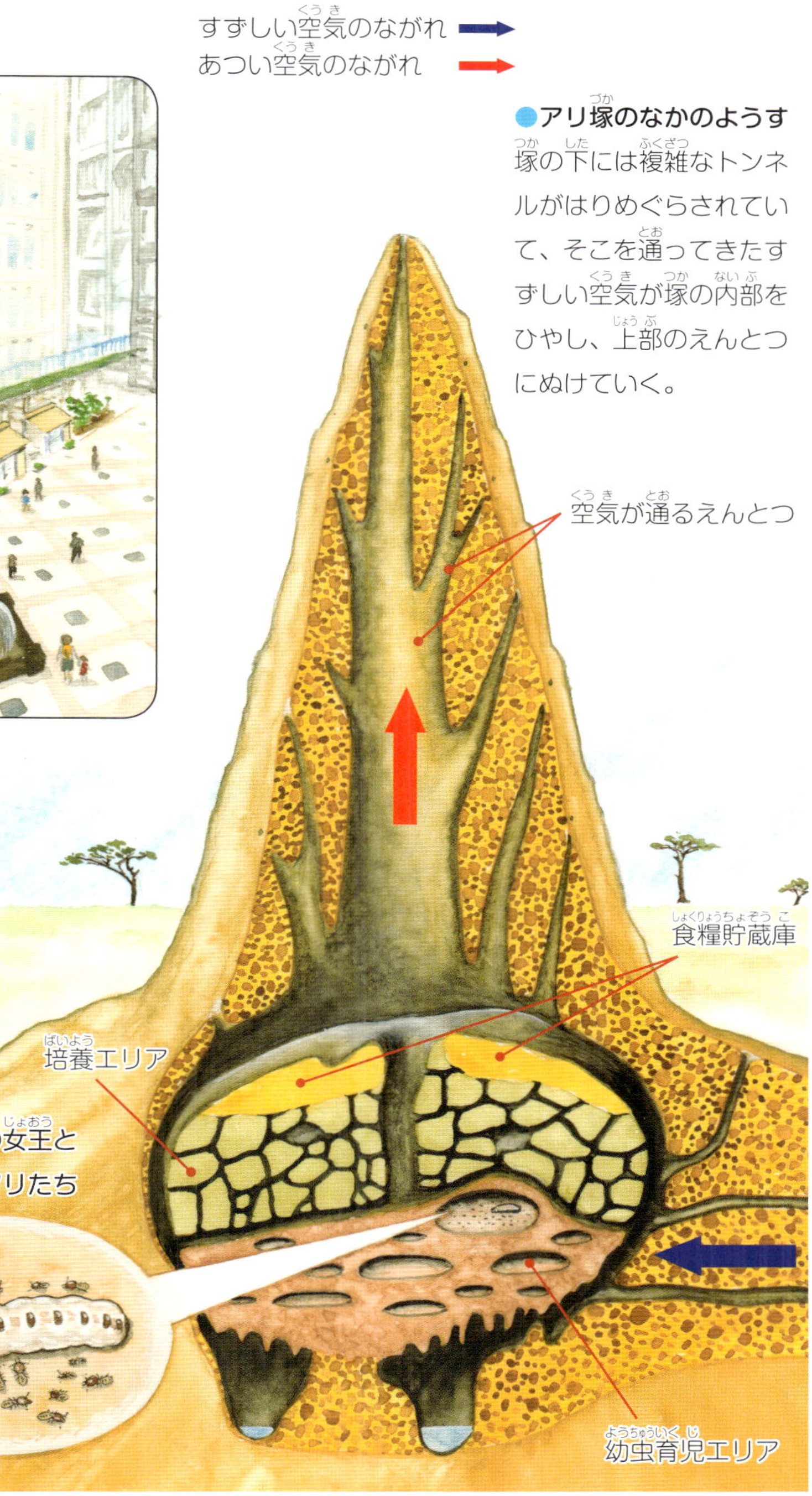

すずしい空気《くうき》のながれ
あつい空気《くうき》のながれ
空気《くうき》が通《とお》るえんとつ
食糧貯蔵庫《しょくりょうちょぞうこ》
培養《ばいよう》エリア
シロアリの女王《じょおう》とはたらきアリたち
幼虫育児《ようちゅういくじ》エリア

●アリ塚《づか》のなかのようす

塚《つか》の下《した》には複雑《ふくざつ》なトンネルがはりめぐらされていて、そこを通《とお》ってきたすずしい空気《くうき》が塚《つか》の内部《ないぶ》をひやし、上部《じょうぶ》のえんとつにぬけていく。

「シロアリの巣《す》」のビル

アフリカのサバンナにいるシロアリは、高《たか》さが1〜2メートルにもなる「アリ塚《づか》」という家《いえ》をつくってくらしている。

とても乾燥《かんそう》していてあついサバンナで、アリ塚《づか》のアリはあつくないのかな？　だいじょうぶ、アリ塚《づか》の下《した》には長《なが》いトンネルがほられていて、外《そと》のあつい空気《くうき》がそこを通《とお》るとすずしくなるしくみだ。だから、アリ塚《づか》のなかはいつも29〜30度《ど》ですごしやすい。

「これはいい！」と、アリ塚《づか》の家《いえ》のつくりかたをまねしたショッピングセンターが、アフリカのジンバブエという国《くに》にある。外《そと》は40度《ど》をこえるようなあつさでも、なかはすずしくて、クーラーはいらない。

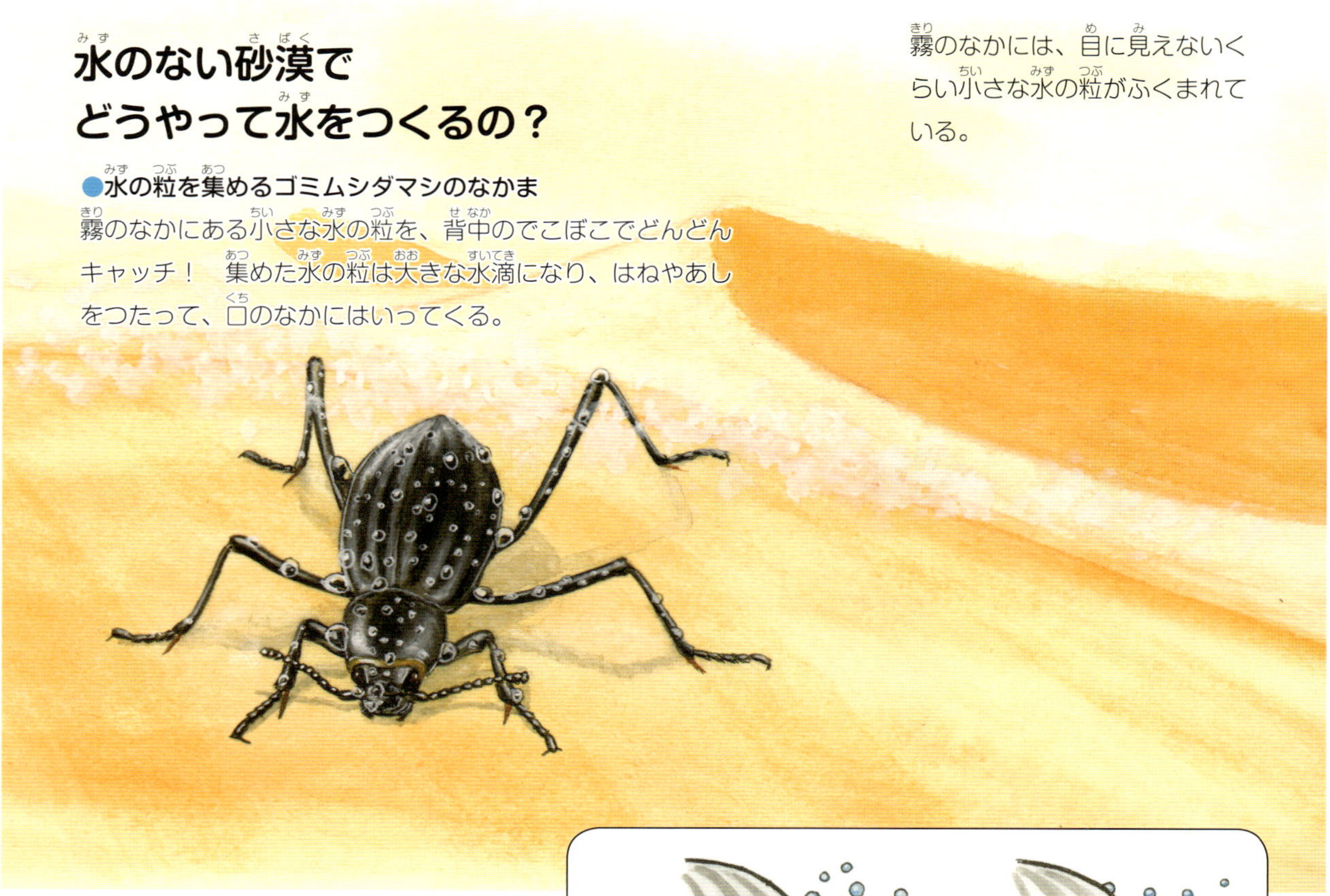

水《みず》のない砂漠《さばく》でどうやって水《みず》をつくるの？

●水《みず》の粒《つぶ》を集《あつ》めるゴミムシダマシのなかま

霧《きり》のなかにある小《ちい》さな水《みず》の粒《つぶ》を、背中《せなか》のでこぼこでどんどんキャッチ！　集《あつ》めた水《みず》の粒《つぶ》は大《おお》きな水滴《すいてき》になり、はねやあしをつたって、口《くち》のなかにはいってくる。

霧《きり》のなかには、目《め》に見《み》えないくらい小《ちい》さな水《みず》の粒《つぶ》がふくまれている。

砂漠《さばく》でも水《みず》をのめる、「魔法《まほう》のおわん」

①水《みず》の粒《つぶ》がはいった空気《くうき》のなかにおわんをおいておく。

②水《みず》の粒《つぶ》がおわんにくっつく。

③水《みず》の粒《つぶ》がたくさん集《あつ》まって落《お》ちる。

④おわんのまわりのみぞに水《みず》が集《あつ》まる。

「砂漠《さばく》で水《みず》をつくる」魔法《まほう》のおわん

雨《あめ》がふらないあついアフリカの砂漠《さばく》で生《い》きていくのは、とてもたいへんだ。そんなところでくらしているゴミムシダマシのなかまは、なんと自分《じぶん》で水《みず》をつくることができるのだ！

朝《あさ》、霧《きり》が出《で》ると、さかだちして、背中《せなか》にはえたたくさんのでっぱりで霧《きり》を集《あつ》めて水《みず》の粒《つぶ》にしてのんでいる。水《みず》の粒《つぶ》がながれおちて、口《くち》にはいるようになっている。

「これもいい！」と、ゴミムシダマシの水集《みずあつ》めの魔法《まほう》をつかってつくられたステンレスのおわんがある。表面《ひょうめん》のでこぼこにあたった霧《きり》が水《みず》になって、まわりのみぞに落《お》ちるようになっている。

昆虫《こんちゅう》から学《まな》ぶ　バイオミメティクス

夢《ゆめ》のような布《ぬの》がたん生《じょう》！

何年《なんねん》たっても色《いろ》がかわらない布《ぬの》があればいいな……。だいじょうぶ。そんな夢《ゆめ》の布《ぬの》が、もう実際《じっさい》にある。モルフォチョウのはねをまねしてつくられた「モルフォテックス」という布《ぬの》だ。モルフォチョウのはねの表面《ひょうめん》は、特別《とくべつ》な光《ひかり》だけをはねかえすようになっている。ふつうのチョウのはねなら、長《なが》いあいだに色《いろ》がうすくなってしまうけれど、モルフォチョウのはねは、いつまでも青《あお》くピカピカ光《ひか》っている。

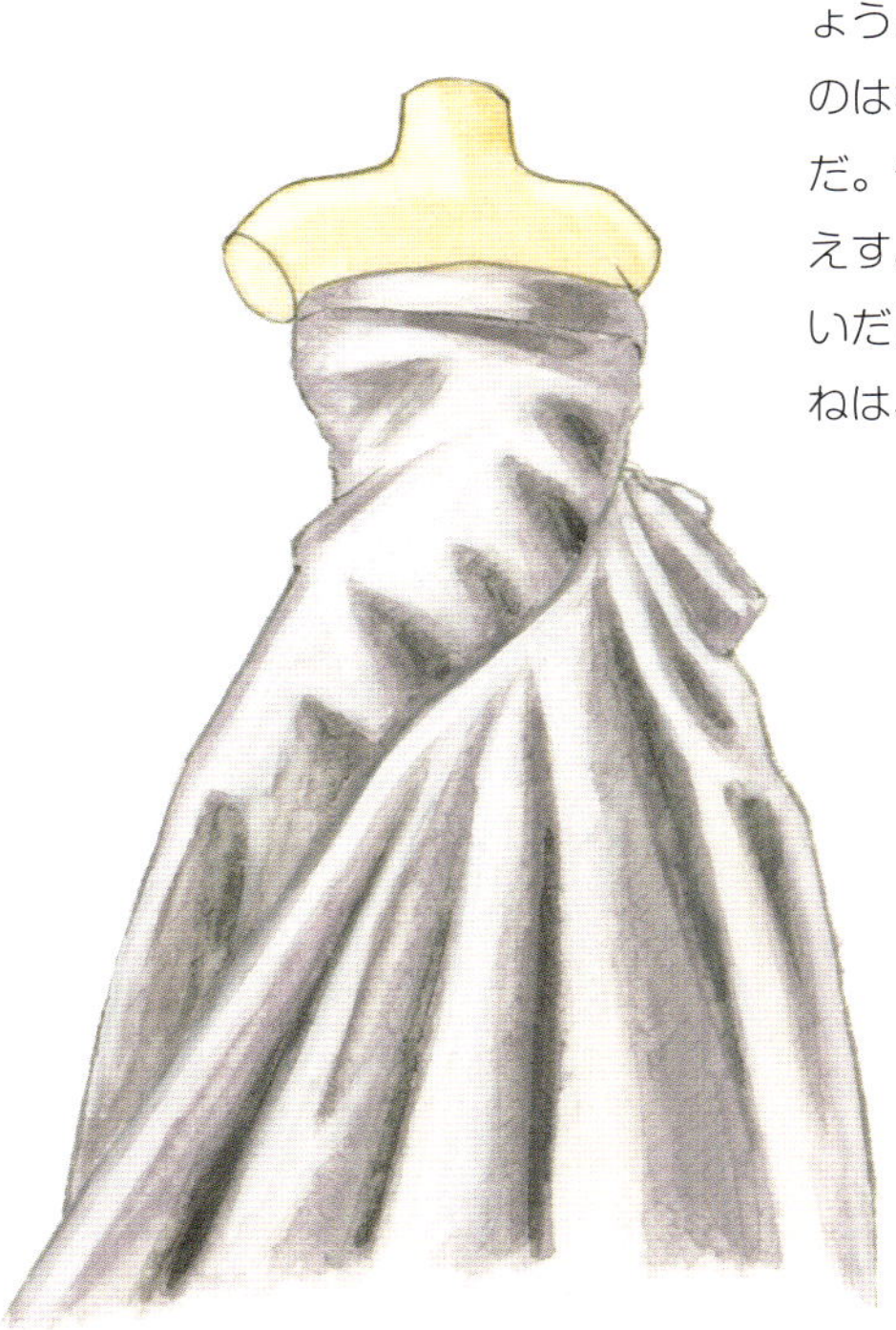

モルフォテックスでつくったドレス。

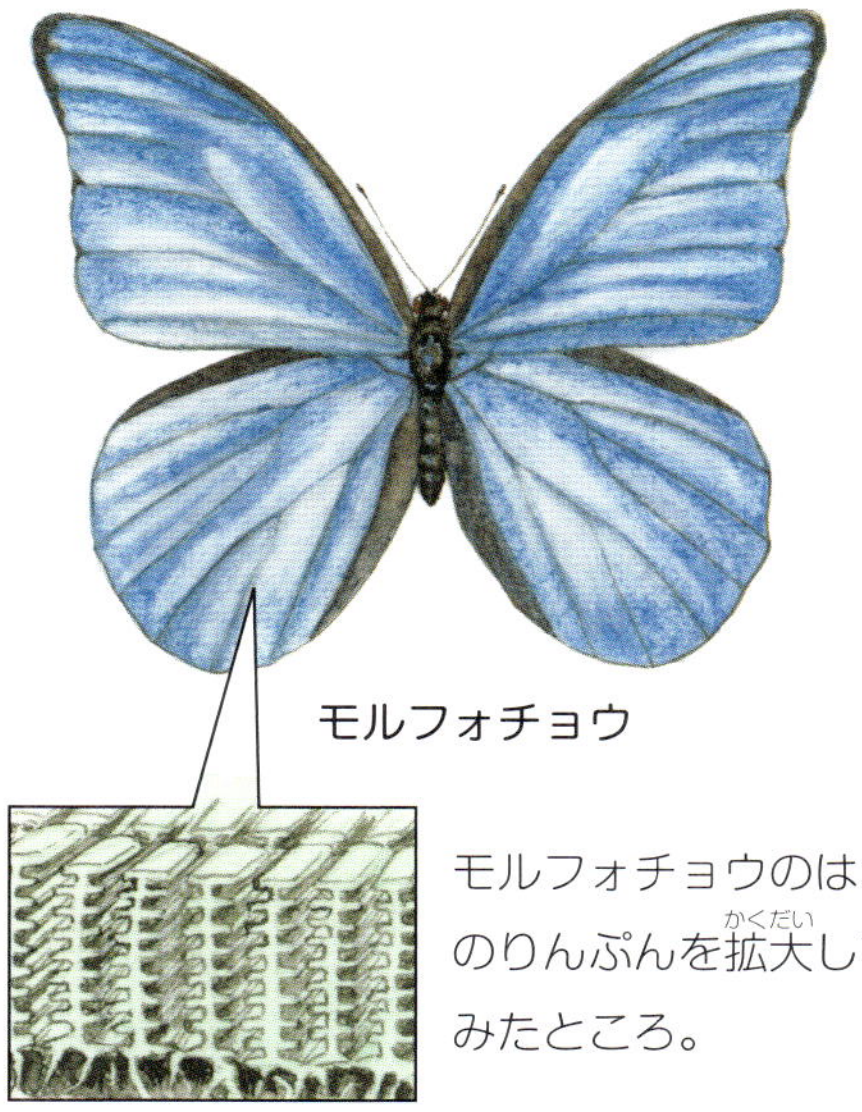

モルフォチョウ

モルフォチョウのはねのりんぷんを拡大《かくだい》してみたところ。

つかれ知《し》らずのハチのごはん

スズメバチは、1時間《じかん》に30キロもとぶことができる。また、1日《にち》に100キロくらいとびまわるのもへっちゃらだ。そんなスズメバチたちのごはんは、幼虫《ようちゅう》が出《だ》す栄養満点《えいようまんてん》のだ液《えき》。アミノ酸《さん》という栄養《えいよう》がたくさんはいっていて、長《なが》く、はやくとぶ力《ちから》のもとになっている。たくさん運動《うんどう》をする人《ひと》がこのアミノ酸《さん》のはいったジュースをのむと、スズメバチのようにずっと動《うご》きつづけることができるかもしれない。

幼虫《ようちゅう》からでるだ液《えき》をのむスズメバチ。

アミノ酸《さん》がはいった水《みず》をのむマラソンランナー。

きたないものをきれいにする力《ちから》

牛《うし》や馬《うま》のうんちは、とってもくさい。でも、そこにハエの卵《たまご》をふりかけておくと、卵《たまご》からかえった幼虫《ようちゅう》の“ウジ”が、においのもとを食《た》べてくれる。うんちは、1週間《しゅうかん》ほどで肥料《ひりょう》にかわる。また、大《おお》むかしの人《ひと》は、けがをして傷《きず》ができたら傷口《きずぐち》にウジをのせた。ウジがばい菌《きん》のついたところだけをとかして食《た》べてくれるので、傷《きず》がなおるのだ。

牛《うし》のフンにハエの卵《たまご》をふりかけておくと……。

卵《たまご》からかえったウジ（幼虫《ようちゅう》）が、フンを食《た》べる。1週間後《しゅうかんご》、フンはさらさらの肥料《ひりょう》になっている。

おかいこさまは、神《かみ》さま？

カイコガの幼虫《ようちゅう》のカイコは、さなぎになるときに糸《いと》をはいてまゆをつくる。この糸《いと》はきぬ糸《いと》といって、特別《とくべつ》なたんぱく質《しつ》（生《い》きものにとってだいじな栄養素《えいようそ》）でできている。きぬ糸《いと》は、とかしたり粉《こな》にしたりして、化粧品《けしょうひん》やサプリメント（栄養《えいよう》食品《しょくひん》）にもつかわれている。きぬのたんぱく質《しつ》をつかった人工皮《じんこうひ》ふやコンタクトレンズも、もうすぐできるかもしれない。

外来種《がいらいしゅ》

外国《がいこく》など、遠《とお》くにすんでいる昆虫《こんちゅう》が、わたしたちのすんでいるところにやってくることがある。それまでいなかったところにべつの場所《ばしょ》からやってきた生《い》きものを「外来種《がいらいしゅ》」という。

外来種《がいらいしゅ》「クリタマバチ」

クリタマバチが卵《たまご》をうんだ新芽《しんめ》は、ふくらんで「虫《むし》こぶ」になる。新《しん》芽《め》のなかでかえった幼虫《ようちゅう》は、虫こぶのなかを食《た》べる。

クリタマバチ（メス）

栗《くり》の新芽《しんめ》におしりの産卵管《さんらんかん》をさして卵《たまご》をうむ。

新芽《しんめ》にたくさんのクリタマバチが卵《たまご》をうむと、枝《えだ》がかれることがあり、それによって実《み》がつかなくなってしまう。

外国《がいこく》からきた昆虫《こんちゅう》たち

外国《がいこく》にいる昆虫《こんちゅう》が、人間《にんげん》の荷物《にもつ》などにまぎれて日本《にほん》にやってきてしまうことがある。これを「外来《がいらい》種《しゅ》」という。

外来種《がいらいしゅ》は、日本《にほん》の生《い》きものにとってよくないことが多《おお》い。天敵《てんてき》になる生《い》きものが日本《にほん》にいない場合《ばあい》、外来種《がいらいしゅ》は、日本《にほん》でどんどんふえていってしまうからだ。

たとえば「クリタマバチ」という中国《ちゅうごく》のハチのなかまがいる。クリタマバチは栗《くり》の芽《め》に卵《たまご》をうみつけて、虫《むし》こぶをつくる。日本《にほん》にはこのハチの天敵《てんてき》がいないので、虫《むし》こぶはどんどんふえてしまい、木《き》がかれることもある。

クリタマバチは、日本《にほん》では「害《がい》虫《ちゅう》」になってしまった。

海外《かいがい》からくる外来種《がいらいしゅ》と日本《にほん》の国《くに》のなかからくる外来種《がいらいしゅ》

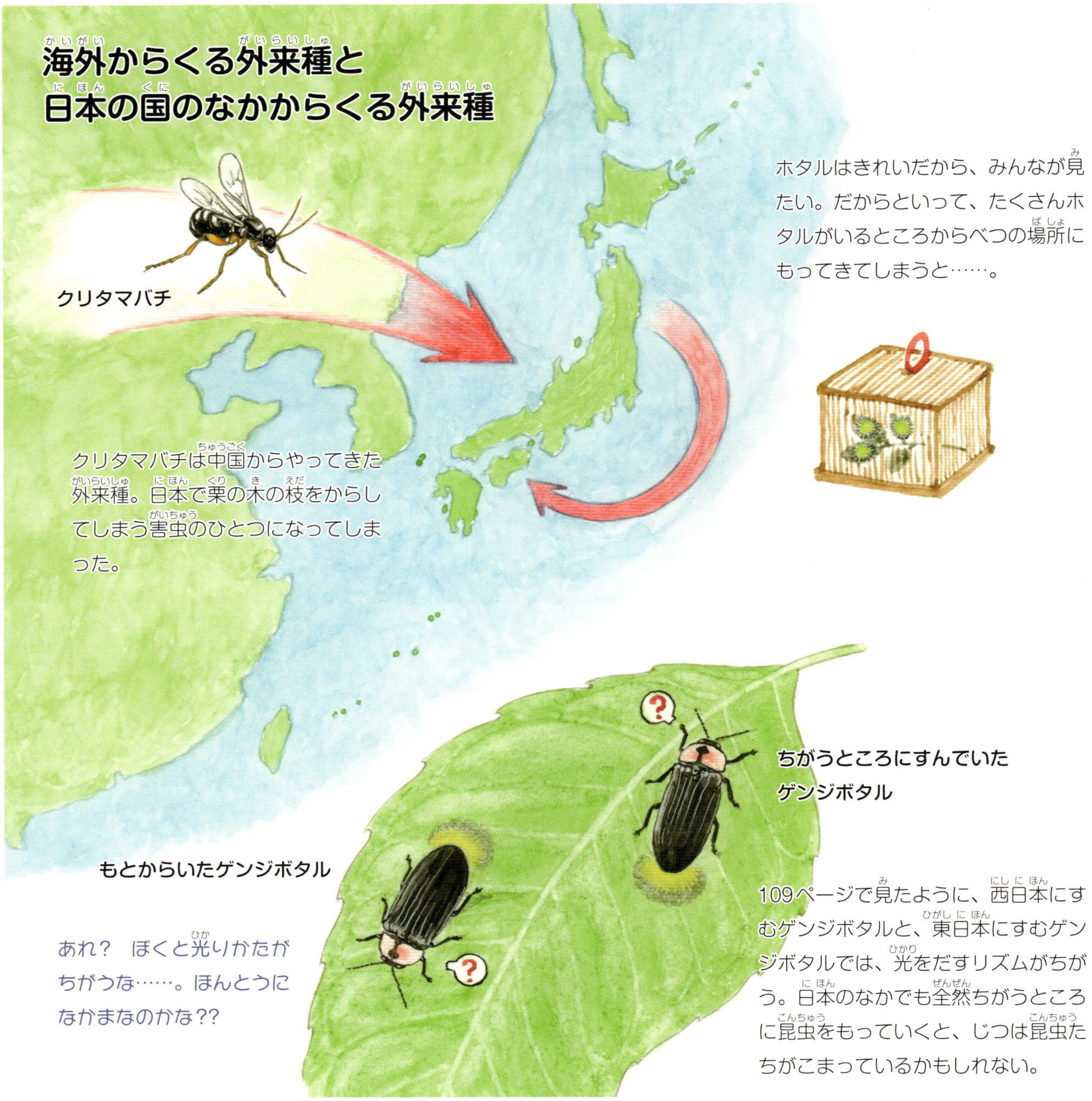
クリタマバチ
もとからいたゲンジボタル
ちがうところにすんでいたゲンジボタル
あれ？ ぼくと光《ひか》りかたがちがうな……。ほんとうになかまなのかな??

ホタルはきれいだから、みんなが見《み》たい。だからといって、たくさんホタルがいるところからべつの場所《ばしょ》にもってきてしまうと……。

クリタマバチは中国《ちゅうごく》からやってきた外来種《がいらいしゅ》。日本《にほん》で栗《くり》の木《き》の枝《えだ》をからしてしまう害虫《がいちゅう》のひとつになってしまった。

109ページで見《み》たように、西日本《にしにほん》にすむゲンジボタルと、東日本《ひがしにほん》にすむゲンジボタルでは、光《ひかり》をだすリズムがちがう。日本《にほん》のなかでも全然《ぜんぜん》ちがうところに昆虫《こんちゅう》をもっていくと、じつは昆虫《こんちゅう》たちがこまっているかもしれない。

日本《にほん》からきた外来種《がいらいしゅ》？

外来種《がいらいしゅ》は、外国《がいこく》からくるものだけではない。日本《にほん》のなかでも、遠《とお》くはなれたところにすんでいる昆《こん》虫《ちゅう》が全然《ぜんぜん》ちがうところにもっていかれることがある。

たとえば、きれいな川《かわ》だけにすむゲンジボタル。ピカピカ光《ひか》るのがきれいだから、もっとたくさん見《み》られるようにと、ちがう場所《ばしょ》にすんでいるゲンジボタルを、人間《にんげん》がとってきてはなつことがある。

でも、ちがう場所《ばしょ》でうまれそだったホタルは、光《ひかり》をだすリズムもくらしかたもちがう。もとからいたホタルも、ちがう場所《ばしょ》からきたホタルも、いっしょにくらしにくいかもしれない。

昆虫《こんちゅう》のすむ場所《ばしょ》を人間《にんげん》がかえることは、自分勝手《じぶんかって》なことだ。

温暖化《おんだんか》・気候変化《きこうへんか》と昆虫《こんちゅう》

「地球温暖化《ちきゅうおんだんか》」ってきいたことあるかな？ 地球《ちきゅう》の気温《きおん》がどんどん高《たか》くなってきているんだ。これがつづくと、生《い》きものたちはどうなるんだろう。

北《きた》のほうにもすむようになった ナガサキアゲハ

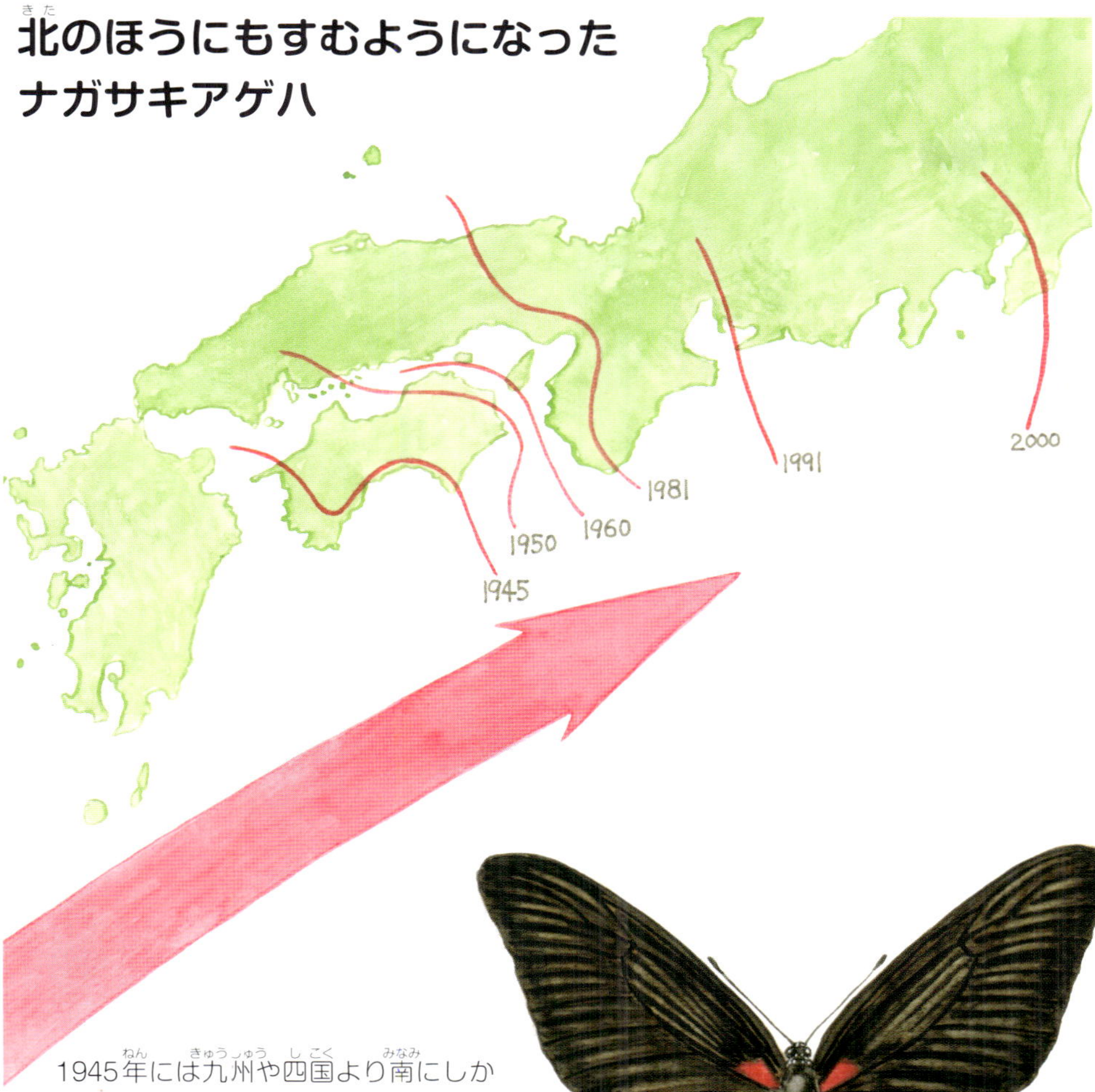

1945年《ねん》には九州《きゅうしゅう》や四国《しこく》より南《みなみ》にしかいなかったナガサキアゲハが、2000年《ねん》には関東《かんとう》でも見《み》られるようになったことが、地図《ちず》を見《み》るとよくわかる。

ナガサキアゲハ

「日本におけるナガサキアゲハ（*Papilio memnon* Linnaeus）の分布の拡大と気候温暖化の関係」北原正彦、入來正躬、清水剛（『蛾と蝶』日本鱗翅学会　2001より）

こんなところでもすすめる?!

『アリとキリギリス』のお話《はなし》では、夏《なつ》のあいだ、歌《うた》ったりあそんだりしていたキリギリスが、冬《ふゆ》になって食《た》べるものもなく死《し》んでしまう。春《はる》から夏《なつ》にとんでいたアゲハチョウのなかまも、秋《あき》に卵《たまご》をうんで死《し》んでしまう。多《おお》くの昆虫《こんちゅう》たちにとって、さむい冬《ふゆ》は生《い》きるのがむずかしい。

でも、地球《ちきゅう》が少《すこ》しずつあたたかくなっている「温暖化《おんだんか》」のせいで、日本《にほん》の冬《ふゆ》もだんだんあたたかくなってきている。すると、これまでさむさで死《し》んでしまっていた昆虫《こんちゅう》たちが生《い》きられるようになることもある。たとえば、日本《にほん》では沖縄《おきなわ》や九州《きゅうしゅう》・四国《しこく》の南《みなみ》のほうにだけすんでいたナガサキアゲハは、いまでは関東《かんとう》の北《きた》のほうでも見《み》られる。

イネのしるをすってしまうミナミアオカメムシは、どんどんふえてきて、いまでは日本各地《にほんかくち》で見《み》られるようになってしまった。左《ひだり》の絵《え》は、米《こめ》を食《た》べるミナミアオカメムシの幼虫《ようちゅう》。

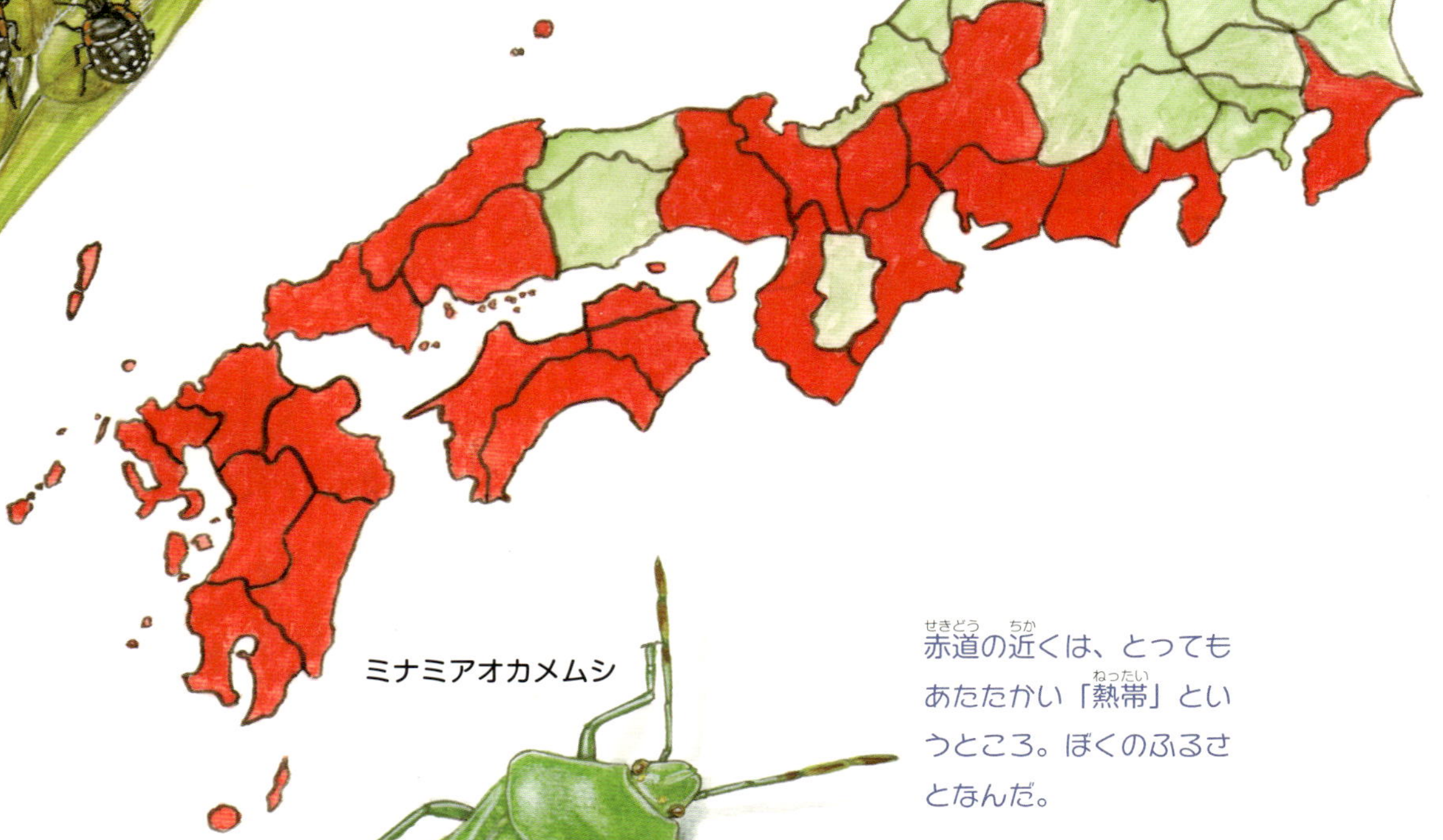

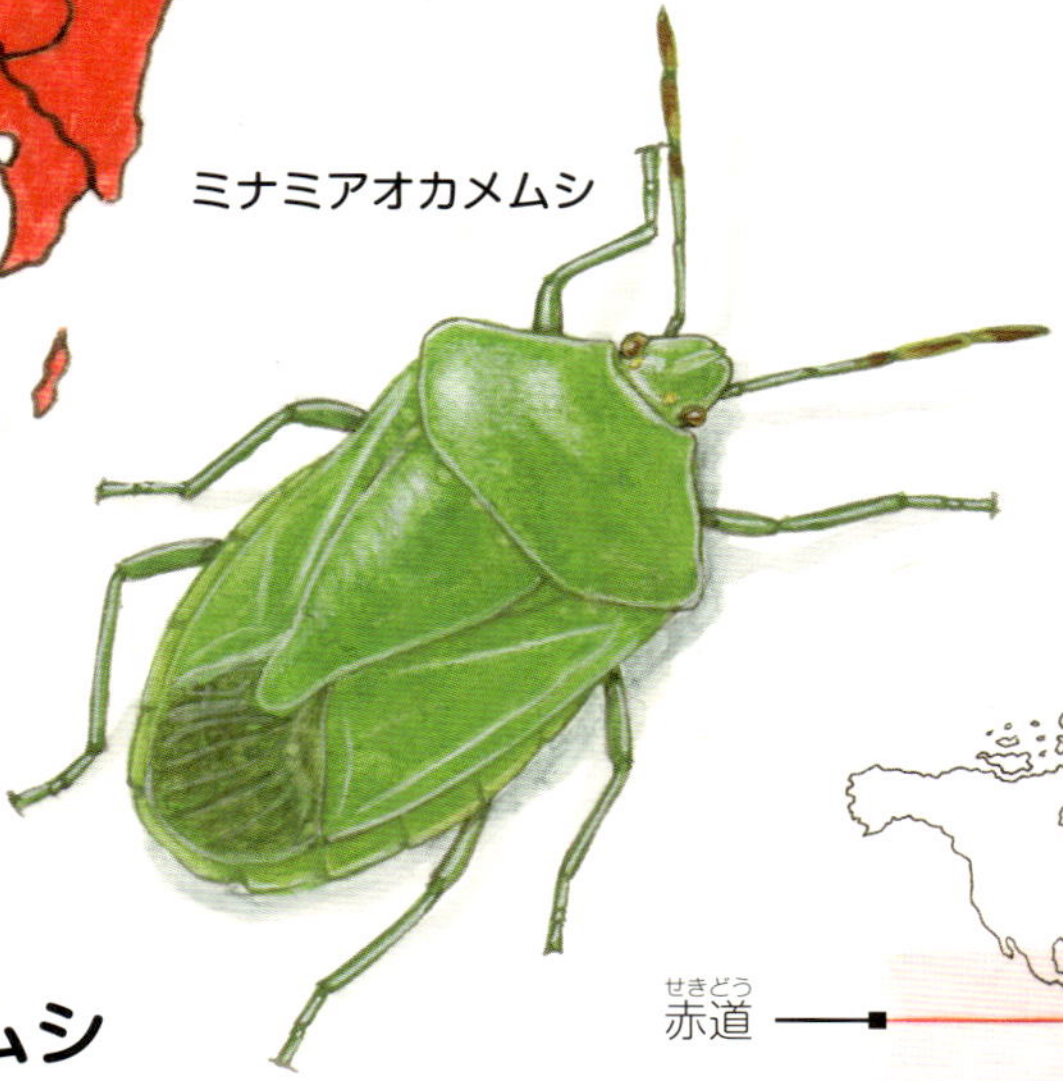

赤道《せきどう》の近《ちか》くは、とってもあたたかい「熱帯《ねったい》」というところ。ぼくのふるさとなんだ。

日本《にほん》にもやってきたミナミアオカメムシ

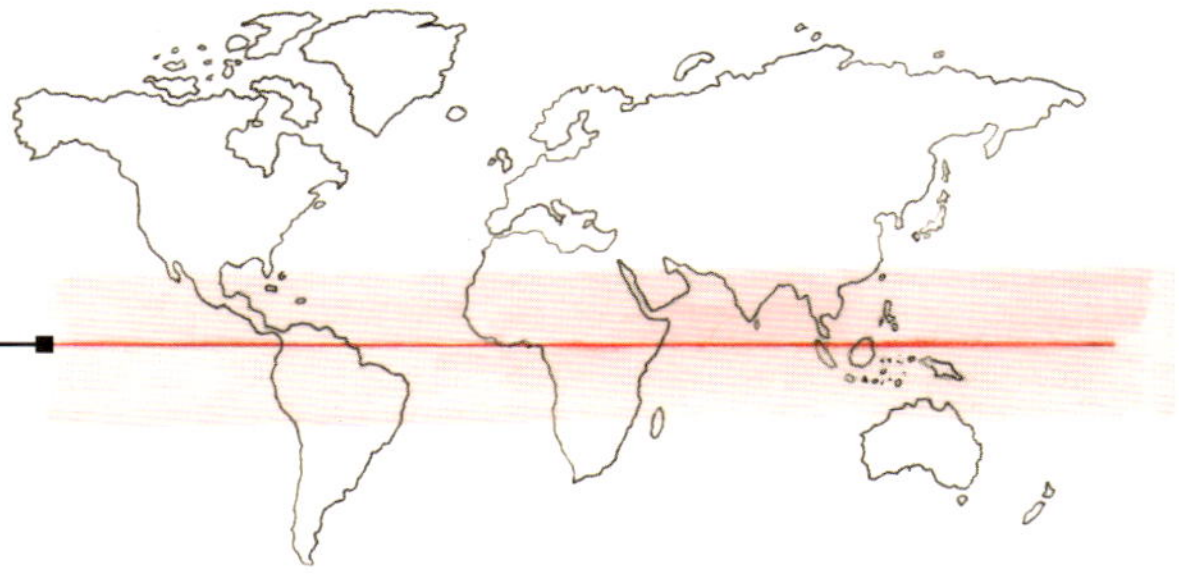

「我が国におけるミナミアオカメムシの最近の分布および発生状況」水谷信夫（『植物防疫』日本植物防疫協会　2013より）

害虫《がいちゅう》もやってくる!

多《おお》くの昆虫《こんちゅう》たちにとってすみやすいのは、あたたかくてしめっているところだ。赤道《せきどう》の近《ちか》くは「熱帯《ねったい》」とよばれ、昆虫《こんちゅう》たちがたくさんすんでいる。

温暖化《おんだんか》によって熱帯地方《ねったいちほう》から遠《とお》い日本《にほん》もあたたかくなると、熱帯《ねったい》にすんでいた昆虫《こんちゅう》が日本《にほん》にやってくるようになる。

そのなかには、害虫《がいちゅう》もいる。

たとえば、熱帯《ねったい》にすんでいたミナミアオカメムシが、九州《きゅうしゅう》や四国《しこく》、本州《ほんしゅう》の南《みなみ》のほうで、田《た》んぼのイネを食《た》べるようになった。いまでは、関東地方《かんとうちほう》などでもイネを食《た》べる害《がい》が出《で》ている。これからもっと地球《ちきゅう》の温暖化《おんだんか》がすすむと、さらに害虫《がいちゅう》がふえてしまうことになるかもしれない。

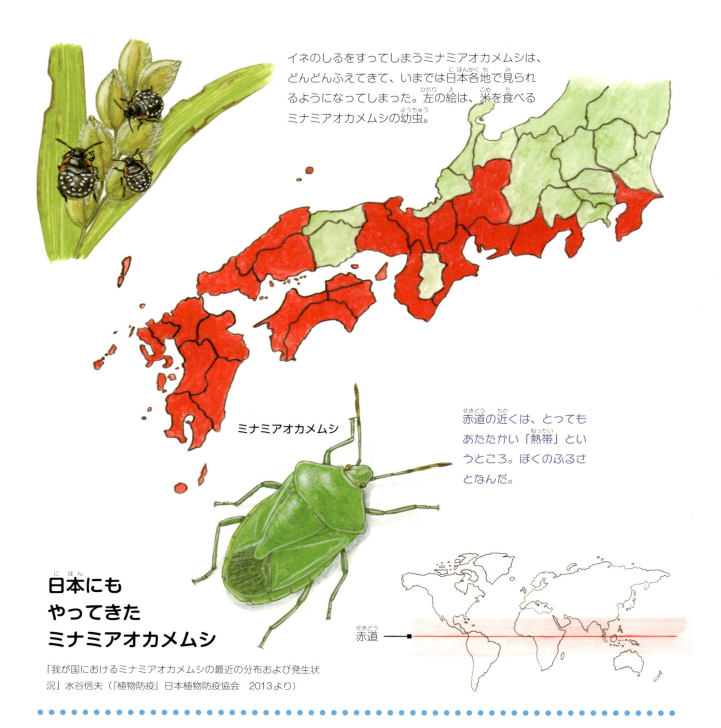

絶滅危惧種《ぜつめつきぐしゅ》

ある種類《しゅるい》の生《い》きものが、地球《ちきゅう》からまったくいなくなること――それを「絶滅《ぜつめつ》」という。このままだと絶滅《ぜつめつ》してしまいそうな生《い》きもの（絶滅危惧種《ぜつめつきぐしゅ》）もたくさんいる。どうすればいい？

オガサワラシジミ
シマアカネ
オガサワラキイロトラカミキリ
グリーンアノール

島《しま》の虫《むし》たちがあぶない！

太平洋《たいへいよう》にうかぶ小笠原諸島《おがさわらしょとう》には、オガサワラシジミやシマアカネなど、この島《しま》にしかすんでいない「固有種《こゆうしゅ》」の昆虫《こんちゅう》がたくさんいる。しかし数十年《すうじゅうねん》まえ、グリーンアノールというトカゲが島《しま》にはいってきてから、固有種《こゆうしゅ》の昆虫《こんちゅう》たちはどんどん食《た》べられてしまった。いまでは、オガサワラシジミやシマアカネ以外《いがい》にもヒメカタゾウムシ、オガサワラコハキリバチなどの固有種《こゆうしゅ》がものすごくへっている。

絶滅《ぜつめつ》するとどうなるの？

もともとアメリカにすんでいたグリーンアノールが、なぜ小笠原《おがさわら》諸島《しょとう》にはいったのだろうか？　ペットとしてかわれていたものが、にげだしたり、人間《にんげん》にすてられた

小笠原諸島《おがさわらしょとう》にだけすむ昆虫《こんちゅう》たちが、あぶない！

海《うみ》にかこまれた島《しま》には、そこだけにしかいない「固有種《こゆうしゅ》」の昆虫《こんちゅう》たちがたくさんすんでいる。でも、外国《がいこく》からやってきたグリーンアノールというトカゲのなかまがつぎつぎと固有種《こゆうしゅ》の昆虫《こんちゅう》を食《た》べてしまう。いま小笠原諸島《おがさわらしょとう》は、それまでの自然《しぜん》がかわってしまうかもしれないピンチなのだ！

シマアカネ
オガサワラクマバチ
固有種《こゆうしゅ》の甲虫《こうちゅう》を食《た》べるグリーンアノール。

りしたからかもしれない。昆虫《こんちゅう》が好物《こうぶつ》のグリーンアノールは、天敵《てんてき》の少《すく》ない小笠原諸島《おがさわらしょとう》でどんどんふえてしまった。そして、小笠原諸《おがさわらしょ》島《とう》の昆虫《こんちゅう》たちは絶滅危惧種《ぜつめつきぐしゅ》になってしまった。

固有種《こゆうしゅ》の昆虫《こんちゅう》がへると、それを食《た》べていた生《い》きものもへる。固有《こゆう》種《しゅ》に花粉《かふん》をはこんでもらっていた植物《しょくぶつ》には、実《み》がならなくなる。

ひとつの生《い》きものがいなくなることは、とてもおそろしいことだ。人間《にんげん》が生《い》きていくためにこわした森《もり》やよごした川《かわ》のせいで生《い》きていけなくなった昆虫《こんちゅう》もたくさんいる。

いま、世界《せかい》じゅうで毎年《まいとし》たくさんの生《い》きものが絶滅《ぜつめつ》しているといわれる。なぜ絶滅《ぜつめつ》するのか、わたしたちはどうしたらいいのか、ぜひみんなで考《かんが》えてほしい。

マルハナバチと植物《しょくぶつ》との深《ふか》いつながり

北方《ほっぽう》や高《たか》い山《やま》には、わたしたちがすんでいるところでは見《み》られないようなおもしろい花《はな》がさいている。花《はな》のまわりには、すずしいところにすむいろんなマルハナバチがとんでいる。

高《たか》い山《やま》にさく花《はな》とマルハナバチ

北海道《ほっかいどう》の大雪山《たいせつざん》という高《たか》い山《やま》では、春《はる》から夏《なつ》の短《みじか》いあいだに、色《いろ》とりどりの花《はな》がさく。とてもめずらしい花《はな》も多《おお》い。

チングルマにとまるマルハナバチ。

ダイセツトリカブトとエゾナガマルハナバチ。

チングルマとエゾオオマルハナバチ。

エゾヤマザクラとアカマルハナバチ。

平地《へいち》にはない高《たか》い山《やま》の花《はな》たち

夏《なつ》のはじめに高《たか》い山《やま》にのぼると、一面《いちめん》に花畑《はなばたけ》がひろがっていて、いろんなかたちや色《いろ》の花《はな》をたくさん見《み》ることができる。どうしてこんなにいろんな花《はな》があるのだろう？　そのひみつは、花《はな》たちの受粉《じゅふん》をたすけるマルハナバチにある。

マルハナバチのなかまは、種《しゅ》によってすう花《はな》のみつがちがう。花《はな》にとっては、マルハナバチがくれば、ちがうところでさくおなじ種《しゅ》の花《はな》と受粉《じゅふん》できるチャンスになる。花《はな》がもっているそれぞれの「遺伝子《いでんし》（生《い》きものの設計図《せっけいず》）」が受粉《じゅふん》してまざりあうと、少《すこ》しちがうかたちや色《いろ》の花《はな》ができるし、病気《びょうき》や気温《きおん》の変化《へんか》などに強《つよ》い花《はな》もうまれる。

トラマルハナバチの舌《した》とサクラソウのかたち

トラマルハナバチがめしべの短《みじか》い花《はな》に舌《した》（口吻《こうふん》）をのばしてさしこむと、舌《した》のつけねに花粉《かふん》がつく。つぎに、めしべが長《なが》い花《はな》のみつをすおうと花《はな》に舌《した》をさしこむと、さっき花粉《かふん》がついたところに、ちょうどこの花《はな》のめしべがある。まるで花《はな》がトラマルハナバチの舌《した》の長《なが》さをはかったみたいに、ぴったりだ。

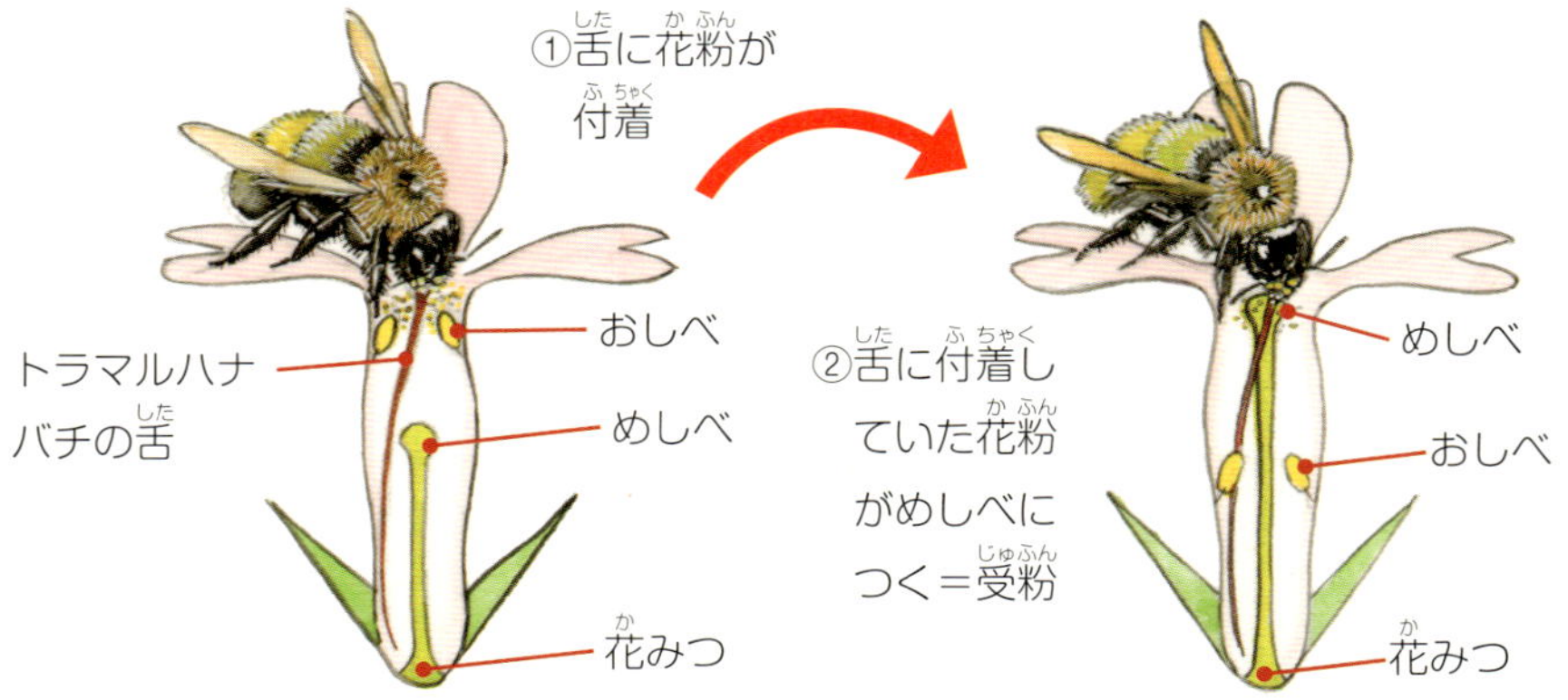

上《うえ》の3つの絵《え》は、みんなおなじサクラソウだ。でも、受粉《じゅふん》したときにちがう遺伝子《いでんし》がまざったために、花《はな》びらのかたちは少《すこ》しずつちがっている。

サクラソウのみつをすうトラマルハナバチ。

マルハナバチがつくる いろんなかたちの花《はな》

花《はな》たちは、マルハナバチに受粉《じゅふん》をてつだってもらうために、自分《じぶん》の体《からだ》のかたちまでかえてしまった。

サクラソウには、花《はな》がさくと同《どう》時《じ》に、トラマルハナバチの女王《じょおう》バチがみつをすいにくる。おどろくことに、マルハナバチの口吻《こうふん》の長《なが》さとサクラソウの花《はな》のいり口《ぐち》から花《か》みつのあるところまでの長《なが》さが、ピッタリおなじなのだ。

さらに、サクラソウにはめしべの位置《いち》がおしべの上《うえ》にある花《はな》と下《した》にある2つのタイプがあり、トラマルハナバチによって、どちらの花《はな》も受粉《じゅふん》されるようになっている。

花畑《はなばたけ》のいろんなかたちの花《はな》は、マルハナバチがみつをすいながらつくっているのだともいえる。

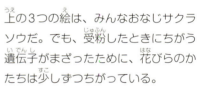

昆虫《こんちゅう》を調《しら》べてみよう

昆虫《こんちゅう》を調《しら》べることは、わたしたちがすんでいる地球《ちきゅう》を知《し》ることにつながる。みんなにもかんたんにできる方法《ほうほう》があるので、じっさいにやってみよう。

スイーピング（上《うえ》）とビーティング（下《した》）

スイーピングやビーティングという方法《ほうほう》をつかえば、草《くさ》むらや木《き》の枝《えだ》、葉《は》のうらなどにかくれているいろいろな昆虫《こんちゅう》を、かんたんにつかまえることができる。

昆虫《こんちゅう》を調《しら》べて地球《ちきゅう》を知《し》る

いろんな場所《ばしょ》で昆虫《こんちゅう》を調《しら》べれば、そこにはどんな種類《しゅるい》の昆虫《こんちゅう》がどのくらいいるのか、場所《ばしょ》によってどうちがうかなどをくらべることができる。また、おなじ場所《ばしょ》のようすを長《なが》いあいだ調《しら》べて記録《きろく》していけば、その場所《ばしょ》にすむ昆虫《こんちゅう》がどうかわってきたのかもわかる。

昆虫《こんちゅう》がたくさんすんでいるところには、昆虫《こんちゅう》のエサになる草《くさ》や木《き》や生《い》きものも多《おお》い。そこにはまた、昆虫《こんちゅう》を食《た》べる鳥《とり》や動物《どうぶつ》もやってくる。つまり、昆虫《こんちゅう》を調《しら》べると、わたしたちがすんでいる町《まち》や国《くに》や地《ち》球《きゅう》が、人《ひと》や生《い》きものにとってどういう場所《ばしょ》なのかを知《し》ることができる。そして、その場所《ばしょ》がこれから先《さき》、どうかわろうとしているのかも、いまから考《かんが》えることができる。

エサトラップ　ペットボトルにいり口《ぐち》をあけて、なかにお酒《さけ》やジュースをいれる。ハチやカブトムシなどがやってくる。

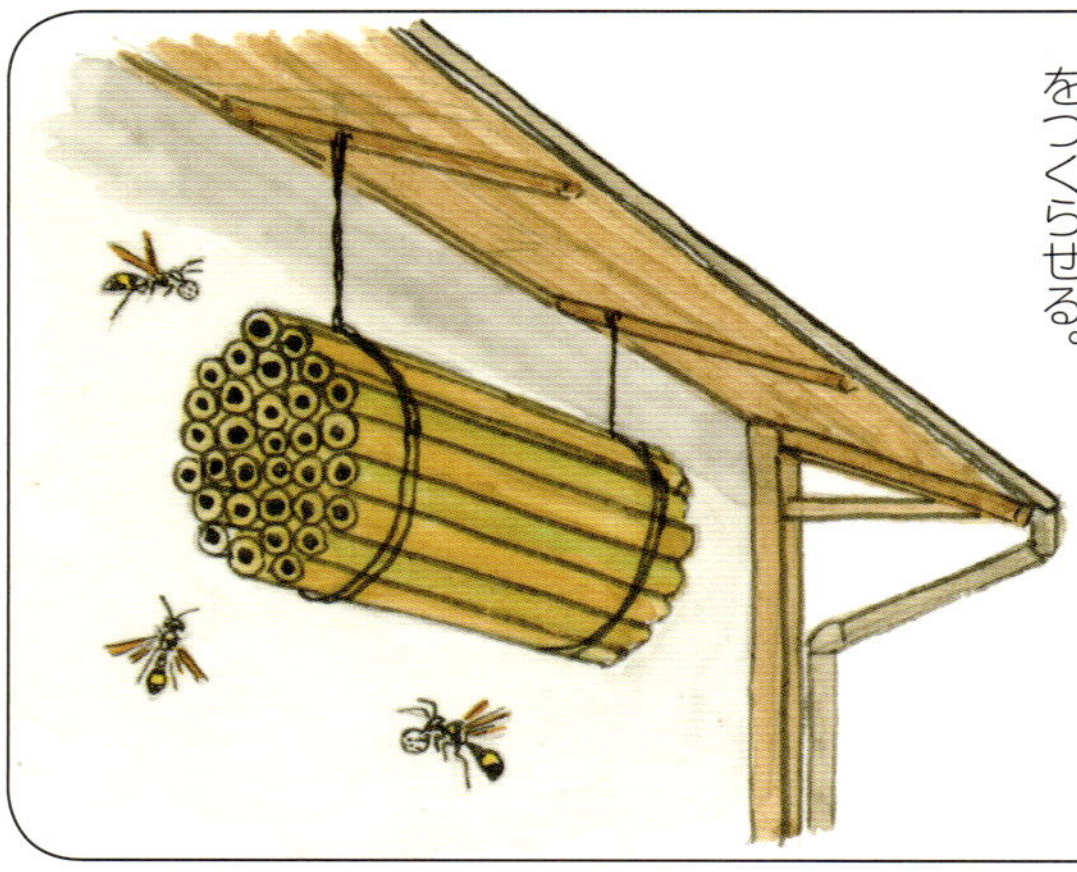

竹筒《たけづつ》トラップ　ドロバチのなかまに巣《す》をつくらせる。

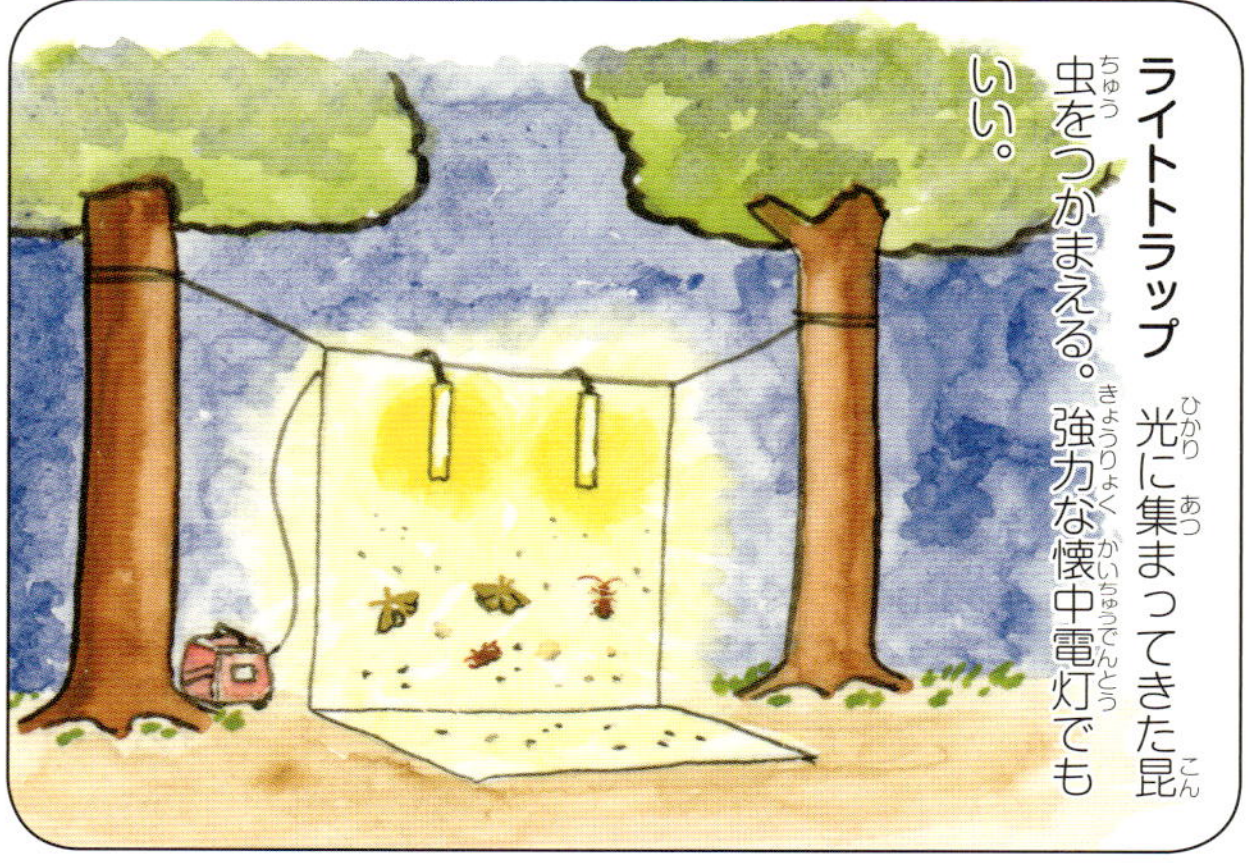

ライトトラップ　光《ひかり》に集《あつ》まってきた昆《こん》虫《ちゅう》をつかまえる。強力《きょうりょく》な懐中電灯《かいちゅうでんとう》でもいい。

誘引衝突式《ゆういんしょうとつしき》トラップ　においのする薬品《やくひん》などで昆虫《こんちゅう》をおびきよせて、下《した》のバケツに落《お》とす。

落《お》としあなトラップ　コップを埋《う》めるだけだから、家《いえ》の庭《にわ》や校庭《こうてい》でためしてみよう。

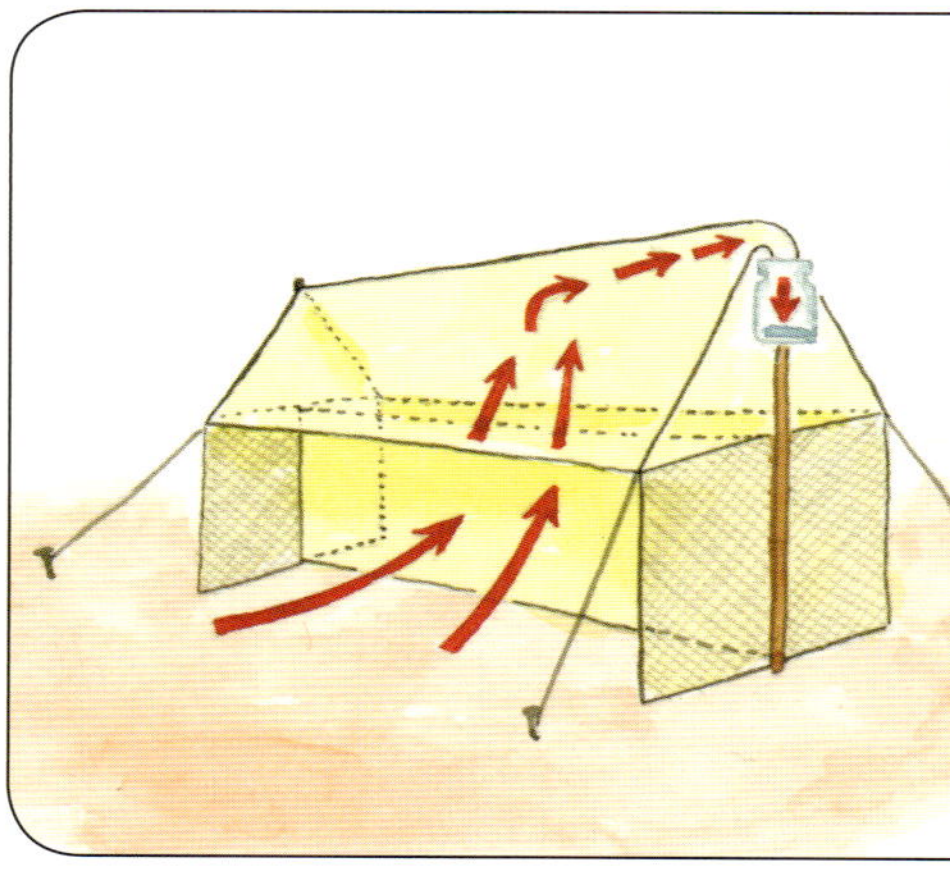

マレーズトラップ　とんできた昆虫《こんちゅう》が、布《ぬの》をつたわっててっぺんのビンのなかにはいりこむ。

昆虫《こんちゅう》を調《しら》べる方法《ほうほう》

見《み》ただけで種類《しゅるい》がわかるチョウやトンボは、きまった時間《じかん》や距離《きょり》を歩《ある》きながら、見《み》つけた数《かず》を記録《きろく》する。でも、ほとんどの昆虫《こんちゅう》は、採集《さいしゅう》して種類《しゅるい》や数《かず》を調《しら》べる。

「スイーピング」は、草《くさ》むらを網《あみ》できまった回数《かいすう》すくう。バッタやハチ、ハエなどがとれる。枝《えだ》などを棒《ぼう》でたたいて布《ぬの》の上《うえ》に虫《むし》を落《お》とす「ビーティング」では、カミキリムシやゾウムシなどがとれる。

「わな」（トラップ）をつかう方法《ほうほう》もある。ペットボトルにジュースやお酒《さけ》をいれてつるしておけば、カブトムシやチョウが集《あつ》まってくる。ガや甲虫《こうちゅう》を光《ひかり》でおびきよせる「ライトトラップ」やコップを埋《う》めて地上《ちじょう》を歩《ある》く昆虫《こんちゅう》をつかまえる「落《お》としあなトラップ」もある。

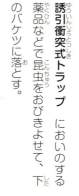

昆虫《こんちゅう》を守《まも》ることの必要性《ひつようせい》

昆虫《こんちゅう》は、自然《しぜん》のなかでいろんな役割《やくわり》をもっていて、わたしたちの生活《せいかつ》にも役《やく》だっている。昆《こん》虫《ちゅう》を守《まも》ることは、わたしたち人間《にんげん》の生活《せいかつ》を守《まも》ることにもつながっていく。

生物多様性《せいぶつたようせい》のしくみ
●生態系《せいたいけい》の多様性《たようせい》
山《やま》や森《もり》、川《かわ》や海《うみ》、田《た》んぼやまちなど、生《い》きものが生《い》きるいろいろな場所《ばしょ》がある。
●種《しゅ》の多様性《たようせい》
昆虫《こんちゅう》や動物《どうぶつ》、魚《さかな》、植物《しょくぶつ》など、地球上《ちきゅうじょう》には、人間《にんげん》をふくめていろんな生《い》きものがいる。
●遺伝子《いでんし》の多様性《たようせい》　おなじ種類《しゅるい》でも、色《いろ》や大《おお》きさ、性質《せいしつ》などがちがったものがいる。
いろいろなもようのナミテントウ

生物多様性《せいぶつたようせい》

地球《ちきゅう》には、昆虫《こんちゅう》や植物《しょくぶつ》、動物《どうぶつ》など、いろんな、そしてたくさんの生《い》きものたちがいて、いろんなところでいろんなふうに生《い》きている。これを、「生物多様性《せいぶつたようせい》」という。

たとえば昆虫《こんちゅう》には、チョウやカブトムシ、バッタなどたくさんの種類《しゅるい》がいる（種《しゅ》の多様性《たようせい》）。そして、おなじ種類《しゅるい》の昆虫《こんちゅう》でも、色《いろ》や大《おお》きさ、性質《せいしつ》などがちがうものがいる（遺伝子《いでんし》の多様性《たようせい》）。

チョウが、花《はな》のみつをすったり卵《たまご》をうんだりする場所《ばしょ》がある（生《せい》態系《たいけい》の多様性《たようせい》）。

どんな生《い》きものも、1種類《しゅるい》だけでは生《い》きていくことはできない。生《い》きものが生《い》きていくためには、生物多様性《せいぶつたようせい》がとてもたいせつだといわれている。

モンシロチョウがふえすぎない理由《りゆう》

モンシロチョウが成虫《せいちゅう》のチョウになるのは、100個《こ》の卵《たまご》のうち、わずか1～2個《こ》だ。その理由《りゆう》を見《み》ていこう。

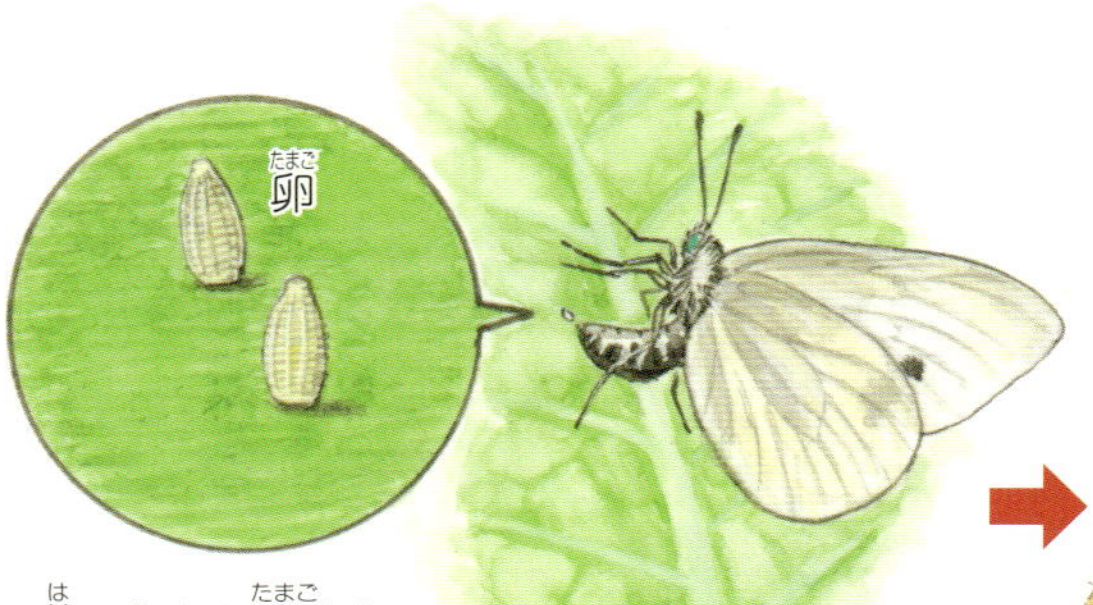

葉《は》のうらに卵《たまご》をうみつけるモンシロチョウ。

卵《たまご》からかえっ た幼虫《ようちゅう》（アオムシ）。

アオムシはキャベツなどを食《た》べる害虫《がいちゅう》だけど……。

アオムシの体《からだ》のなかに卵《たまご》をうむ寄生《きせい》バチのアオムシサムライコマユバチ。

アオムシから出《で》てきたアオムシサムライコマユバチの幼虫《ようちゅう》たち。アオムシのほとんどは、アリやクモなどほかの虫《むし》や鳥《とり》などに食《た》べられる。

モンシロチョウのさなぎ。このさなぎの体《からだ》から、がんをやっつけるピエリシンが発見《はっけん》された。

昆虫《こんちゅう》によるいろんな生態系《せいたいけい》サービス

ミツバチからは……

花粉《かふん》をはこぶ

みつろう

はちみつ

カイコガからは……

食《た》べもの・薬《くすり》・材料《ざいりょう》

きぬ糸《いと》

生物多様性《せいぶつたようせい》があるおかげで、人間《にんげん》はたくさんの生《い》きものからいろんなものをもらっている。

みんな役《やく》にたっている

モンシロチョウのメスは200個《こ》くらいの卵《たまご》をうむ。幼虫《ようちゅう》がかえってさなぎになり、成虫《せいちゅう》になってまた卵《たまご》をうむ。関東地方《かんとうちほう》なら、これを1年間《ねんかん》に5回《かい》くらいくりかえす。全部《ぜんぶ》がそだつと秋《あき》には何億匹《なんおくひき》にもなるはずだが、ほとんどが天《てん》敵《てき》に食《た》べられてしまうので、そんなにふえることはない。もしもモンシロチョウがいなくなったら？……そのときには、天敵《てんてき》も生《い》きられなくなってしまうだろう。

生《い》きものが人間《にんげん》の役《やく》にたつことを「生態系《せいたいけい》サービス」という。たとえば、モンシロチョウのさなぎにはガンをやっつける力《ちから》をもつピエリシンという物質《ぶっしつ》がふくまれている。どんな生《い》きものにも役割《やくわり》があることをわすれてはいけない。

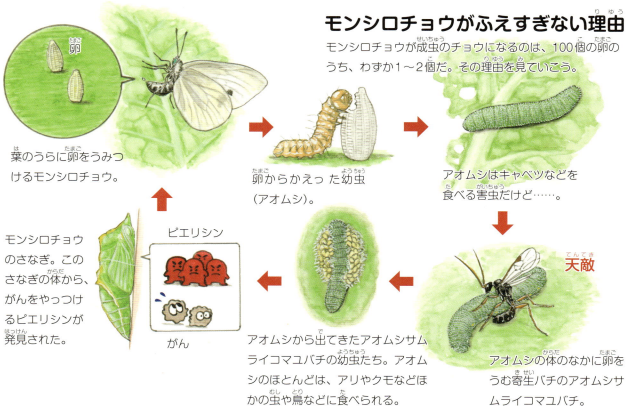

昆虫観察会《こんちゅうかんさつかい》に参加《さんか》してみよう

観察会《かんさつかい》にいくときのかっこう

虫《むし》とりあみや虫《むし》かごは、観察会《かんさつかい》でかしてくれるところも多《おお》くあります。

群馬県立《ぐんまけんりつ》ぐんま昆虫《こんちゅう》の森《もり》

観察会《かんさつかい》の先生《せんせい》が昆虫《こんちゅう》のとりかたを教えてくれたら、さっそく虫《むし》とりのスタート！

虫《むし》とりのあとには、観察会《かんさつかい》の先生《せんせい》が、つかまえた昆《こん》虫《ちゅう》の名《な》まえや性格《せいかく》などをくわしく教《おし》えてくれる。このような観察会《かんさつかい》は、夏《なつ》になると、博物館《はくぶつかん》などがよくおこなっている。また、昆虫館《こんちゅうかん》などでは1年《ねん》じゅういろんな観察会《かんさつかい》をやっている。たとえば、群馬県《ぐんまけん》立《りつ》ぐんま昆虫《こんちゅう》の森《もり》*では、「春《はる》のチョウ」「ホタル観《かん》賞会《しょうかい》」「カブトムシ飼育講座《しいくこうざ》」などが、それぞれの季節《きせつ》におこなわれている。

落《お》としあなトラップ

プラスチックのコップにいたんだ肉《にく》やあまいみつをいれて、落《お》としあなのように土《つち》に埋《う》めておくと、地面《じめん》を歩《ある》く虫《むし》たちをつかまえることができる。

※しかけたトラップはかならずかたづけよう。

夜《よる》の観察会《かんさつかい》

ミュージアムパーク茨城県自然博物館《いばらきけんしぜんはくぶつかん》*では、毎年《まいとし》夏《なつ》に「オールナイト昆虫観察会《こんちゅうかんさつかい》」をおこなっている。昼間《ひるま》はペットボトルでつくったカブトムシトラップをしかけ、夜《よる》になると大《おお》きな布《ぬの》にライトをあてるライトトラップをしかけて、集《あつ》まってきた昆虫《こんちゅう》を観察《かんさつ》する。つぎの日《ひ》の朝《あさ》には、カブトムシトラップに集《あつ》まったカブトムシなどをつかまえる。

ライトトラップ

白《しろ》いシーツをはってブラックライト（わずかに目《め》で見《み》える長《なが》い波長《はちょう》の紫外線《しがいせん》を放射《ほうしゃ》する電灯《でんとう》）をつけると、あかりに集《あつ》まるいろいろな昆虫《こんちゅう》を見《み》ることができる。

ホタルの観察《かんさつ》

「オールナイト昆虫観察《こんちゅうかんさつ》」では、夕方《ゆうがた》にヘイケボタルの観察《かんさつ》もおこなわれる。博物館《はくぶつかん》のそばにある水辺《みずべ》によってくるヘイケボタルをおどかさないように、ライトを消《け》してそっと観察《かんさつ》する。

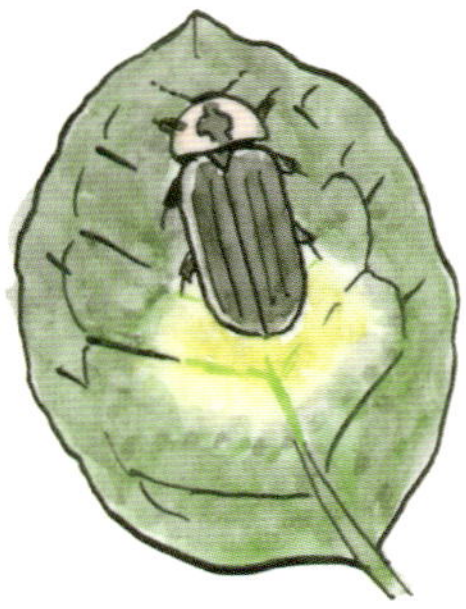

ホタルはおしりを光《ひか》らせることでなかまとコミュニケーションをとっているんだ。

昆虫《こんちゅう》ビンゴ

そのほかに、ミュージアムパーク茨城県自然博物館《いばらきけんしぜんはくぶつかん》では、手軽《てがる》に昆虫観察《こんちゅうかんさつ》ができる「昆《こん》虫《ちゅう》ビンゴ」もおこなわれている。

ビンゴカードには、数字《すうじ》のかわりに昆虫《こんちゅう》の名《な》まえなどを書《か》く。博物館《はくぶつかん》の近《ちか》くの雑木林《ぞうきばやし》を歩《ある》いてみて、書《か》いた昆虫《こんちゅう》が見《み》つけられたら、カードにしるしをする。カードの列《れつ》にしるしがならんだらビンゴ！

白い チョウ	カブト ムシ	コクワガ タ	キアゲハ	先生の名 まえをお ぼえた
クロヤマ アリ	ベニ シジミ	ナツ アカネ	アブラ ゼミ	セイヨウ ミツバチ
ノコギリ クワガタ	アメンボ	フリー	オンブ バッタ	ナナホシ テントウ
エンマコ オロギ	イナゴ	ミンミン ゼミ	オオスズ メバチ	カナブン
セミのな き声をき いた	甲虫の なかま	セミの ぬけがら	オニ ヤンマ	シオカラ トンボ

昆虫《こんちゅう》ビンゴカード

観察会《かんさつかい》のまとめにビンゴが役《やく》だつよ。

※昆虫館《こんちゅうかん》・博物館《はくぶつかん》の催《もよお》しは年度《ねんど》によってかわります。

昆虫《こんちゅう》を自分《じぶん》でとって調《しら》べてみよう

自分《じぶん》のすんでいるところにはどんな昆虫《こんちゅう》たちがいるのだろう？　そんなことを思《おも》ったら、昆虫観察会《こんちゅうかんさつかい》で教《おし》えてもらった方法《ほうほう》で、家《いえ》の近《ちか》くにいる昆虫《こんちゅう》を観察《かんさつ》してみよう。

そのとき、昼《ひる》と夜《よる》や、家《いえ》の近《ちか》くと林《はやし》や原《はら》っぱなど、ちがう時間《じかん》・ちがう場所《ばしょ》をそれぞれ「くらべる」ことで、身近《みぢか》な昆虫《こんちゅう》のことをもっと知《し》ることができるよ！

ここでは、くらべる方法《ほうほう》を3つ紹介《しょうかい》しよう。

〔くらべかた1〕昼《ひる》と夜《よる》でとれる昆虫《こんちゅう》をくらべる

昆虫《こんちゅう》は、1日《にち》のうちで活動《かつどう》する時間《じかん》がきまっている。おなじ場所《ばしょ》で、昼《ひる》と夜《よる》にそれぞれどんな昆虫《こんちゅう》がどれくらいやってくるのかを調《しら》べてみよう（たとえば、樹液《じゅえき》の出《で》ているクヌギの木《き》を、昼《ひる》と夜《よる》に見《み》てみよう）。

〔くらべかた2〕家《いえ》のまわりと林《はやし》のそばでとれる昆虫《こんちゅう》をくらべる

畑《はたけ》にいて、林《はやし》にはいない。林《はやし》にいて、畑《はたけ》にはいない。よくにているけれど、少《すこ》しだけちがう?!　すんでいる場《ば》所《しょ》による昆虫《こんちゅう》の種類《しゅるい》や数《かず》のちがいをくらべてみよう。

※畑《はたけ》を管理《かんり》している人《ひと》に許可《きょか》をもらおう。

《カブトムシトラップのつくりかた》

用意《ようい》するもの（トラップひとつぶん）

・2リットルくらいの
　ペットボトル　1本《ぽん》
・カッターナイフ　1本《ぽん》
・ひも　1本《ぽん》
・バナナ　1本《ぽん》
・焼酎《しょうちゅう》　30cc
・砂糖《さとう》　大《おお》さじ2
・イースト菌《きん》（あれば）

〔エサのつくりかた〕 バナナを1cmほどに切《き》って、焼酎《しょうちゅう》、砂《さ》糖《とう》とまぜる（イースト菌《きん》があればいれる）。ビニールぶくろにいれてしっかり口《くち》をくくり、あたたかい場所《ばしょ》において、黒《くろ》くなってきていたら完成《かんせい》。

〔しかけのつくりかた〕 ＊カッターナイフでのケガに注意《ちゅうい》。

ペットボトルを点線《てんせん》の部分《ぶぶん》で切《き》りとる。

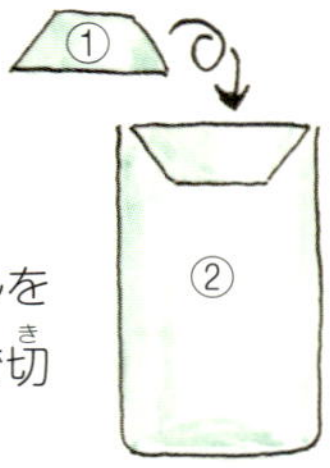

①の部分《ぶぶん》を上《うえ》と下《した》をさかさにして、②にはめこむ。

ペットボトルをひもでくくり、エサをいれて完成《かんせい》。

カブトムシがいそうな木《き》にぶらさげて、ひとばんまってみよう。

＊しかけたトラップは、かならずかたづけよう！

チョウやセミ、バッタなど、とんだりジャンプしたりする昆虫《こんちゅう》たちは、虫《むし》とりあみでとれるよね。でも、夜《よる》に活動《かつどう》するカブトムシには「カブトムシトラップ」がいいかもよ！

〔くらべかた3〕 とる方法《ほうほう》のちがいでくらべる

虫《むし》とりあみでとる？　トラップでとる？　とりかたのちがいから、昆虫《こんちゅう》の種類《しゅるい》やとくちょうをくらべてみよう。

《標本《ひょうほん》をつくろう》

おかしの箱《はこ》などにあつめた昆虫《こんちゅう》たちの標本《ひょうほん》をならべてみよう。ピンなどで動《うご》かないようにしてとめ、家《いえ》のなかで1週間《しゅうかん》ほど乾燥《かんそう》させれば標本《ひょうほん》が完成《かんせい》！

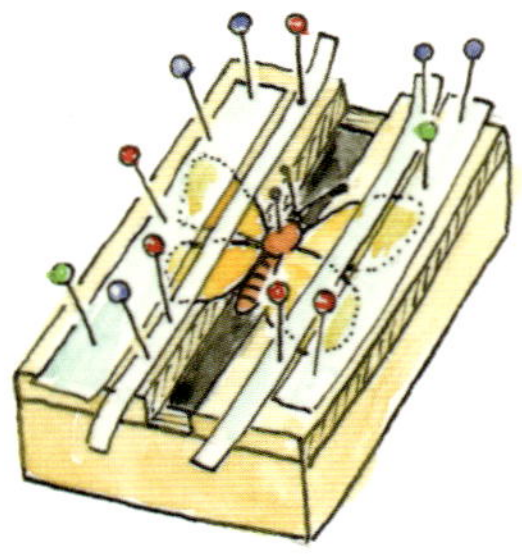

チョウの標本《ひょうほん》

チョウは展翅板《てんしばん》をつかってかたちをととのえて乾《かん》燥《そう》させよう。とったその日《ひ》にするのがいい。

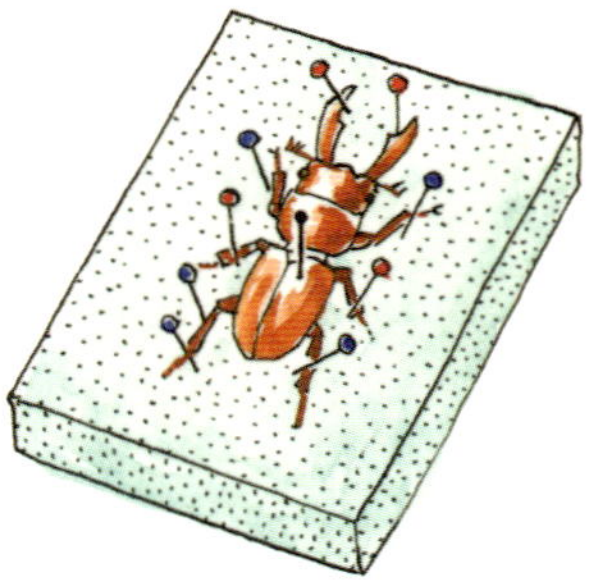

カブトムシなど甲虫の標本《こうちゅうひょうほん》

大《おお》きい甲虫《こうちゅう》は、展足板《てんそくばん》をつかうときれいにかたちをととのえられる。小《ちい》さな甲虫《こうちゅう》は、台紙《だいし》にはろう。

データラベル

標本《ひょうほん》には、昆虫《こんちゅう》をつかまえた月日《つきひ》と場所《ばしょ》、つかまえた自分《じぶん》の名《な》まえを書《か》いたラベルをつけておこう。

とった昆虫《こんちゅう》をスケッチするのもいいね。たくさんスケッチできたら、自分《じぶん》だけの図鑑《ずかん》の完成《かんせい》だ！

昆虫館《こんちゅうかん》で昆虫博士《こんちゅうはかせ》になろう

石川県《いしかわけん》ふれあい昆虫館《こんちゅうかん》（石川県白山市《いしかわけんはくさんし》）

石川県《いしかわけん》にすむ昆虫《こんちゅう》や世界《せかい》の昆虫《こんちゅう》を数多《かずおお》く展示《てんじ》しています。いちばんの見所《みどころ》は、毎日《まいにち》1000匹以上《びきいじょう》のチョウがとびかう温室《おんしつ》「チョウの園《その》」です。美《うつく》しいチョウを間近《まぢか》で観察《かんさつ》できます。全国的《ぜんこくてき》にめずらしいゲンゴロウや外国《がいこく》にすむオオコノハムシなどの生体《せいたい》も展示《てんじ》しており、おとなもこどもも楽《たの》しめます。

石川県《いしかわけん》ふれあい昆虫館《こんちゅうかん》で展示中《てんじちゅう》のゲンゴロウ

（写真提供《しゃしんていきょう》：石川県《いしかわけん》ふれあい昆虫館《こんちゅうかん》）

住所《じゅうしょ》　〒920-2113　石川県白山市八幡町戌《いしかわけんはくさんしやはたまちいぬ》3
Tel　076（272）3417
HP　http://www.furekon.jp/

※日本海《にほんかい》がわでは初《はつ》の本格的《ほんかくてき》な昆虫館《こんちゅうかん》。世界《せかい》じゅうの昆虫《こんちゅう》が多数展示《たすうてんじ》されていて、昆虫《こんちゅう》の生態《せいたい》を間近《まぢか》で観察《かんさつ》することができる。教育活動《きょういくかつどう》にも力《ちから》をいれており、さまざまなプログラムを提供《ていきょう》している。

多摩動物公園昆虫園《たまどうぶつこうえんこんちゅうえん》（東京都日野市《とうきょうとひのし》）

昆虫館本館《こんちゅうかんほんかん》では、ハキリアリやグローワームなど外国産《がいこくさん》のめずらしい昆虫《こんちゅう》を見《み》ることができます。昆虫生態園《こんちゅうせいたいえん》は、熱帯《ねったい》の植物《しょくぶつ》がしげり、一年《いちねん》じゅう夏《なつ》のあつさです。リュウキュウアサギマダラなど、色《いろ》とりどりのチョウがまうなかを散策《さんさく》できます。

昆虫生態園《こんちゅうせいたいえん》では一年《いちねん》じゅう見《み》られるオオゴマダラ

（写真提供《しゃしんていきょう》：（公財《こうざい》）東京動物園協会《とうきょうどうぶつえんきょうかい》）

住所《じゅうしょ》　〒191-0042　東京都日野市程久保《とうきょうとひのしほどくぼ》7-1-1
Tel　042（591）1611
HP　http://www.tokyo-zoo.net/zoo/tama/

※多摩動物公園《たまどうぶつこうえん》のなかにあり、動物園《どうぶつえん》に併設《へいせつ》されている数《かず》少《すく》ない昆虫館《こんちゅうかん》のひとつ。温室《おんしつ》のなかを来館者《らいかんしゃ》が自由《じゆう》に歩《ある》けるタイプの昆虫生態園《こんちゅうせいたいえん》としては、日本《にほん》でいちばんひろい。昆虫生態園《こんちゅうせいたいえん》はチョウをイメージした建物《たてもの》となっており、1989年《ねん》に日本建築学会賞《にほんけんちくがっかいしょう》を受賞《じゅしょう》している。

北杜市《ほくとし》オオムラサキセンター（山梨県北杜市《やまなしけんほくとし》）

オオムラサキは日本《にほん》を代表《だいひょう》する大《おお》きなチョウです。6ヘクタールのひろい自然公園《しぜんこうえん》には雑木林《ぞうきばやし》やメダカ観察池《かんさついけ》などがあり、自然《しぜん》のなかでオオムラサキやほかの昆虫《こんちゅう》、小動物《しょうどうぶつ》、植物《しょくぶつ》の観察《かんさつ》ができます。施設《しせつ》では、オオムラサキの生態《せいたい》を自然界《しぜんかい》にちかいかたちで観察《かんさつ》することができます。

美《うつく》しいオスのオオムラサキ

（写真提供《しゃしんていきょう》：北杜市《ほくとし》オオムラサキセンター）

住所《じゅうしょ》　〒408-0024　山梨県北杜市長坂町富岡《やまなしけんほくとしながさかちょうとみおか》2812
Tel　0551（32）6648
HP　http://oomurasaki.net/

※オオムラサキは北海道《ほっかいどう》から九州《きゅうしゅう》までの各地《かくち》に生息《せいそく》しているが都市化《としか》がすすみ減少《げんしょう》している。長坂町《ながさかちょう》はむかしから炭《すみ》やきがさかんで炭《すみ》の原料《げんりょう》となるクヌギ林《ばやし》が多《おお》く、冬《ふゆ》がさむく適度《てきど》に降雪《こうせつ》があることなどからオオムラサキがたくさん生息《せいそく》している。

美郷《みさと》ほたる館《かん》（徳島県吉野川市《とくしまけんよしのがわし》）

美郷《みさと》にはゲンジボタル、ヘイケボタル、ヒメボタル、オバボタル、オオマドボタルの5種類《しゅるい》のホタルがいます。ほたる館《かん》では美郷《みさと》のホタルの生態《せいたい》や気候風土《きこうふうど》・自然《しぜん》を説明《せつめい》していて、5月下旬《がつげじゅん》から6月中旬《がつちゅうじゅん》には観察会《かんさつかい》もひらかれます。ホタルはエサのカワニナがすむきれいな川《かわ》でなければそだたないので、川《かわ》の環境《かんきょう》を守《まも》るための活動《かつどう》もしています。

美郷《みさと》ほたる館《かん》（6月上旬撮影《がつじょうじゅんさつえい》）

（写真提供《しゃしんていきょう》：美郷《みさと》ほたる館《かん》）

住所《じゅうしょ》　〒779-3501　徳島県吉野川市美郷字宗田《とくしまけんよしのがわしみさとあざむねだ》82-1
Tel　0883（43）2888
HP　http://www.misato-hotarukan.jp/

※美郷《みさと》は1970年《ねん》に「美郷《みさと》のホタルおよびその発生地《はっせいち》」として国《くに》の天然記念物《てんねんきねんぶつ》に指定《してい》された。川田川流域《かわたがわりゅういき》は、ホタルのとぶ面積《めんせき》、数《かず》、期間《きかん》とも全国的《ぜんこくてき》にみて規模《きぼ》の大《おお》きい地域《ちいき》である。

標本《ひょうほん》で虫《むし》をじっくり観察《かんさつ》する

倉敷昆虫館《くらしきこんちゅうかん》（岡山県倉敷市《おかやまけんくらしきし》）

病院《びょういん》に付属《ふぞく》している昆虫館《こんちゅうかん》です。日本《にほん》の昆虫《こんちゅう》の約《やく》4000種《しゅ》、14000点《てん》の標本《ひょうほん》を見《み》ることができます。そのうちの8割《わり》は岡《おか》山県内《やまけんない》で採集《さいしゅう》されたもので、いまでは絶滅《ぜつめつ》してしまった昆虫《こんちゅう》の標《ひょう》本《ほん》もあります。図書《としょ》コーナーでは昆虫《こんちゅう》に関係《かんけい》する本《ほん》や図鑑《ずかん》、環境《かんきょう》問題《もんだい》の本《ほん》も自由《じゆう》に読《よ》むことができます。

倉敷昆虫館展示室《くらしきこんちゅうかんてんじしつ》

（写真提供《しゃしんていきょう》：倉敷昆虫館《くらしきこんちゅうかん》）

住所《じゅうしょ》　〒710-0051　岡山県倉敷市《おかやまけんくらしきし》幸町《さいわいちょう》2-30 しげい病院《びょういん》1階《かい》
Tel　086（422）8207
HP　http://www.shigei.or.jp/ento_museum/

※倉敷昆虫館《くらしきこんちゅうかん》は1962年開館《ねんかいかん》。開設者《かいせつしゃ》の故重井博《こしげいひろし》は医師《いし》であると同時《どうじ》に、昆虫《こんちゅう》ずきな自然《しぜん》の探究者《たんきゅうしゃ》で、倉敷昆虫同好会《くらしきこんちゅうどうこうかい》顧問《こもん》。倉敷昆虫館《くらしきこんちゅうかん》・重井薬用植物園《しげいやくようしょくぶつえん》の設立《せつりつ》や倉敷市立自然《くらしきしりつしぜん》史博物館開設《しはくぶつかんかいせつ》への協力《きょうりょく》、また自然保護運動《しぜんほごうんどう》の指導者《しどうしゃ》として活《かつ》やくした。

名和昆虫博物館《なわこんちゅうはくぶつかん》（岐阜県岐阜市《ぎふけんぎふし》）

ギフチョウを発見《はっけん》した名和靖《なわやすし》の名《な》をつけた博物館《はくぶつかん》で、いまから約《やく》100年《ねん》まえの建物《たてもの》です。2階《かい》をささえる3本《ぼん》のまるい柱《はしら》は、約《やく》1200年《ねん》まえのヒノキ材《ざい》で、唐招提寺《とうしょうだいじ》の金堂《こんどう》と講堂《こうどう》でつかわれていました。改修時《かいしゅうじ》にシロアリにくわれていた柱《はしら》を研究《けんきゅう》のためにもらったのです。世界《せかい》じゅうのチョウやカブトムシなどの標本《ひょうほん》があります。

名和昆虫博物館《なわこんちゅうはくぶつかん》　全景《ぜんけい》

（写真提供《しゃしんていきょう》：名和昆虫博物館《なわこんちゅうはくぶつかん》）

住所《じゅうしょ》　〒500-8003　岐阜県岐阜市大宮町《ぎふけんぎふしおおみやちょう》2-18
Tel　058（263）0038
HP　http://www.nawakon.jp

※名和昆虫研究所《なわこんちゅうけんきゅうじょ》の付属博物館《ふぞくはくぶつかん》として大正《たいしょう》8年《ねん》に開館《かいかん》し、現存《げんぞん》する日本《にほん》の昆虫博物館《こんちゅうはくぶつかん》としてはもっとも長《なが》い歴史《れきし》をもつ。昆虫学全般《こんちゅうがくぜんぱん》、農作物《のうさくぶつ》の害虫駆除《がいちゅうくじょ》にかんする啓《けい》もう活動《かつどう》をおこなっている。隣接《りんせつ》する記念昆虫館《きねんこんちゅうかん》は標本収蔵庫《ひょうほんしゅうぞうこ》として明治《めいじ》40年竣工《ねんしゅんこう》し、現在《げんざい》も利用《りよう》されている。名和靖《なわやすし》は明治《めいじ》・大正期《たいしょうき》の昆虫学者《こんちゅうがくしゃ》で、明治《めいじ》29年《ねん》、私立名和昆虫研究所《しりつなわこんちゅうけんきゅうじょ》を設立《せつりつ》し、応用昆虫学《おうようこんちゅうがく》の研究《けんきゅう》にとりくんだ。

人間《にんげん》とかかわりのふかい昆虫《こんちゅう》とその役割《やくわり》を知《し》ろう

シルク博物館《はくぶつかん》（神奈川県横浜市《かながわけんよこはまし》）

きぬ（シルク）にかんする歴史《れきし》をたどりながら、きぬの科学《かがく》や技術《ぎじゅつ》の理解《りかい》をふかめることができる博物館《はくぶつかん》です。カイコのまゆから生糸《きいと》がつくられ、それからきぬの布《ぬの》ができるまでの工程《こうてい》をくわしく紹介《しょうかい》しているほか、まゆからの糸《いと》くりやはたおりを体験《たいけん》できます。また、年間《ねんかん》をとおして、カイコの飼育観察《しいくかんさつ》もできます。

着物《きもの》の生地《きじ》がおられるようすを体験《たいけん》

（写真提供《しゃしんていきょう》：シルク博物館《はくぶつかん》）

住所《じゅうしょ》　〒231-0023　神奈川県横浜市中区山下町《かながわけんよこはましなかくやましたちょう》1番地《ばんち》（シルクセンター2階《かい》）

Tel　045（641）0841

HP　http://www.silkcenter-kbkk.jp/museum/

※横浜《よこはま》は、1859年《ねん》の横浜港《よこはまこう》の開港《かいこう》から昭和《しょうわ》のはじめにかけて輸出品《ゆしゅつひん》の多《おお》くを生糸《きいと》がしめていたことから、生糸貿易港《きいとぼうえきこう》としてさかえた。シルク博物館《はくぶつかん》では、シルクの普及活動《ふきゅうかつどう》のほかにシルクにかんするさまざまな貴重《きちょう》な資料《しりょう》を保管《ほかん》し閲覧《えつらん》に役《やく》だてている。

みつばちの家《いえ》（岐阜県岐阜市《ぎふけんぎふし》）

ミツバチの体《からだ》のしくみやはたらきバチのくらし、巣《す》のつくりかたなど、ふしぎな生態《せいたい》について楽《たの》しく知《し》ることができます。実物《じつぶつ》の巣《す》も展示《てんじ》しており、巣箱《すばこ》でミツバチが活動《かつどう》するようすを観察《かんさつ》できます。また、はちみつをとるためにハチをかう養蜂《ようほう》や、園芸《えんげい》で必要《ひつよう》な花粉交配《かふんこうはい》の役割《やくわり》についても解説《かいせつ》しています。

ミツバチの体《からだ》のしくみ

（写真提供《しゃしんていきょう》：みつばちの家《いえ》）

住所《じゅうしょ》　〒502-0801　岐阜県岐阜市椿洞《ぎふけんぎふしつばきぼら》776-3（岐阜市畜産《ぎふしちくさん》センター公園内《こうえんない》）

Tel　058（294）2002

HP　http://honeybee-gifu.com/index.html

※近代養蜂発祥《きんだいようほうはっしょう》の地《ち》である岐阜県《ぎふけん》に全国《ぜんこく》の養蜂家《ようほうか》の協力《きょうりょく》でつくられた施設《しせつ》。岐阜市椿洞《ぎふしつばきぼら》の畜産《ちくさん》センターの一角《いっかく》にあり、六角形《ろっかっけい》の展示室《てんじしつ》にはミツバチにかんするさまざまな資料《しりょう》がある。12月《がつ》から2月《がつ》までは休館《きゅうかん》。

【読《よ》んでみよう】

昆虫《こんちゅう》のことをもっと知《し》りたい人《ひと》のための読書《どくしょ》ガイドです。セミ、バッタ、カマキリなど1種類《しゅるい》の虫《むし》をくわしく知《し》ることができます。虫《むし》の行動《こうどう》のなぞを実験《じっけん》や観察《かんさつ》によって、ときあかしていく本《ほん》もあります。ファーブルなど昆虫学者《こんちゅうがくしゃ》から小学生《しょうがくせい》までがとりくんだ観察《かんさつ》のいくつかは、自分《じぶん》でやってみることができます。虫《むし》のとぶ写真《しゃしん》をはじめてとった写真家《しゃしんか》の話《はなし》もあります。15冊《さつ》のうち、書店《しょてん》で買《か》えない本《ほん》もあります。まずは図書館《としょかん》でさがしてみてください。

バッタのオリンピック 〈たくさんのふしぎ傑作集《けっさくしゅう》〉

●著者 宮武頼夫 ●絵 中西章 ●案 日浦勇 ●福音館書店 ●1989年

バッタにもいろいろな種類《しゅるい》がいて、すんでいるところもちがいます。草《くさ》むらのすきなオンブバッタやショウリョウバッタ、土《つち》や砂《すな》の上《うえ》がすきなイボバッタやマダラバッタ。ひろい空《あ》き地《ち》や河原《かわら》にいるトノサマバッタ。バッタは人《ひと》が近《ちか》づくとすぐ気《き》がついて遠《とお》くへとぶのであみをもっておいかけても、なかなかつかまりません。でも、棒《ぼう》を黒《くろ》くぬったかんたんなおとりで、バッタを釣《つ》ることができます。オスは棒《ぼう》をメスだと思《おも》ってとびついてくるのです。

セミの一生《いっしょう》 〈科学《かがく》のアルバム〉

●著者 橋本洽二 ●写真 佐藤有恒 ●あかね書房 ●2005年

日本《にほん》には30種類《しゅるい》以上《いじょう》のセミがいます。いちばん大《おお》きいのはクマゼミで体長《たいちょう》4・7センチ、はねをひろげると12・5センチもあります。セミの卵《たまご》は長《なが》さ2ミリぐらい。ミンミンゼミは卵《たまご》のまま冬《ふゆ》をこし、よく年《とし》7月《がつ》ぐらいに幼虫《ようちゅう》になります。幼虫《ようちゅう》は土《つち》にもぐって土中生《どちゅうせい》活《かつ》をします。何年《なんねん》のあいだ土《つち》のなかにいるのかは、セミの種類《しゅるい》によってちがいます。羽化《うか》したばかりのやわらかいセミの写真《しゃしん》がとてもきれいです。

カマキリ観察《かんさつ》ブック

●著者 小田英智 ●写真 草野慎二 ●偕成社 ●2009年

オオカマキリは体長《たいちょう》70～90ミリもあって、小《ちい》さな昆虫《こんちゅう》だけでなくトカゲまでつかまえて食《た》べます。きょねんうみつけられた卵《らん》のうから4月《がつ》ごろ出《で》てくる前幼虫《ぜんようちゅう》はまだカマキリのかたちをしていません。卵《らん》のうから糸《いと》でぶらさがったまま脱皮《だっぴ》をしてカマキリのかたちになります。体長《たいちょう》は10ミリぐらいでアリマキなどを食《た》べます。8月《がつ》ぐらいまでに何回《なんかい》も脱皮《だっぴ》して、大《おお》きくなるとつかまえるえものも大《おお》きくなります。自分《じぶん》の体《からだ》の半分《はんぶん》ぐらいの大《おお》きさのものをえものとしてかるのです。

クワガタクワジ物語《ものがたり》

●著者 中島みち ●絵 中島太郎 ●偕成社 ●2002年

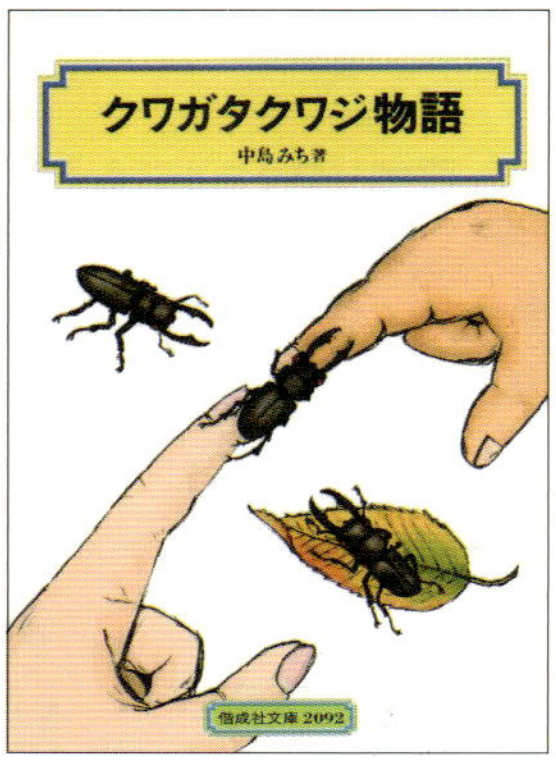

2年生《ねんせい》の太郎《たろう》くんは、うまれてはじめてクワガタを一度《いちど》に3匹《びき》もつかまえました。八幡《はちまん》さまのクヌギの木《き》にみつをすいにきていたのです。太郎《たろう》くんの指《ゆび》をクワではさみまくりましたが、はなしてなるものか。家《いえ》にかえって、土《つち》とクヌギの落《お》ち葉《ば》をしいたタルにいれると、すぐに落《お》ち葉《ば》のなかにもぐりこんでしまいました。3人兄弟《にんきょうだい》だから名《な》まえはクワイチ、クワジ、クワゾウ。ときどきふたをあけると、そのたびにクワジがごそごそはい出《だ》してきます。元気者《げんきもの》のクワジ！

ドロバチのアオムシがり〈文研科学《ぶんけんかがく》の読《よ》み物《もの》〉

●著者 岩田久二雄 ●絵 岩本唯宏 ●文研出版 ●1973年

ドロバチのお母《かあ》さんは竹筒《たけづつ》のような細《ほそ》い管《くだ》に卵《たまご》をうみます。卵《たまご》をうんだお母《かあ》さんはアオムシ（メイガの幼虫《ようちゅう》）をつかまえにいきます。アオムシを見《み》つけると背中《せなか》のほうから首筋《くびすじ》を大《おお》きなあごでしっかりとくわえ、おなかにあるケンから毒液《どくえき》をアオムシに注射《ちゅうしゃ》します。体《からだ》がしびれて動《うご》けなくなったアオムシを巣《す》にはこび、ひとつの卵《たまご》のそばに10匹《びき》ぐらいおきます。卵《たまご》からかえった幼虫《ようちゅう》はこのアオムシのしるをすい、体《からだ》を食《た》べて成長《せいちょう》するのです。

お姫《ひめ》さまのアリの巣《す》たんけん〈たくさんのふしぎ傑作集《けっさくしゅう》〉

●著者 秋山あゆ子 ●福音館書店 ●2007年

虫《むし》がすきなお姫《ひめ》さまは友《とも》だちとアリを観察《かんさつ》していました。アリが出《で》いりしているあなを棒《ぼう》でほっていると、なかから小《ちい》さな仙人《せんにん》がとびだしてきました。仙人《せんにん》は、みんなをアリくらいに小《ちい》さくし、攻撃《こうげき》されないようにアリとおなじにおいをつけ、暗闇《くらやみ》でもよく見《み》える目《め》にしてくれました。さあ、アリの巣《す》へ出発《しゅっぱつ》です。巣《す》のなかのアリは仕事《しごと》を分担《ぶんたん》してはたらいています。なかでもひときわ大《おお》きな女王《じょおう》アリは、この巣《す》にいるすべてのアリのお母《かあ》さんなのです。

ミツバチ 花《はな》にあつまる昆虫《こんちゅう》〈科学《かがく》のアルバム かがやくいのち〉

●著者 藤丸篤夫 ●監修 岡島秀治 ●あかね書房 ●2010年

みつを集《あつ》めたはたらきバチが巣《す》にもどってきました。集《あつ》まったなかまのまんなかで、かえってきたハチがおしりをふるわせて、8の字《じ》をえがくように歩《ある》きまわりはじめました。なかまに花《はな》がたくさんある場所《ばしょ》を教《おし》えています。ひとつの巣《す》には、数万匹《すうまんびき》のミツバチがすんでいて、卵《たまご》や幼虫《ようちゅう》の世話《せわ》をする係《かかり》、集《あつ》めたみつをハチミツにする係《かかり》、ろうで巣《す》をつくる係《かかり》……。それぞれ役目《やくめ》があり、女王《じょおう》バチを中心《ちゅうしん》にくらしています。

ギフチョウ〈科学《かがく》のアルバム〉

●著者 青山潤三 ●あかね書房 ●2005年

世界《せかい》じゅうで日本《にほん》にしかいないチョウがいます。「春《はる》の女神《めがみ》」とよばれ、サクラのさくころにだけすがたをみせるギフチョウです。メスが植物《しょくぶつ》にふれながら、はうようにとんでいます。卵《たまご》をうみつけるカンアオイの葉《は》をさがしているのです。カンアオイの葉《は》は卵《たまご》からかえった幼虫《ようちゅう》のエサになるからです。うみつけられた卵《たまご》からふ化《か》した幼《よう》虫《ちゅう》は、1ヶ月後《げつご》にさなぎになると、夏《なつ》、秋《あき》、冬《ふゆ》と、1年《ねん》の大半《たいはん》をさなぎのすがたですごします。

おとしぶみーゆりかごをつくるちいさなむし〈かがくのとも傑作集《けっさくしゅう》〉

●著者 岡島秀治 ●絵 吉谷昭憲 ●福音館書店 ●1990年

6月《がつ》の雑木林《ぞうきばやし》を歩《ある》いていると、くるくるとまいた葉《は》っぱが地面《じめん》に落《お》ちています。そっとひろげてみると、葉《は》っぱの先《さき》にうすきいろの小《ちい》さな卵《たまご》。これは、ウスモンオトシブミがこどもをそだてるゆりかごなのです。自分《じぶん》の体《からだ》よりも大《おお》きな葉《は》っぱをするどいあごで切《き》り、2つおりにし、まいていきます。とちゅう、卵《たまご》をうみつけ、さらにまきあげます。まきおわると、葉脈《ようみゃく》をかじり、葉《は》を地面《じめん》に落《お》とします。

＊書影《しょえい》は月刊誌《げっかんし》

かいぶつトンボのおどろきばなし〈かこさとし大自然《だいしぜん》のふしぎえほん〉

●著者 かこさとし ●絵 かこさとし ●小峰書店 ●2002年

日本《にほん》でいちばん大《おお》きいトンボは、オニヤンマです。緑色《みどりいろ》の眼玉《めだま》を光《ひか》らせて、4枚《まい》の大《おお》きなはねで、すばやくとんでいます。すきとおったはねには、アミ目《め》のようなスジがたくさんあります。1枚《まい》の紙《かみ》のように見《み》えますが、よく見《み》るとこのはねはたいらではありません。でこぼこしています。でこぼこしているおかげではねはとても強《つよ》くなり、とまったままとんだり、急《きゅう》に、むきをかえたり、自由《じゆう》にとぶことができるのです。

タガメはなぜ卵《たまご》をこわすのか？〈わたしの研究《けんきゅう》〉水生昆虫《すいせいこんちゅう》の〈子殺《こごろ》し行動《こうどう》〉の発見《はっけん》

●著者 市川憲平 ●絵 今井桂三 ●偕成社 ●1999年

わたしは、水族館《すいぞくかん》で水生昆虫《すいせいこんちゅう》の飼育《しいく》をしています。日本《にほん》でいちばん大《おお》きい水生昆虫《すいせいこんちゅう》、タガメを展示《てんじ》することにしました。タガメのメスが水《みず》の上《うえ》にはえている植物《しょくぶつ》にあがると、卵《たまご》をうみつけました。するとオスがあがっていって、卵《たまご》におおいかぶさりました。強《つよ》いひざしから卵《たまご》を守《まも》っているようです。でも夜《よる》もおなじように行動《こうどう》しています。よく観《かん》察《さつ》すると、のんできた水《みず》を卵《たまご》にかけているのです。

ダンゴムシ〈やあ！出会《であ》えたね〉

●著者 今森光彦 ●写真 今森光彦 ●アリス館 ●2002年

ダンゴムシを観察《かんさつ》するために、ダンゴムシをいれた水《すい》そうをテーブルの上《うえ》におきました。いままで見《み》えなかったあしの動《うご》きがよくわかります。歩《ある》いているときの7対《つい》のあしはとてもなめらかで波《なみ》うっています。まるでピアノをひいている人《ひと》の指《ゆび》みたいです。顔《かお》を正面《しょうめん》から拡大《かくだい》してのぞくと、はなれた目《め》におちょぼ口《ぐち》。なんともにくめない顔《かお》をしています。ボールのようにまるまったときには、たくさんのあしも触角《しょっかく》もきちんとしまわれていました。

ファーブル昆虫記《こんちゅうき》〈1〉ふしぎなスカラベ

●著者 ファーブル ●訳／解説 奥本大三郎 ●集英社 ●1991年

ウシやヒツジのフンで、自分《じぶん》の体《からだ》より大《おお》きなまるい玉《たま》をつくる糞虫《ふんちゅう》という虫《むし》がいます。ギザギザのついた頭《あたま》のへりとまえあしをシャベルのようにつかい、大《おお》きなフンの山《やま》から玉《たま》をきれいにくりぬきます。それからまえあしのたいらな部分《ぶぶん》で玉《たま》の表面《ひょうめん》をととのえます。みごとな玉《たま》ができたあとは、さかだちをしたかっこうで、地面《じめん》のうえをころころところがしていくのです。坂道《さかみち》であしをふみはずしてころがり落《お》ちてしまっても、何度《なんど》もおなじ道《みち》をのぼります。

どんぐりの穴《あな》のひみつ〈わたしの研究《けんきゅう》〉

●著者 高柳芳恵 ●絵 つだかつみ ●偕成社 ●2006年

どんぐりにあいた2ミリぐらいの小《ちい》さなあな。だれがなんのためにあけたのか、わたしは観察《かんさつ》と実験《じっけん》で調《しら》べていきます。シギゾウムシやハイイロチョッキリのお母《かあ》さんがどんぐりにあなをあけて卵《たまご》をうみます。卵《たまご》からかえった幼虫《ようちゅう》はどんぐりの中身《なかみ》を食《た》べて大《おお》きくなり、あなをあけて出《で》てきます。どんぐりの種類《しゅるい》によって、卵《たまご》をうむ虫《むし》もちがいます。あなが2つあいていても幼虫《ようちゅう》が2匹《ひき》とはかぎりません。ほかの幼虫《ようちゅう》があけたあなをつかうちゃっかりさんもいるからです。

虫《むし》の目《め》で狙《ねら》う奇跡《きせき》の一枚《いちまい》 昆虫写真家《こんちゅうしゃしんか》の挑戦《ちょうせん》〈ノンフィクション 知《し》られざる世界《せかい》〉

●著者 栗林慧 ●写真 栗林慧 ●金の星社 ●2010年

昆虫写真家《こんちゅうしゃしんか》の栗林《くりばやし》さんは、虫《むし》がとんでいるすがたをうつしたいと思《おも》ってカメラを改造《かいぞう》しました。虫《むし》がとびそうな場所《ばしょ》に光線《こうせん》を出《だ》す器具《きぐ》とうけとる器具《きぐ》をとりつけ、カメラを設置《せっち》します。虫《むし》が光線《こうせん》を横《よこ》ぎると、自動的《じどうてき》にストロボが光《ひか》り、シャッターがおりるのです。とんでいる虫《むし》の写真《しゃしん》がとれました。はねがはっきりうつっています。カミキリムシは両《りょう》あしを大《おお》きくひらいてとんでいるし、ハチはむきをかえるときには、体《からだ》をひねっていることがわかりました。

監修者

小原芳明
（おばら・よしあき）

1946年生まれ。米国マンマス大学卒業、スタンフォード大学大学院教育学研究科教育業務・教育政策分析専攻修士課程修了。1987年、玉川大学文学部教授。1994年より学校法人玉川学園理事長、玉川学園園長、玉川大学学長。おもな著書に『教育の挑戦』（玉川大学出版部）など。

編　者

小野正人
（おの・まさと）

1960年生まれ。玉川大学大学院農学研究科博士課程修了。玉川大学農学部教授。日本学術会議連携会員、日本昆虫学会評議員、社会福祉法人こどもの国協会評議員。英国科学誌『Nature』などに「社会性ハチ類の行動生態学」に関する研究論文を多数掲載。第2章：p76-79、p98-101、第3章：p140-141

井上大成
（いのうえ・たけなり）

1962年生まれ。千葉大学大学院自然科学研究科博士課程修了。森林総合研究所多摩森林科学園研究員。専門は昆虫の生活史・多様性。共著に『チョウの分布拡大』（北隆館）、『森林資源の研究開発』（草土文化）、『生態学からみた里やまの自然と保護』（講談社）など。第3章：p142-145

画　家

見山　博
（みやま・ひろし）

1952年愛媛県松山市生まれ。愛媛大学農学部で昆虫学を専攻。挿絵に「完訳 ファーブル昆虫記」（奥本大三郎訳　集英社）、『赤いカブトムシ』（那須正幹　日本標準）、著書に『昆虫摩訶ふしぎ図鑑』『暗闇の生きもの摩訶ふしぎ図鑑』（いずれも保育社）など。

執筆者（50音順）

秋元信一（あきもと・しんいち）北海道大学農学研究院昆虫体系学研究室　第1章：p12-17
神崎亮平（かんざき・りょうへい）東京大学先端科学技術研究センター　第2章：p66-67
小島弘昭（こじま・ひろあき）東京農業大学農学部農学科　第1章：p18-27
坂本洋典（さかもと・ひろのり）早稲田大学理工学術院先進理工学部生命医科学科　第2章：p80-89
佐々木正己（ささき・まさみ）玉川大学名誉教授　第3章：p130-133
杉浦真治（すぎうら・しんじ）神戸大学大学院農学研究科　第2章：p90-97、第3章：p134-139
高桑正敏（たかくわ・まさとし）元神奈川県立生命の星・地球博物館（2016年8月25日逝去）第2章：p68-71
高梨琢磨（たかなし・たくま）国立研究開発法人森林研究・整備機構　森林総合研究所　第2章：p64-65
田中誠二（たなか・せいじ）国立研究開発法人農研機構・昆虫制御研究領域　第1章：p28-41
土原和子（つちはら・かずこ）東北学院大学教養学部情報科学科　第2章：p62-63
徳田誠（とくだ・まこと）佐賀大学農学部応用生物科学科　第3章：p108-121
野村昌史（のむら・まさし）千葉大学大学院園芸学研究科　第2章：p54-61、第3章：p124-129
長谷川元洋（はせがわ・もとひろ）国立研究開発法人森林研究・整備機構　森林総合研究所　第1章：p42-45
原野健一（はらの・けんいち）玉川大学学術研究所　第3章：p122-123
久松正樹（ひさまつ・まさき）ミュージアムパーク茨城県自然博物館　参加してみよう：p146-149
松浦健二（まつうら・けんじ）京都大学大学院農学研究科　第2章：p102-105
宮竹貴久（みやたけ・たかひさ）岡山大学大学院環境生命科学研究科　第2章：p72-75
宮野伸也（みやの・しんや）元千葉県立中央博物館　第1章：p46-51
八瀬順也（やせ・じゅんや）兵庫県立農林水産技術総合センター　第3章：p124-129